W0260206

Teilchenphysik aus heutiger Sicht

Springer
Berlin
Heidelberg
New York
Barcelona
Budapest
Hongkong
London
Mailand
Paris
Santa Clara
Singapur
Tokio

Siegfried Bethke
Dieter Rein (Hrsg.)

Teilchenphysik aus heutiger Sicht

Eine Bestandsaufnahme
aus Anlaß des Kolloquiumstages
„125 Jahre Teilchenphysik in Aachen"

Springer

Professor Siegfried Bethke
Dr. Dieter Rein
III. Physikalisches Institut A
Physikzentrum RWTH
D-52056 Aachen

Das vorliegende Buch wurde publiziert mit Unterstützung der RWTH Aachen.

Umschlagbild: Das Hauptgebäude der RWTH Aachen vor einem Feuerwerk von Teilchenspuren auf einer Blasenkammeraufnahme der 70er Jahre.

Die Deutsche Bibliothek – CIP-Einheitsaufnahme

Teilchenphysik aus heutiger Sicht: eine Bestandsaufnahme / Hrsg.: Siegfried Bethke; Dieter Rein. Mit Beitr. von G. Flügge… – Berlin; Heidelberg; New York; Barcelona; Budapest; Hongkong; London; Mailand; Paris; Santa Clara; Singapur; Tokio: Springer, 1998

ISBN-13: 978-3-642-80423-6 e-ISBN-13: 978-3-642-80422-9
DOI: 10.1007/978-3-642-80422-9

Softcover reprint of the hardcover 1st edition 1998

Abbildungsbearbeitung: Günther Hippmann, Nürnberg
Datenkonvertierung und Umbruch: Michael Balzhäuser, Aachen
Einbandgestaltung: Erich Kirchner, Heidelberg

SPIN: 10629929 55/3144 - 5 4 3 2 1 0 – Gedruckt auf säurefreiem Papier

Vorwort

Als 1995 die 125. Wiederkehr des Gründungstages der Rheinisch Westfälischen Technischen Hochschule Aachen gefeiert werden sollte, schrieb der Rektor an alle Institute und bat aus Anlaß des Geburtstagsjubiläums um akademische Veranstaltungen mit einschlägigem Bezug. Sollten wir nicht vielleicht, so fragten wir uns als Teilchenphysiker, ein Symposium über 125 Jahren Teilchenphysik in Aachen veranstalten? Das war zunächst spaßhaft gemeint und klang provokant - reicht doch schon die Kernphysik, aus der die Teilchenphysik als eigenständiges Gebiet entstand, kaum vor die Zeit des Zweiten Weltkrieges zurück. Doch auf den zweiten Blick bekam das Thema Sinn: Die Beschäftigung der Physiker mit elementaren Teilchen, zum Beispiel mit den noch immer als elementar geltenden Elektronen, ist ja viel älter, als wir vordergründig meinen. Schon im vorigen Jahrhundert konnte man Strahlen von Elektronen erzeugen – Kathodenstrahlen, wie sie E. Goldstein 1876 nannte – und in Aachen wurde seit Gründungszeiten mit Kathodenstrahlen experimentiert, ja, die RWTH Aachen war sogar vor der Jahrhundertwende eine Hochburg der Kathodenstrahlphysik gewesen. Ein Titel "125 Jahre Teilchenphysik in Aachen" würde also keineswegs fiktiv sein, sondern einen realen Sachverhalt bezeichnen und überdies Aufmerksamkeit auf sich ziehen.

So entstand die Idee, gerade jetzt, jedoch im Rückblick auf eineinviertel Jahrhunderte, den Standort dieser Elementarteilchenphysik zu bestimmen, zu sagen, was wir wissen über die elementaren Eigenschaften und über die fundamentalen Beziehungen der Materie – und dies vor dem Forum der gesamten Hochschule, ihrer Professoren aus den verschiedensten Disziplinen und ihrer Studenten, besonders der naturwissenschaftlichen Anfangssemester, die wir eines Tages als Diplomanden und Doktoranden in unseren physikalischen Instituten wiederzusehen hofften.

Eine Konferenz zu veranstalten, schien dafür unangemessen zu sein; ein einzelner Vortrag wäre zu wenig und zu leicht gewesen. So entschieden wir uns für ein Drittes, einen Kolloquiumstag mit sechs allgemeinverständlichen akademischen Vorträgen, die alle an einem Tag gehalten wurden, und mit einem öffentlichen Abendvortrag für ein breites Publikum aus der Stadt, von dem auch Schüler und Lehrer der Gymnasien etwas haben sollten.

Die Ausarbeitungen dieser 7 Vorträge sind in dem vorliegenden Bändchen vereinigt. Wir glauben, daß sie – obwohl an einem speziellen Ort aus einem speziellen Anlaß entstanden – ein weit darüber hinaus reichendes allgemeines Interesse beanspruchen können.

Denn es geht hier darum, das Muster aus wenigen Teilchen und Kräften darzustellen, welches allen materiellen Körpern und ihren dynamischen Beziehungen zugrunde liegt. In früheren Jahrzehnten hätte man dieses Grundmuster vermutlich Weltbild genannt. Der moderne Sprachgebrauch ist bescheidener und redet vom Standardmodell der Elementarteilchenphysik. Das Standardmodell eignet sich kaum zur philosophischen Ausdeutung, aber es ist umfassend, und es ist präzise definiert. Seine Folgerungen erklären bislang fast (!) alle Phänomene im subatomaren Bereich.

Doch wie kam es dazu? Was war nötig, um diese Erkenntnis, die im Standardmodell kristallisiert ist, zu gewinnen? Da ist zu allererst von den Beobachtungsinstrumenten zu sprechen, deren immer feinere und zugleich sich ins Gigantische steigernde Entwicklung all die Daten produzierte, aus denen die Deutungen des Standardmodells hervorwuchsen. Schon das Kathodenstrahlrohr war ein Beschleuniger, aber die eigentlichen Teilchenbeschleuniger konnten doch erst gebaut werden, als es gelang, geladenen Teilchen mehr Energie mitzugeben, als der angelegten Primärspannung entsprach. Das geht heute mit einem Ringbeschleuniger oder mit einem Linearbeschleuniger. Beide Prinzipien haben von einer einzigen Arbeit ihren Ausgang genommen: Wideröes Aachener Dissertation von 1927/28. Darum steht der Vortrag über die Faszination der Teilchenbeschleuniger, der tatsächlichen Agenda des Kolloquiumstages folgend, am Anfang dieser Sammlung von Essays, gleich hinter der Niederschrift des öffentlichen Abendvortrages, der uns als ideale Einleitung erschien.

Das Standardmodell als theoretischer Entwurf bedurfte mehr als reiner Instrumentalistik, so bedingungslos notwendig diese auch ist. Das Standardmodell stützt sich auf Entdeckungen wie ein Kathedraldach auf Pfeiler und Gesimse. Die Strebepfeiler des Standardmodells der vereinigten elektromagnetischen und schwachen Wechselwirkung und der QCD heißen „neutrale Ströme“, „W- und Z-Bosonen“ und „Gluonen“. Bei all diesen Entdeckungen war Aachen beteiligt. Über sie wird im Mittelteil berichtet. Immer wieder geht es dabei um Beweissicherung - Werkstatteinblicke in die Arbeit des Experimentators. So wird zugleich transparent, wie Forschung verfährt: Hypothesen sind zu verifizieren oder sie werden widerlegt. Die Vorträge listen nicht nur Tatsachen auf, sie beleuchten auch Alternativen, die verworfen worden sind und sagen warum. Sie sind persönlich und doch nicht willkürlich, sondern der Strenge rationaler Argumentation verpflichtet. Der Fachmann wird die Dichte der Informationen schätzen, der Laie mag über die Einzelheiten hinweglesen; er sieht doch im gröberen Raster die gleiche Textur.

Der Beitrag über Präzisionsmessungen bei LEP macht deutlich, daß Wissenschaft stets unfertig, unabgeschlossen und zukunftsoffen ist. Die runden 20 Monate, die seit dem Kolloquiumstag vergangen sind, haben hier schon dazu geführt, den Autor um Zustimmung für ein ergänzendes Postscriptum zu bitten. Der Elektron-Positron-Collider LEP hat im Jahre 1996 zweimal höhere Energiestufen erreicht. Zum ersten Mal konnte man die schweren W-Bosonen paarweise entstehen sehen – und ein verwunderliches Meßergebnis, das nicht zur theoretischen Erwartung aus dem Standardmodell zu passen schien, ist durch Wiederholung und Verbesserung entkräftet worden.

Der Ausklang dieses Buches hat mit dem zu tun, wie Forschung heute an immer größeren, komplexeren Geräten organisiert werden muß, damit Ergebnisse gefunden werden können, damit das offene Erkenntnisfeld auch offen bleibt, damit die Zukunft für die Gegenwart gewonnen werden kann. Dabei zeichnet sich bei allen Schwierigkeiten, die das mit sich bringt, auch etwas sehr Schönes ab: persönliche Freundschaft über die Ländergrenzen hinweg, die oft wie von selbst aus gemeinsamer Arbeit in internationaler wissenschaftlicher Kollaboration entsteht. Unser Freund David Saxon aus Glasgow hat mit Humor und Wärme davon berichtet.

Es bleibt der Dank an alle, die das Zustandekommen dieses Vortragsbandes ermöglichen halfen: an die Autoren, die die Mühe auf sich nahmen, das gesprochene Wort noch einmal sorgfältig für den Schriftsatz zu formulieren; an unsere Helfer in Aachen, welche die verschiedenen Versionen teils erzeugten, teils gestalteten, umkopierten und vereinheitlichten; schließlich danken wir Herrn Professor Beiglböck und Frau Sabine Lehr für ihr Entgegenkommen bei der Planung des Buches und für ihre große Geduld bis zum Erhalt der Manuskripte.

Aachen,
im Juli 1997

S. Bethke
D. Rein

Inhaltsverzeichnis

Die Autoren dieses Bands

Prof. Günter Flügge
Promotion 1970 in Hamburg,
Forschungsaufenthalte bei CERN
und DESY,
1979 Extraordinarius in Karlsruhe,
seit 1986 Ordinarius in Aachen

III. Physikalisches Institut B
Physikzentrum RWTH Aachen
Sommerfeldstr. 14
52056 Aachen
fluegge@rwth-aachen.de

Dr. Dieter Haidt
Promotion 1969 in Aachen,
CERN Staffmember,
seit 1979 Leitender Wissenschaftler
bei DESY

Deutsches Elektronen-Synchrotron DESY
Notkestr. 85
22603 Hamburg
haidt@mail.desy.de

Prof. Gregor Herten
Promotion 1983 in Aachen,
Forschungsaufenthalte bei DESY,
und CERN
1986 Assistant Professor und
1991 Associate Professor am MIT
seit 1993 Ordinarius in Freiburg

Fakultät für Physik
Albert-Ludwigs Universität
Herman-Herder Str. 3
79104 Freiburg i. Br.
herten@uni-freiburg.de

Prof. Heinz-Georg Sander
Promotion 1977 in Aachen,
Forschungsaufenthalte bei DESY,
seit 1989 Extraordinarius in Mainz

Institut für Physik
Johannes Gutenberg Universität
Staudingerweg 7
55099 Mainz
sander@dipmza.physik.uni-mainz.de

Prof. David H. Saxon
Promotion (Ph.D.) 1970 in Oxford,
1986 Dr. Sc.,
Forschungsaufenthalte
an der Columbia-University (N.Y.),
am Rutherford-Appleton Lab
und bei DESY,
seit 1990 Kelvin Professor of Glasgow,
Fellow of the Royal Society
of Edinburgh 1993

Department of Physics and Astronomy
Kelvin Building
University of Glasgow
Glasgow G12 8QQ
Schottland, U.K.
saxon@v2.ph.gla.ac.uk

Prof. Björn H. Wiik
Promotion 1965 in Darmstadt,
seit 1981 Professor in Hamburg,
seit 1993 Vorsitzender
des Direktoriums von DESY

Deutsches Elektronen-Synchrotron DESY
Notkestr. 85
22603 Hamburg
bjoern.wiik@desy.de

Prof. Peter M. Zerwas
Promotion 1970 in Aachen,
Forschungsaufenthalte bei DESY
und SLAC,
1976 Extraordinarius in Aachen,
seit 1991 Leitender Wissenschaftler
bei DESY

Deutsches Elektronen-Synchrotron DESY
Notkestr. 85
22603 Hamburg
zerwas@desy.de

Hauptgebäude der RWTH Aachen

Foto: Elfriede Corr, Aachen

125 Jahre Teilchenphysik an der RWTH Aachen – Vergangenheit, Gegenwart und Zukunft

Günter Flügge

III. Physikalisches Institut, RWTH Aachen, D-52056 Aachen

Meine sehr verehrten Damen und Herren,

wenn ich Ihnen heute etwas über Teilchen erzähle, meine ich natürlich nicht das rheinische Gebäck, sondern etwas sehr viel kleineres, elementareres, genauer gesagt Elementarteilchen. Es mag viele von Ihnen überraschen, – und es hat mich selbst überrascht – daß über dieses Gebiet bereits seit 125 Jahren, also seit Bestehen der RWTH in Aachen geforscht wird. Ich werde jedoch versuchen, Sie in meinem Vortrag davon zu überzeugen, daß dies so ist.

Der Untertitel meines Vortrages lautet: „Vergangenheit, Gegenwart und Zukunft". Ich werde meinen Vortrag entsprechend gliedern, wobei die Definition von Vergangenheit natürlich etwas willkürlich ist. Für diesen Vortrag habe ich einfach alles vor meiner Geburt als Vergangenheit, alles danach als Gegenwart und die Zukunft natürlich als Zukunft definiert. Das paßt auch recht gut mit dem großen Schnitt überein, den der zweite Weltkrieg – und das „Dritte Reich" – auch für die Aachener Physik bedeutete.

1 Vergangenheit

1.1 Gasentladungen – die ersten Teilchenbeschleuniger

Seit der Mitte des vorigen Jahrhunderts beschäftigten sich Wissenschaftler vor allem in England und Deutschland mit den sehr vielfältigen faszinierenden Erscheinungen in Gasentladungsrohren (Abb. 1). Ich möchte Ihnen mit einem hier aufgebauten Kathodenstrahlrohr einige dieser Erscheinungen in ihrem optischen Reiz demonstrieren, ohne daß ich auf Einzelheiten eingehen kann. Die Erscheinungen, die Ihnen hier gezeigt werden, beruhen trotz ihrer verwirrenden Vielfalt alle auf ganz einfachen Elementarprozessen, die ich an Abb. 1 erklären möchte.

An ein gasgefülltes Glasrohr werden mit zwei Elektroden Spannungen von einigen 1000 Volt angelegt. Zufällige freie Ladungen (Elektronen) werden unter dem Einfluß der Spannung beschleunigt und treffen auf Gasatome. Die Gasatome werden ionisiert, also in Elektronen und positive Ionen gespalten, die ihrerseits wieder beschleunigt werden und den Prozeß fortsetzen und weiter antreiben. Die ganze Vielfalt der Erscheinungen ist ein Wechselspiel zwischen angelegter Spannung, Gasdruck im Rohr und Art des Gases.

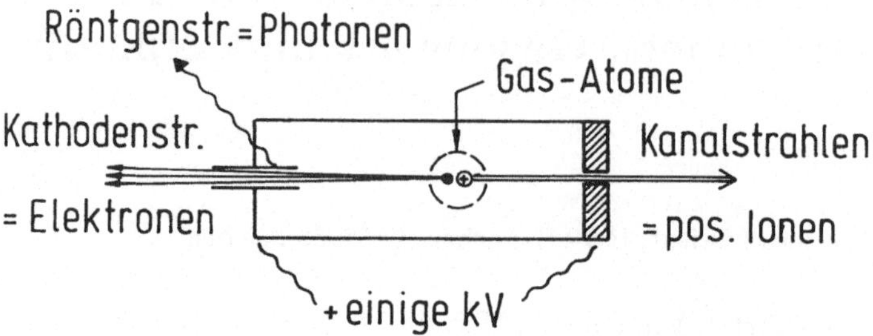

Abb. 1. Schematische Darstellung eines Gasentladungsrohres und der zugehörigen Erscheinungen

Die elementaren Bestandteile der Atome, Elektronen und positive Ionen lassen sich als sogenannte Kathodenstrahlen (Hittorf 1869 und Crookes 1879) und Kanalstrahlen (Goldstein 1886) identifizieren. 1895 entdeckte Röntgen in seinen bahnbrechenden Experimenten ein – wie wir heute sagen würden – weiteres Elementarteilchen, das Photon der Röntgenstrahlung.

Diese Experimente zeigten schon alle typischen Züge moderner Teilchenphysik. Die Gasentladungsrohre hatten bereits die charakteristischen Merkmale von Teilchenbeschleunigern, wie wir sie im folgenden noch näher kennenlernen werden. In evakuierten Röhren werden unter dem Einfluß elektrischer Felder (Hochspannungen) freie Ladungsträger wie Elektronen oder Ionen beschleunigt. Beim Aufprall können neue Teilchen erzeugt werden, hier die Photonen der Röntgenstrahlung. Auch sehen wir in der etwa 25jährigen Geschichte dieser Entdeckungen einen Vorgang, der auch heute noch das Wesen der Teilchenphysik ausmacht: Aus einer zunächst verwirrenden Fülle von Beobachtungen schält sich ein einfaches Bild vom elementaren Aufbau der Materie heraus.

Seit 1870 wurde auch in Aachen sehr intensiv an diesen Phänomenen geforscht, womit ich zu meiner Behauptung zurückkomme, daß die Teilchenphysik in Aachen bereits eine 125jährige Geschichte hat. Einer der Gründer der RWTH, Adolf Wüllner (Rektor 1883–1886), begründete diese Experimente und berief Philipp Lenard (Nobelpreis 1905) von 1895 bis 1896 nach Aachen (Abb. 2b). P. Lenard stand seinerzeit im Zentrum der Gasentladungsforschung und war in regem Austausch mit Röntgen und Thomson. Die Geschichte seiner Berufung nach Aachen ist bemerkenswert: Er verzichtete zugunsten der RWTH-Position auf eine Professur in Breslau, um die besseren Experimentiermöglichkeiten in Aachen nutzen zu können. Lenard arbeitete zu jener Zeit bereits mit seinem berühmten Lenard-Fenster, einer dünnen Folie, durch die die Kathodenstrahlen (Elektronen) die Röhre verlassen und damit einem detaillierten Studium zugänglich gemacht werden konnten. Aus Absorptionsmessungen zog er – lange vor Rutherford – den Schluß, daß die

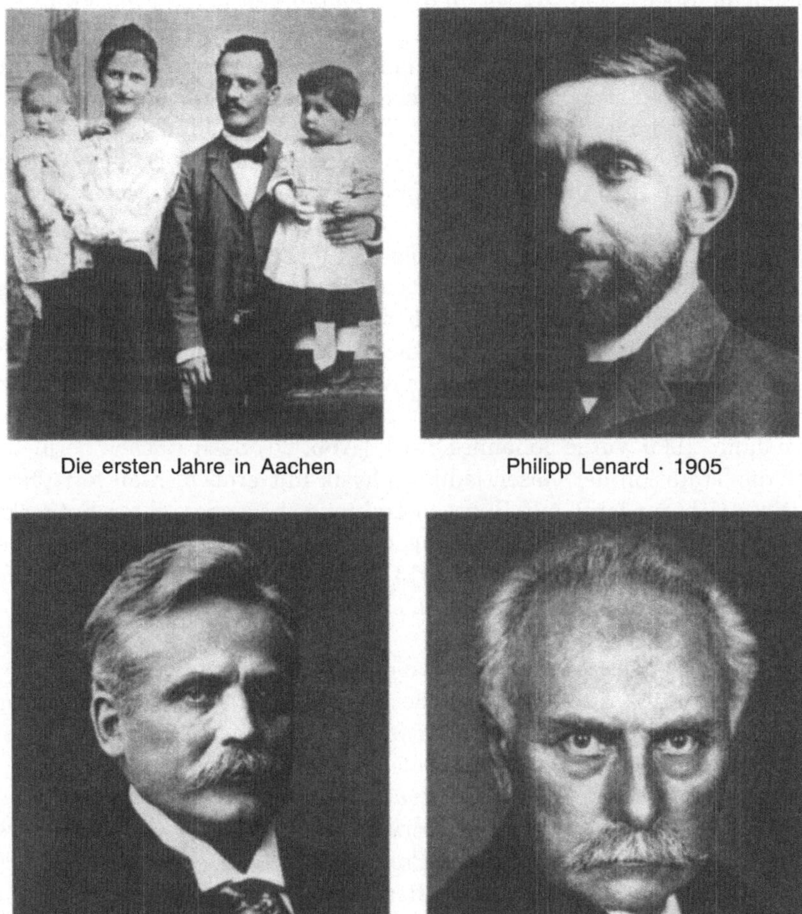

Abb. 2. Berühmte Physiker aus der frühen Zeit der RWTH Aachen: **(a)** A. Sommerfeld, **(b)** P. Lenard, **(c)** W. Wien, **(d)** J. Stark

Atome im wesentlichen leer sein müßten. In seinem Nobelvortrag sprach er bereits 1905 die Vermutung aus, daß „von diesem stecknadelgroßen Teil etwa abgesehen wir den ganzen Rest unseres Blocks (eines beispielsweise 1 m^3 großen Platinblocks) leer finden, so wie der Himmelsraum leer ist. Wie müssen wir da erstaunen über die Geringfügigkeit der eigentlichen Raumerfüllung der Materie!“ Wüllner konnte Lenard leider nur eine Assistentenstelle bieten, und so ging Lenard schon nach kurzer Zeit nach Heidelberg.

Wilhelm Wien (Abb. 2c) setzte die Arbeiten von Lenard mit großem Erfolg fort. Wien, der für seine theoretischen Arbeiten über Strahlungsvorgänge (Wiensches Verschiebungsgesetz) berühmt wurde und dafür 1911 auch den Nobelpreis erhielt, war zugleich ein hervorragender Experimentator. Es ist wenig bekannt, daß er gleichzeitig mit Thomson das Ladungs/Masseverhältnis der Kathodenstrahlen (Elektronen) bestimmte, diese Methode später auch auf die Kanalstrahlen übertrug und damit verschiedene Arten von Ionen bestimmen konnte.

Um die Jahrhundertwende (1900 bis 1906) war noch ein weiterer berühmter Physiker in Aachen, Arnold Sommerfeld (Abb. 2a). Er beschäftigte sich zu jener Zeit noch mit theoretischer Mechanik (so auch mit der Viskosität von Schmiermitteln, ein Thema welches die Maschinenbauer sehr interessierte). Seine bahnbrechenden quantentheoretischen Arbeiten kamen natürlich erst später.

Im Jahre 1909 wurde Johannes Stark (Abb. 2d) nach Aachen berufen. Er setzte die Tradition der Gasentladungsphysik mit großem Elan fort und beschäftigte sich zunächst mit Röntgenstrahlung, besonders ihrer Entdeckung an der Antikathode durch Bremsung der Kathodenstrahlelektronen. Seine wichtigste Entdeckung war jedoch 1913 der nach ihm benannte Stark-Effekt, die Aufspaltung von Spektrallinien im elektrischen Feld. 1919 bekam er dafür den Nobelpreis.

Lassen Sie mich zur Geschichte dieser Entdeckung J. Stark selbst aus seiner Biographie „Erinnerungen eines deutschen Naturforschers“ zitieren, einem Text, der auch sehr eindrucksvoll die damaligen Arbeitsbedingungen und Lebensumstände eines Physikprofessors beschreibt:

„*... Sodann mußte ich in aller Ruhe die nötigen Vorbereitungen für den neuen Versuch treffen, einen lichtstarken Spektrographen großer Dispersion mit Hilfe einer Geldbewilligung der Preußischen Akademie der Wissenschaften beschaffen, die Hochspannungsbatterie und den Dynamo des Instituts und die Helium-Darstellung aus Cleveit vorbereiten. Ich wollte nämlich den ersten Versuch an Linien des Wasserstoffs und des Heliums zugleich durchführen, da dies die einfachsten chemischen Elemente sind und zudem Helium eine ganze Reihe von verschiedenen Spektralserien besitzt. ... Mein Assistent Kirschbaum mußte die Röhre beaufsichtigen, während ich im Keller das Praktikum leitete. Natürlich sprang ich zwischendurch hinauf, um nach meinem Versuch zu sehen. Er lief gut. Ich schätzte ab, daß die Belichtung gegen 6.00 Uhr beendigt sein müsse, und entließ etwa um 5.00 Uhr Kirschbaum. Um 6.00 Uhr unterbrach ich die Belichtung und begab mich, ganz allein im Institut, zur Entwicklung meiner Aufnahme in die Dunkelkammer. Ich war natürlich sehr gespannt, und als die Platte noch im Fixierbad lag, nahm ich sie für kurze Zeit heraus, um nach dem Spektrum im schwachen, gelben Licht der Dunkelkammer zu sehen. Ich gewahrte an der Stelle der blauen Wasserstofflinie mehrere Linien, während die benachbarten Heliumlinien einfach erschienen. Nun wußte ich bereits, daß ich den neuen Effekt entdeckt hatte. Die Betrach-*

tung der Platte bei Tageslicht bestätigte dies: die Wasserstofflinien waren vom Feld zerlegt, von den Heliumlinien waren einige unzerlegt, andere ganz anders zerlegt als die Wasserstofflinien. Es stand damit fest, daß ich eine neue Entdeckung offenbar von großer Bedeutung gemacht hatte. In freudigster Stimmung eilte ich nach Hause, um meiner mit dem Abendessen auf mich wartenden Frau Mitteilung von meinem großen Fund zu machen. Wir freuten uns gemeinsam an unserem Glück, und niemals haben mir die dargebotenen Frankfurter Würstchen mit Kartoffelsalat besser geschmeckt als an diesem Abend. Unser im Mai geborenes Töchterchen schlief bereits und ahnte nichts von dem Glück seiner Eltern. Zur Erinnerung an die Analyse, die mir mit meiner Entdeckung gelungen war, wurde sie Anneliese getauft.“

Bemerkenswert, wie schon damals große Entdeckungen erst durch großzügige Förderung möglich wurden, hier durch die Preußische Akademie der Wissenschaften. Bemerkenswert auch eine winzige Nebenbemerkung „ganz allein im Institut“, die einen Wesenszug J. Starks andeutet, der auch bei P. Lenard besonders ausgeprägt war: die ständige Sorge um die Priorität und das alleinige Verdienst bei wichtigen Entdeckungen.

Diese Beobachtung und das etwas grimmige Bild von J. Stark (Abb. 2d) geben mir die Stichworte für einen kurzen Exkurs in eines der dunkelsten Kapitel der modernen Physik – vielleicht der Geistesgeschichte überhaupt. Gemeint ist die „arische Physik“ und die Rolle von P. Lenard und J. Stark darin. Wie bereits erwähnt waren P. Lenard und J. Stark zeitlebens in heftige Prioritäten- und andere Streitigkeiten verwickelt. Selbst in der seinerzeit sehr heftigen Streitkultur fiel Stark besonders auf. So das Urteil eines Zeitgenossen (J. Franck): „Er war in jeder Hinsicht eine Nervensäge“. Dieser Wesenszug verstärkte sich im 1. Weltkrieg wohl auch unter dem Einfluß des damals in der deutschen Elite weit verbreiteten Nationalismus und nahm vor allem bei Lenard bizzar-abstoßende Züge an. Dieser radikale Nationalismus entwickelte nach dem Krieg vor allem im „Dritten Reich“ im Gewand der „deutschen oder arischen Physik“ abstruse Formen und hatte abscheuliche Auswüchse im offenen Antisemitismus, der sich gegen die sogenannte jüdische Physik wandte. Ziel heftigster Angriffe war vor allem A. Einstein.

P. Lenard und J. Stark hatten zu jener Zeit Aachen längst verlassen. J. Stark ging 1917 nach Greifswald. Sein Nachfolger, H. Starke, führte 1917 bis 1940 die Tradition der Gasentladungsphysik fort. Er machte sich vor allem mit seinen Forschungen über Sekundärelektronenemission einen Namen.

1.2 Warum sind Beschleuniger für die Teilchenphysik so wichtig?

Wir hatten im vorigen Kapitel gesehen, wie durch das Studium von Gasentladungen wichtige Erkenntnisse über den Aufbau von Atomen gewonnen wurden. Als wichtigstes Hilfsmittel für diese Forschung hatten sich schnelle Teilchen erwiesen, etwa Kathodenstrahlen (Elektronen), die als Sonden in Atome eindringen oder neue Teilchen, wie z.B. die Photonen der Röntgenstrahlen, erzeugen können. Die weiteren grandiosen Erfolge dieses Zweiges

Tabelle 1. Typische Abmessungen von Bausteinen der Materie und die Energien, die zur Auflösung solcher Strukturen erforderlich sind

Abmessung		erforderliche Energie
$\sim$ 1µm=10^{-6}m Kristall		sichtbares Licht $\sim$ 1 eV = 1 eVolt
	1/1000	
10^{-9} m Molekül		Elektronenmikroskop 1 keV = 1000 eVolt
	1/10	
10^{-10} m Atom		10 keV= 10^4 eVolt
	1/10000	
10^{-14} m Atomkern		100 MeV= 10^8 eVolt
	1/10	
10^{-15} m Proton		1 GeV= 10^9 eVolt
	1/1000	
10^{-18} m Elektron Quark		1 TeV= 10^{12} eVolt

der Physik waren eng mit der Erzeugung immer besserer und schnellerer Teilchenstrahlen in hochenergetischen Beschleunigern verbunden. Lassen Sie mich im folgenden kurz begründen, warum solche Beschleuniger eine so große Rolle in der Physik spielen.

Um das zu verstehen, muß man auf Grundkenntnisse der Optik und Quantenmechanik zurückgreifen. In der Optik ist das Auflösungsvermögen (z.B. eines Mikroskops) durch die verfügbare Wellenlänge beschränkt. Beugungserscheinungen führen dazu, daß die

kleinste auflösbare Struktur $\cong$ Wellenlänge des benutzten Lichtes ist.

Damit ist die Auflösung von Strukturen im Lichtmikroskop auf etwa 10^{-6} m begrenzt. Es ist allgemein bekannt, daß sich die Auflösung mit Elektronenmikroskopen verbessern läßt, nämlich auf etwa 10^{-8} m. Warum ist das so? Der Grund dafür ist nur mit der Quantenmechanik zu verstehen. Materie wird hier als Welle beschrieben, und die Wellenlänge ist gegeben durch (Näherung für kleine Massen)

$$Wellenl\ddot{a}nge \cong \frac{Lichtgeschwindigkeit\ c \times Planckkonstante\ h}{Teilchenenergie} \,. \tag{1}$$

Beide Formeln zusammen ergeben, den Zusammenhang

$$kleinste\ aufl\ddot{o}sbare\ Struktur \cong \frac{c \times h(konstant)}{Teilchenenergie} \,. \tag{2}$$

Wenn man die Teilchenenergie wie üblich (durch P. Lenard eingeführt) in Elektronenvolt (eV) mißt (1 eV ist die Energie, die ein Teilchen beim Durchlaufen einer Spannung von 1 Volt aufnimmt, 1 GeV = 10^9 eV), ergibt sich z.B. für eine Energie von 1 GeV eine kleinste auflösbare Struktur von 10^{-15} m. Das ist, wie wir heute wissen, die Größe von Protonen und Neutronen, den Bestandteilen des Atomkerns. Wir brauchen also einen Beschleuniger, der mindestens 1 GeV Teilchenenergie erzeugt, um solche Strukturen aufzulösen.

Tabelle 1 zeigt eine Übersicht über typische Abmessungen von Materiebausteinen, angefangen vom Kristall bis zum kleinsten bisher bekannten Baustein, dem Quark. Ebenfalls angegeben sind die Energien, die mindestens erforderlich sind, um die jeweiligen Strukturen aufzulösen.

1.3 Der Weg zu höheren Energien – Teilchenbeschleuniger

Nach dem eben gesagten ist klar, daß ein möglicher Weg zu höheren Energien über die Erzeugung immer höherer Spannungen geht, die dann von Teilchen durchlaufen werden. Solche gigantischen Gleichspannungsgeneratoren wurden 1932 von Cockcroft und Walton vorgeschlagen. Sie wurden bis nach dem Krieg in vielen Hochenergieinstituten der Welt benutzt, so auch in Aachen. Diesen in ihren monströsen Abmessungen ein wenig an Frankenstein-Filme erinnernden Hochspannungsgeneratoren konnte keine große Zukunft beschieden sein.

Die eigentliche Geschichte der Hochenergiebeschleuniger beginnt denn auch an einer ganz anderen Stelle, nämlich im Institut für Elektrotechnik der RWTH Aachen am Lehrstuhl von W. Rogowski. Der dynamische Rogowski hatte gerade Rolf Wideröe als Doktoranden engagiert. Wideröe war mit seiner Idee eines – wie wir heute sagen würden - Kreisbeschleunigers in Karlsruhe am damaligen „Vakuumpapst“ Gaede gescheitert, der seine Idee für nicht durchführbar hielt. In Aachen gelang Wideröe unter äußerst einfachen Verhältnissen in schwierigen Zeiten mit seiner Dissertation 1927 ein doppelter Geniestreich (Hierzu sehr lesenswert: P. Waloschek: „The Infancy of Particle Accelerators“). Er entwickelte und verwirklichte erstmals Beschleuniger nach den beiden Prinzipien, nach denen auch heute noch alle Hochenergiebeschleuniger der Welt arbeiten, den Linearbeschleuniger und den Kreisbeschleuniger.

In einem Linearbeschleuniger, wie er in Abb. 3 von Wideröe skizziert ist, wird die Spannung aus dem Hochspannungsgenerator mehrfach hintereinander (im Bild 4fach) zur Beschleunigung des gleichen Teilchens verwendet.

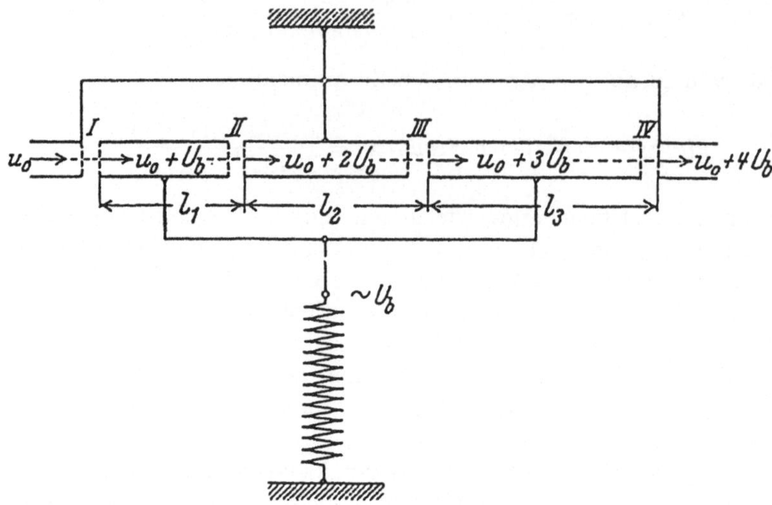

Abb. 3. Skizze eines von R. Wideröe in Aachen gebauten Linearbeschleunigers (er nannte das damals ein „Drift-Rohr")

Dadurch lassen sich in sehr langen Beschleunigern natürlich sehr hohe Energien erreichen. Abbildung 4 zeigt den Plan für einen der leistungsfähigsten Kollisionsbeschleuniger der Zukunft von etwa 30 km Länge, (siehe Beitrag von B. Wiik), der nach diesem Prinzip gebaut wird. Die Idee für einen Linearbeschleuniger wurde erstmals von G. Ising formuliert, R. Wideröe hat dieses Prinzip in seiner Dissertation zum ersten Mal verwirklicht.

Das Prinzip der Kreisbeschleuniger geht auf eine geniale Idee von R. Wideröe zurück, wie sie in Abb. 5 skizziert ist. Ich möchte das Prinzip an einem kleinen Versuch mit einem Fadenstrahlrohr demonstrieren, wie es meine beiden Assistenten hier aufgebaut haben. In dem Versuch wird ein Elektronenstrahl mit einer variablen Spannung beschleunigt und dann in einem veränderlichen Magnetfeld abgelenkt. Der Strahl regt die Atome des Restgases im evakuierten Rohr zum Leuchten an und ist dadurch gut sichtbar. Stimmt man die Beschleunigungsspannung und die Magnetfeldstärke geeignet aufeinander ab, durchläuft der Elektronenstrahl eine Kreisbahn und kehrt zur Beschleunigungsstrecke zurück, um dort erneut Energie aufzunehmen. Damit sind bereits die wesentlichen Elemente eines Kreisbeschleunigers vorhanden, ein Magnetfeld, welches die Teilchen auf Kreisbahnen wiederholt durch eine Beschleunigungsspannung lenkt. Damit wird in jedem Umlauf die Teilchenenergie erhöht.

Im Strahltransformator von Wideröe wird in besonders genialer Weise die Beschleunigungsspannung durch das veränderliche Magnetfeld mit aufgebaut, welches gleichzeitig die Teilchen auf einer Kreisbahn hält. Wideröes Strahl-

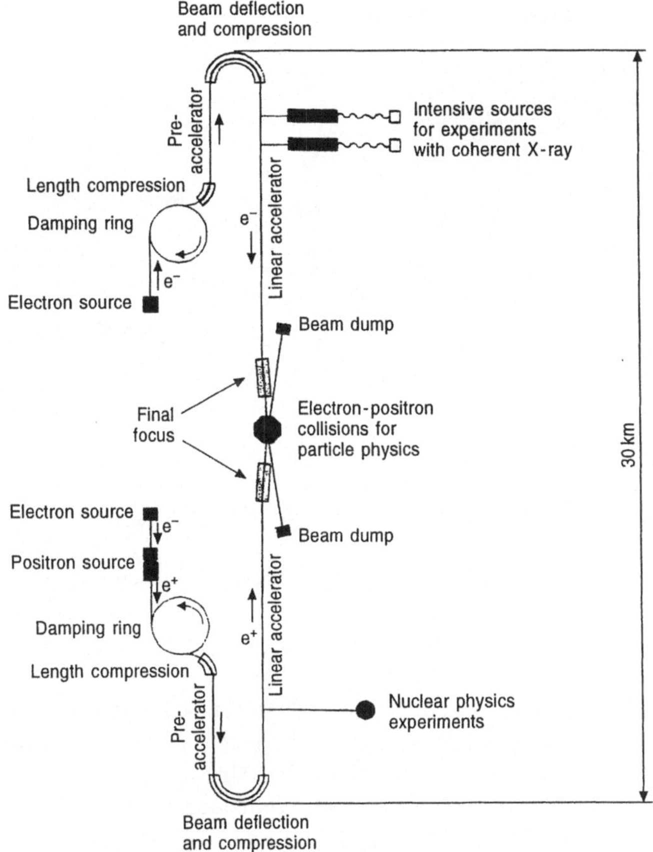

Abb. 4. Moderner Linearbeschleuniger (Collider)

transformator hatte freilich noch erhebliche Mängel, vor allem gab es die von Gaede vorhergesagten Schwierigkeiten mit dem Vakuum. Erst 1940 konnte sein Prinzip in den USA verwirklicht werden. Lawrence schuf 1930 – aufbauend auf den Ideen von Wideröe – den ersten funktionsfähigen Kreisbeschleuniger, das Zyklotron. Auch in Aachen wurde nach dem Krieg mit Kreisbeschleunigern experimentiert. So wurde am Lehrstuhl von Prof. Deutschmann im III. Physikalischen Institut das Plasmatron entwickelt, ein Betatron zur Erzeugung relativistischer Elektronen in einem Plasma. Der erste große Kreisbeschleuniger in Deutschland, das Bonner Synchrotron, konnte bereits eine Energie von 800 MeV erreichen. An diesem Gerät haben auch die Aachener Professoren Berger, Lübelsmeyer und Schmitz vom I. Physikalischen Institut ihre frühen Forschungsarbeiten ausgeführt. Mit dem Bau

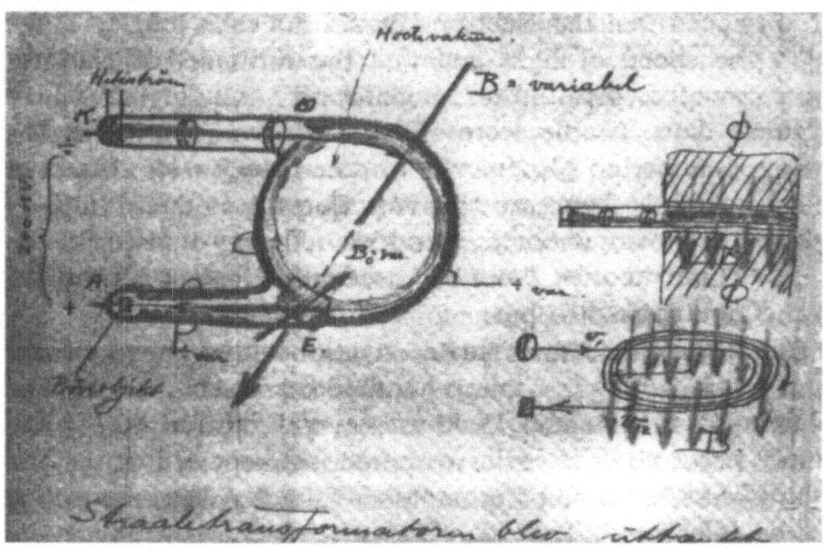

Abb. 5. Skizze für das erste Betatron von R. Wideröe. Er nannte das Gerät damals „Strahltransformator"

eines 6-GeV-Elektronen-Synchrotrons – Deutsches Elektronen-Synchrotron DESY – in Hamburg entstand seit 1959 ein großes nationales Beschleunigerzentrum. Abbildung 6 zeigt den heutigen Beschleunigerkomplex mit PETRA, einem modernen Synchrotron, welches als Kollisions-Kreisbeschleuniger Elektronen und Positronen beschleunigen und zur Kollision bringen kann, und dem größten Gerät dieser Art in Deutschland, dem Elektron-Proton-Kollisionsbeschleuniger HERA.

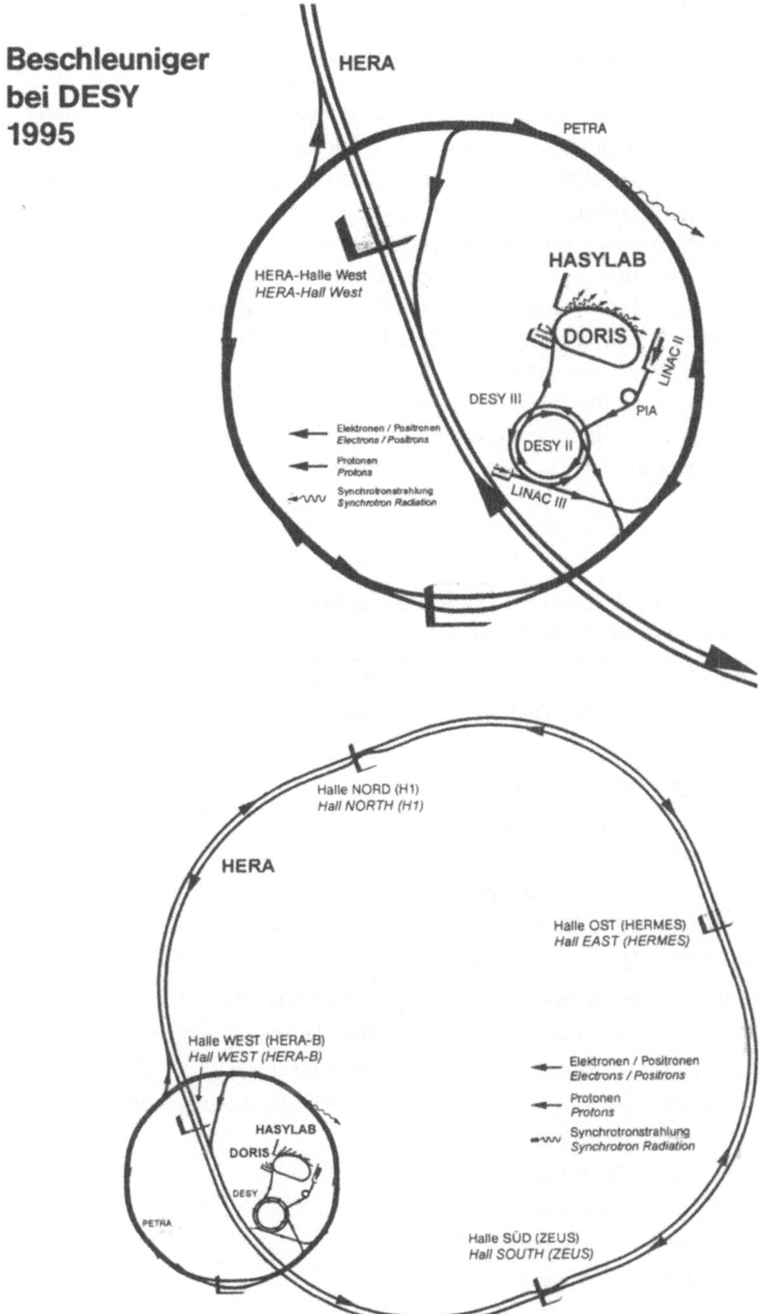

Abb. 6. Prinzipskizze der PETRA e^+e^- und HERA-*ep*-Speicherringe im DESY

2 Gegenwart

2.1 Vom Wiederbeginn nach dem Krieg bis heute

Als Nachfolger von Starke wurde 1941 der legendäre W. Fucks, vielen Aachenern noch wohlbekannt aus seinen Physikvorlesungen, an die RWTH berufen. 1957 folgte zunächst M. Deutschmann, ab 1967 als Ordinarius, und 1963 H. Faissner. Damit hielt zunächst die Kernphysik und sehr bald auch die moderne Elementarteilchenphysik in Aachen Einzug. Tabelle 2 zeigt, wie vor allem in den 60er und 70er Jahren eine große Zahl von Kollegen berufen wurde und damit die Elementarteilchenphysik an der RWTH Aachen eine stürmische Entwicklung durchlief. Im folgenden möchte ich die äußerst vielfältigen Arbeiten der Aachener Teilchenphysiker im I. und III. Physikalischen Institut und im Institut für Theoretische Physik beschreiben. Dabei werde ich vor allem Experimente und Ergebnisse vorstellen. Ich kann hier nur ganz allgemein auf die ständige Anregung und Begleitung durch unsere

Tabelle 2. Vom Wiederbeginn nach dem Krieg bis heute: Die Aachener Professoren für Kernphysik und Teilchenphysik

1941–70	W. Fucks	Plasmaphysik
	(50–52 Rektor)	Gasentladungen
1957–84	M. Deutschmann	
	(ab 67 Ordinarius)	
1963–93	H. Faissner	
	(69-70 Rektor)	
1966–95	R. Rodenberg	
seit 1971	H. Lübelsmeyer	Kernphysik (seit 57)
seit 1972	H. Kastrup	Elementarteilchen
	G. Otter	Beschleuniger
seit 1973	D. Schmitz	Detektoren
seit 1974	G. Roepstorff	Theorie der Elementarteilchen
	A. Böhm	
	Ch. Berger	
1976–91	P. Zerwas	
seit 1980	K. Schultze	
seit 1986	G. Flügge	
seit 1993	S. Bethke	
	W. Bernreuther	

Theoretiker hinweisen. Im einzelnen wird die Theorie in meinem Vortrag etwas zu kurz kommen, und ich kann nur hoffen, daß mir meine Kollegen dies verzeihen. Das Publikum könnte mir vielleicht sogar dankbar sein.

Die Geschichte der Aachener Kern- und Teilchenphysik begann in verschiedenen Gebäuden, die über Aachen verstreut waren, so in der ehemaligen Tuchfabrik in der Charlottenstraße. 1973 wurde dann mit der Planung des großen gemeinsamen Physikzentrums begonnen. Eine der wichtigsten Errungenschaften des neuen Physikzentrums war die großzügige und bestens ausgestattete Institutswerkstatt. An dieser Stelle möchte ich auch auf die besondere Rolle hinweisen, die die RWTH Aachen für die Hochenergiephysik spielt. Während sich der Bau von Beschleunigern immer stärker auf die großen Zentren DESY in Hamburg und CERN in Genf verlagerte, spielten die Universitätsgruppen beim Detektorbau eine zunehmend wichtige Rolle. Dabei erwies sich die Nähe und die Zusammenarbeit mit technischen Instituten der RWTH für die Spitzentechnologie in diesem Bereich als besonders fruchtbar. Auf die Technologie solcher Detektoren werde ich im Laufe des Vortrags noch häufig zu sprechen kommen.

2.2 Vom Teilchenzoo zum Standardmodell

Ich möchte in einem kurzen Überblick anhand der Tabelle 3 die dramatische Entwicklung unserer physikalischen Kenntnisse seit den 60er Jahren erläutern und dabei auch die Rolle klarmachen, die die RWTH Aachen dabei gespielt hat. Die Tabelle zeigt zunächst, wie im Laufe der Jahre die verfügbare Energie exponentiell gesteigert wurde – etwa alle 15 Jahre hat sie sich verzehnfacht. Neben der jeweiligen Jahreszahl sind die wichtigsten Entdeckungen aufgelistet. In der letzten Spalte wird auf Beiträge der RWTH hingewiesen. Man erkennt, daß Aachener Teilchenphysiker an allen wichtigen Entdeckungen beteiligt waren, außer an solchen, die nur von amerikanischen Experimenten gemacht wurden. Wir hoffen natürlich, daß sich dies auch in die Zukunft (unterer Teil der Tabelle) fortsetzen wird.

Ich kann nicht durch alle Einzelheiten der Experimente gehen, die hier aufgeführt sind. Ich möchte vielmehr schlaglichtartig die wichtigsten Ergebnisse herausgreifen. Dabei muß ich zum Verständnis des folgenden zunächst etwas näher auf den Begriff der Detektoren eingehen.

Ich knüpfe dabei an die eingangs erwähnte Analogie mit dem Mikroskop an. Wir erkennen den vergrößerten Gegenstand ja dadurch, daß das gestreute Licht in unser Auge gelangt. Bei höheren Energien am Beschleuniger müssen die gestreuten Teilchen natürlich auch „gesehen“ werden. Unser Auge ist dafür nicht mehr geeignet, es würde sofort zerstört. Wir benötigen statt dessen geeignete Detektoren. Je größer die Teilchenenergie und je komplizierter das beobachtete Objekt, desto größer und komplizierter muß auch der Detektor sein.

Der wichtigste Detektortyp der 50er und 60er Jahre war zunächst die Nebelkammer und später die Blasenkammer. Blasenkammern sind mit einer

Tabelle 3. Vom Teilchenzoo zum Standardmodell: die wichtigsten Entdeckungen seit den 60er Jahren

Vom Teilchenzoo zum Standard-Modell

Jahr	Energie	wichtige Entdeckungen	Aachener Beiträge
1960	1 GeV	Quark-Modell	√
		Partonen (USA)	
1970		Neutrale Ströme	√
		Charm-Quark	√
		Tau-Lepton	√
	10 GeV	Beauty-Quark	√
1980		Gluonen	√
		Schwere Bosonen	√
	100 GeV		
1990		Standard-Modell (3 Familien)	√
		Top-Quark (USA)	
2000		Higgs-Bosonen ?	√
	1000 GeV	Supersymmetrie ? SUSY	√

Flüssigkeit wie beispielsweise Wasserstoff nahe am Siedepunkt gefüllt. Beim Durchgang von Teilchen wird das Kammervolumen mit einem großen Kolben schlagartig vergrößert. Dadurch siedet die Flüssigkeit in der Weise, daß sich kleine Siedetröpfchen entlang der Spur der Teilchen bilden, ähnlich den Gasperlen am Strohhalm im Sprudelglas.

Wir haben in Aachen selbst eine kleine Blasenkammer entwickelt, die für Testmessungen gute Dienste leistete. Die wirklich leistungsfähigen Blasenkammern wurden in den Beschleunigerzentren konstruiert. Die größte je

Abb. 7. Die komplizierten fotografischen Aufnahmen von Blasenkammer-Spuren wurden von „Scanning-Girls“ ausgewertet

gebaute Blasenkammer BEBC (**B**ig **E**uropean **B**ubble **C**hamber) brachte es auf den gewaltigen Innendurchmesser von 3.7 m.

Abbildung 7 zeigt eine fotografische Aufnahme aus der BEBC-Blasenkammer. Was wie ein Schnittmusterbogen aussieht, ist das komplizierte Bild von Teilchenspuren. Solche Bilder wurden von Scharen von „Scanning Girls“ ausgewertet. Die Arbeit wurde von Physikern überprüft, und da sowohl die Physiker als auch die „Scanning-Girls“ meist jung waren und die Bilder in abgedunkelten Räumen aus nächster Nahe untersucht werden mußten, ist hier so manche Ehe entstanden.

Ich möchte nun zwei physikalisch interessante Beispiele von Bildern zeigen, die hier in Aachen zu jener Zeit gefunden wurden. Abbildung 8 zeigt ein Ω^--Teilchen, ein besonders schönes Exemplar, welches in die Lehrbücher eingegangen ist. Das Ω^- war deshalb für die Entwicklung der Teilchenphysik so wichtig, weil es als Bindungszustand von drei s-(„strange“)-Quarks vom

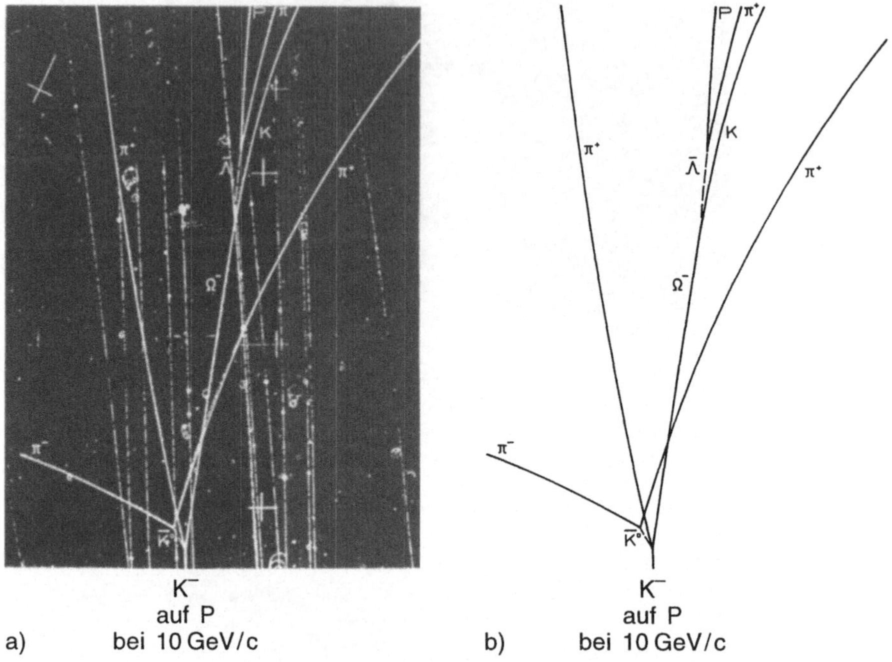

Abb. 8. Ein Ω^--Teilchen auf einer Blasenkammeraufnahme. Das Ω^-, hier ein besonders schönes Exemplar, das in Aachen gefunden wurde, spielte für die Bestätigung des Quarkmodells eine entscheidende Rolle

Quarkmodell vorhergesagt wurde und dieses Modell mit dem Nachweis des Ω^--Teilchens seine glänzende Bestätigung fand.

Abbildung 9 zeigt ein Bild, welches zunächst recht unscheinbar wirkt. Tatsächlich handelt es sich um eine der wichtigsten Entdeckungen, die in Aachen gemacht wurden. Die Geschichte zu diesem Bild habe ich mir erzählen lassen: F.-J Hasert, damals ein junger Diplomand, fand das Bild, war unsicher, was es sein könnte, und ging damit zu J. von Krogh, der wiederum ging zu K. Schultze, und schließlich zogen alle zu H. Faissner, der sich das Bild ansah und spontan ausrief: „Aber das ist doch genau das, was wir die ganze Zeit suchen!“ In Aachen war das erste Ereignis mit einem neuen, für viele Physiker völlig unerwarteten Phänomen, dem neutralen Strom der schwachen Wechselwirkung, gesehen worden. Die Entdeckung des neutralen Stroms, bei dem ein neues, lichtähnliches Objekt ausgetauscht wird, war der erste experimentelle Stützpfeiler zur Vereinigung der schwachen und elektromagnetischen Wechselwirkung.

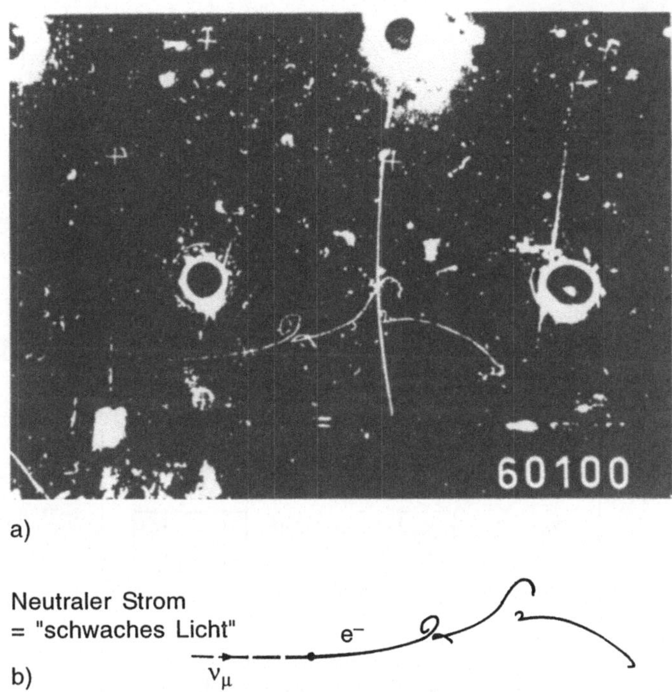

Abb. 9. Dieses erste Ereignis mit einem neutralen schwachen Strom wurde in Aachen entdeckt. Ein Neutrino dringt von links in die Blasenkammer ein (auf dem Bild nicht sichtbar) und wird elastisch an einem Elektron gestreut. Das Elektron ist als rechte Spurkaskade (Bremsstrahlung) zu erkennen. Dieses Bild ist in die Geschichte des CERN eingegangen

Das Ereignis gehört auch zu den wichtigsten Entdeckungen, die am CERN gemacht wurden, und ist als solches in die Annalen des CERN eingegangen. Für die wesentliche Rolle, die sie bei der Entdeckung der neutralen Ströme gespielt haben, wurden die Aachener D. Haidt und H. Reithler mit dem DPG-Preis und H. Faissner mit dem Born-Preis geehrt. D. Haidt selbst wird später näher auf diese Entdeckung eingehen.

2.3 Entdeckungen an Kollisionsbeschleunigern

In den 70er Jahren war eine neue Art von Beschleunigern so weit ausgereift, daß sie sehr schnell die vorderste Front der Teilchenphysik eroberte. Es handelt sich dabei um Kollisionsbeschleuniger (Collider), auch Speicherringe genannt, in denen nicht mehr nur ein Teilchenstrahl beschleunigt und dann auf ruhende Teilchen geschossen wird, sondern zwei Teilchenstrahlen

Tabelle 4a. Wichtige Entdeckungen an Kollisionsbeschleunigern

Jahr	Entdeckung
1974	J/Ψ (charm-Quark c)
1975	schweres Lepton τ
1977/78	Υ (beauty-Quark b)
1979	Gluonen g
1983	schwere Bosonen $W^{\pm}, Z^0$
1995	top-Quark t

Tabelle 4b. Standardmodell der Elementarteilchenphysik

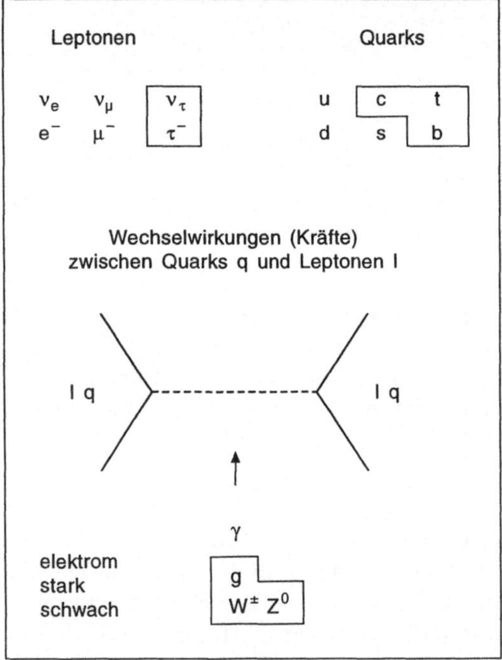

beschleunigt und zur frontalen Kollision gebracht werden. Der Energiegewinn ist durch relativistische Effekte noch viel größer als die Anschauung vermuten läßt.

In Tabelle 4 sind die wichtigsten Entdeckungen der Elementarteilchenphysik seit 1974 zusammengestellt. Wesentliche – in einigen Fällen sogar alle – Beiträge zu diesen Entdeckungen kamen aus Speicherringexperimenten. Die Tabelle beginnt nicht zufällig im Jahre 1974. Mit der Entdeckung des charm-

Quarks 1974 beginnt eine fruchtbare Phase ohnegleichen in der modernen Teilchenphysik. Innerhalb von zehn Jahren werden fünf Entdeckungen gemacht, die schließlich zu (fast) sicherem Wissen machen, was wir heute das Standardmodell der Elementarteilchenphysik nennen. Tabelle 4b soll diesen Schritt nochmals veranschaulichen: Im Standardmodell der Leptonen und Quarks und ihrer Wechselwirkungen sind die Komponenten hervorgehoben, die vor 1974 noch nicht bekannt waren. Man sieht sofort, daß es das Standardmodell in dieser geschlossenen Form noch gar nicht gab; es existierte bestenfalls in Ansätzen in den Köpfen einiger Theoretiker. Das letzte Teilchen, das t-(top)-Quark, wurde 1995 am Proton-Antiproton-Collider im FNAL in den USA entdeckt.

Für das weitere Verständnis kann ich den Zuhörern einen kurzen Steilkurs in Theorie nicht ersparen, um die Begriffe des heutigen Standardmodells nicht frei im Raum stehen zu lassen. Für alle Einzelheiten muß ich jedoch auf den Vortrag von P. Zerwas verweisen. Alle unsere Beobachtungen im Bereich der Teilchenphysik lassen sich heute mit diesem Standardmodell erklären. Danach ist alle Materie aus Leptonen und Quarks aufgebaut, und zwar genau je 6, die sich in 3 Familien von 2 Leptonen und 2 Quarks anordnen lassen. Die uns umgebende Materie ist bereits durch die erste Familie der Quarks und Leptonen beschrieben, die übrigen Teilchen treten in der Natur nur bei sehr hohen Energien auf, z.B. in Supernova-Explosionen.

Neben diesen Leptonen und Quarks, die als Strukturteilchen die Materie aufbauen, gibt es Austauschteilchen, die die Wechselwirkungen beschreiben. Anschaulich kann man sich vorstellen, daß die Wechselwirkung oder Kraft zwischen je 2 Strukturteilchen dadurch zustande kommt, daß ein weiteres Teilchen – eben das Austauschteilchen – wie ein Pingpong-Ball zwischen den Strukturteilchen hin- und herfliegt. Wir kennen heute die Teilchen der elektromagnetischen, starken und schwachen Kraft. Seltsamerweise ist die Gravitation nur sehr schwer in dieses Bild einzuordnen. Ein möglicher Ansatz geht über die Supersymmetrie, auf die ich ganz zum Schluß des Vortrages kurz zu sprechen kommen werde.

Um die Entdeckungen an Speicherringen verstehen zu können, möchte ich noch schnell auf einen wichtigen Schritt in der Entwicklung von Detektoren hinweisen, ohne den die Speicherring-Physik nicht möglich gewesen wäre, den Übergang von der optischen Aufnahme von Blasenkammer-Bildern zu elektronisch ausgelesenen Detektoren. Abbildung 10 zeigt ein solches Gerät, wie es an e^+e^- Speicherringen benutzt wird. Das Neue ist nicht nur die wesentlich schnellere und effizientere Auslese, sondern auch die stärkere Ausdifferenzierung von verschiedenen Detektorteilen, die jetzt zwiebelschalenförmig den Wechselwirkungspunkt umschließen, und wo jedes für einen bestimmten Aspekt des Ereignisses optimiert ist. Damit lassen sich jetzt in sehr schneller Folge sehr viele Einzelheiten eines Elementarereignisses aufzeichnen und später elektronisch auswerten.

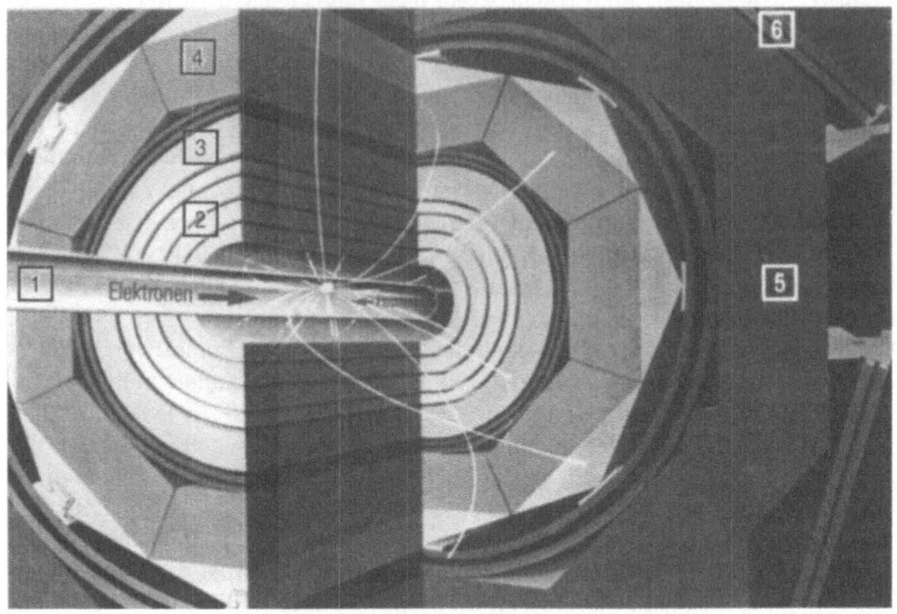

Abb. 10. Prinzip eines Detektors, wie er an Elektron-Positron-Kollisionsbeschleunigern benutzt wird

2.4 Die Ära der frühen Elektron-Positron-Kollisionsbeschleuniger (Schwere Quarks und Gluonen)

Die bahnbrechende Entdeckung eines unerwarteten neuen schweren Elementarteilchens, des J/Ψ, durch zwei Forscherteams unter der Leitung von S.C.C. Ting und B. Richter im November 1974 (Nobelpreis 1976) wird häufig als die Novemberrevolution der Teilchenphysik bezeichnet. Sie lieferte den Schlüssel zum vierten Quark und leitete damit einen entscheidenden Schritt zum heutigen Standardmodell ein. Mit dem vierten Quark, Charm genannt, war nämlich eine Symmetrie zwischen den damals bekannten 4 Leptonen und den dann insgesamt 4 Quarks hergestellt. Um so verblüffender war es, daß fast gleichzeitig, nur wenige Monate später, M. Perl (Nobelpreis 1995) im gleichen Experiment, in dem das J/Ψ entdeckt worden war, am e^+e^- SLAC-Kollisionsbeschleuniger ein weiteres Lepton zu sehen behauptete, das später von ihm τ genannt wurde.

Während das J/Ψ sofort als Entdeckung anerkannt wurde, war jedoch seine Interpretation als gebundener charm-Zustand und das fast gleichzeitige Auftreten des τ-Leptons heftig umstritten. In fieberhafter Suche nach weiteren Beweisen wetteiferten damals zwei Labors, das SLAC Labor in

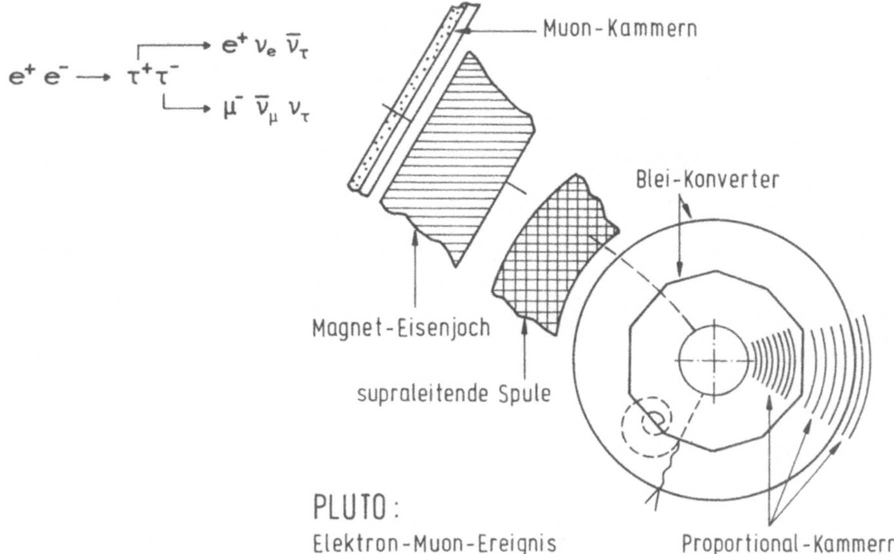

Abb. 11. Erzeugung eines Paares von τ-Leptonen, wie es im PLUTO Detektor gesehen wurde

Kalifornien mit M. Perl und B. Richter, und das DESY Labor, das nur wenig später als SLAC einen vergleichbaren e^+e^- Kollisionsbeschleuniger – DORIS – in Betrieb genommen hatte. An zwei wichtigen DORIS-Experimenten, DASP und PLUTO, waren Aachener Gruppen um Ch. Berger, K. Lübelsmeyer und D. Schmitz sowie G. Flügge maßgeblich beteiligt. In einem beispiellosen Wettlauf, der fast wöchentlich neue Ergebnisse lieferte, konnten die DORIS-Gruppen zwei entscheidende Punkte machen. DASP konnte zum ersten Mal angeregte Zwischenzustände des J/Ψ nachweisen, die ähnlich den angeregten Atomen hochenergetische Lichtblitze aussandten. Damit war ein entscheidender Beweis für die Interpretation des J/Ψ-Teilchens als $c\bar{c}$-Zustand geliefert. Andererseits war PLUTO das erste Experiment, welches zweifelsfrei die Ergebnisse von M. Perl bestätigen und damit die großen Vorbehalte gegen die Evidenz für ein neues schweres Lepton τ ausräumen konnte (Abb. 11). Das Unbehagen vieler Physiker gegenüber dem τ lag auch darin begründet, daß es die gerade gewonnene Symmetrie zwischen Quarks und Leptonen wieder zerstörte. Die Überraschung mischte sich daher mit Erleichterung, als 1977 mit der Entdeckung der Υ-Resonanz Evidenz für ein weiteres schweres Quark, genannt „beauty", auftauchte (Lederman, Nobelpreis 1988). Dieses neue Teilchen lag außerhalb des damaligen Energiebereiches von DORIS, jedoch in greifbarer Nähe. In einem heroischen Kraftakt wurde daher der DORIS-Ring

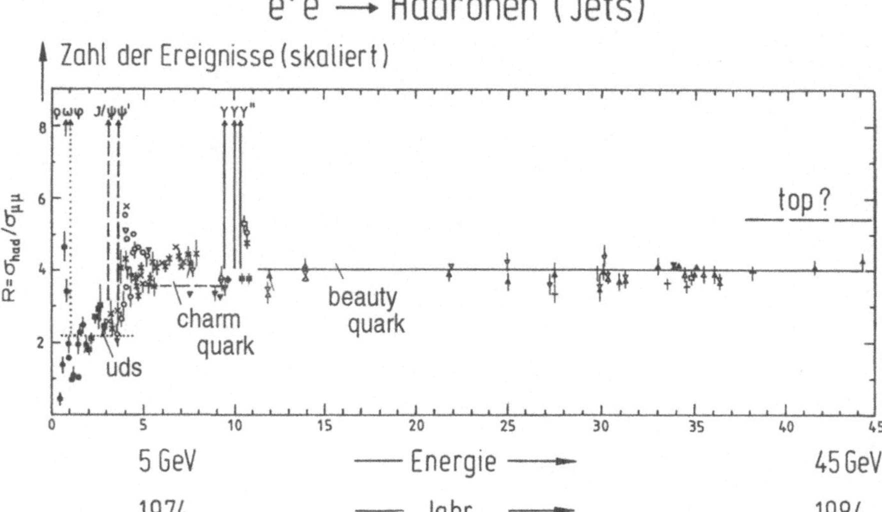

Abb. 12. Normierter Wirkungsquerschnitt (Ereignisrate) für die Reaktion $e^+e^- \rightarrow$ Hadronen als Funktion der Schwerpunktsenergie der e^+e^- Kollision. Die charakteristischen Stufen im Wirkungsquerschnitt treten auf, wenn die Energie für die Erzeugung eines neuen schwereren Quarkpaares ausreicht. Die Erwartung für ein weiteres schweres Quark, top, ist gestrichelt angedeutet

innerhalb eines Jahres soweit umgebaut, daß die neuen *Upsilon*-Resonanzen erreichbar wurden. Wieder waren es die Experimente PLUTO und DASP, letzteres mit neuer Mannschaft, die zweifelsfrei nachweisen konnten, daß die *Upsilon*-Resonanz tatsächlich aus „beauty"-Quarks mit den vorhergesagten Eigenschaften (insbesondere 1/3-Ladung) aufgebaut war.

Auf der Welle dieser Flut von Entdeckungen versuchten beide Labors, SLAC und DESY, mit neuen größeren e^+e^- Speicherringen die Erfolgsserie fortzusetzen. Ganz oben auf der Prioritätenliste stand die Suche nach dem sechsten Quark – genannt top – das die erweiterte Quark-Lepton-Symmetrie wiederherstellen sollte (Tabelle 4). Diesmal behielt DESY die Nase vorn: Der neue PETRA-Speicherring mit fünf großen Experimenten ging planmäßig und fristgerecht vor dem Konkurrenzring PEP am SLAC-Labor in Betrieb. Wieder waren Aachener Gruppen mit Ch. Berger, A. Böhm, K. Lübelsmeyer und D. Schmitz sowie G. Flügge an den Experimenten CELLO, MARK J, PLUTO und TASSO an vorderster Front dabei (Abb. 12).

Wie so häufig in der Wissenschaftsgeschichte nahm die Suche nach Neuland eine für viele unerwartete Wende: Statt des heißersehnten top-Quarks – es wurde erst 1995 entdeckt und lag, wie wir heute wissen, weit außerhalb

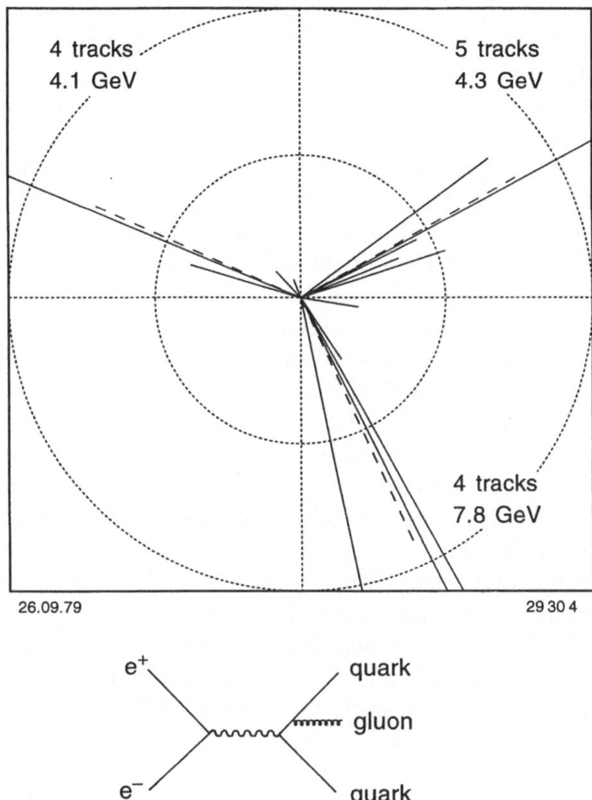

Abb. 13. 3-Jet-Ereignis: Die Erzeugung von Quark-Antiquark-Paaren ist im Detektor an zwei Teilchenbündeln (Jets) zu erkennen. Beim Speicherring PETRA wurden erstmals Ereignisse mit 3 Jets beobachtet. Der dritte Jet rührt von einem hochenergetischen Gluon her, welches von einem der Quarks abgestrahlt wird (Gluon-Bremsstrahlung). An dieser Entdeckung der Gluonen waren mehrere Aachener Gruppen maßgeblich beteiligt

der Reichweite von PETRA – traten neben den in der e^+e^- Kollision sehr häufigen 2-Jet-Ereignissen eine zunächst geringe aber doch augenfällige Zahl von 3-Jet-Ereignissen auf (Abb. 13).

Während die 2-Jet-Ereignisse aus der Erzeugung von Quark-Antiquark-Paaren stammen und sich eine neue Quarksorte wie das top-Quark darin bemerkbar gemacht hätte, daß sich die Rate dieser 2-Jet-Ereignisse erhöht hätte, deuteten die 3-Jet-Ereignisse auf ein ganz anderes, von der Theorie der starken Wechselwirkung vorhergesagtes Phänomen hin. Die paarweise erzeugten Quarks treten miteinander in starke Wechselwirkung. Dies führt dazu, daß sie ihre Energie sukzessive durch die Erzeugung von Teilchen wie Pionen und Kaonen abschütteln. Das Ergebnis dieses Vorganges sind zwei Teilchenbündel, die in entgegengesetzter Richtung auseinanderlaufen und so im Detektor nachgewiesen werden.

Die Theorie der starken Wechselwirkung sagt nun voraus, daß die Kraft zwischen den Quarks über die Austauschteilchen der starken Wechselwirkung, die Gluonen, vermittelt wird. Mit einer (geringen) Wahrscheinlichkeit, die von der Stärke der Kopplung und der Energie abhängt, kann dabei auch ein einzelnes, hochenergetisches Gluon von einem der Quarks abgestrahlt werden. Dieses Gluon verliert seine Energie ganz ähnlich wie die beiden Quarks und erzeugt dabei einen weiteren, dritten Jet.

In den Frühjahrs- und Sommerkonferenzen 1979 wurden von der TASSO-Kollaboration erstmals solche 3-Jet-Ereignisse gezeigt, und im August 1979 veröffentlichten die JADE-, MARK-J-, PLUTO- und TASSO-Kollaborationen gleichzeitig Evidenz für den oben beschriebenen Prozeß der Gluon-Abstrahlung, der in Anlehnung an die Bremsstrahlung von Photonen durch geladene Teilchen Gluon-Bremsstrahlung genannt wird. In den folgenden Jahren konnten Einzelheiten des Prozesses aufgeklärt werden, so konnte vor allem der Wert der Kopplungskonstante der starken Wechselwirkung bestimmt werden. Noch heute stehen das genaue Studium von Jets aus Quarks und Gluonen und die Bestimmung der Kopplungskonstanten der starken Wechselwirkung im Zentrum vieler Experimente der Teilchenphysik. Die vier genannten Kollaborationen wurden 1995 für die Entdeckung des Gluons mit Preisen der Europäischen Physikalischen Gesellschaft geehrt. H.G. Sander wird auf diese Physik und ihre Geschichte genauer eingehen.

2.5 Der Proton-Antiproton-Speicherring

Der nächste große Schritt in der Energie kündigte sich 1976 auf der Aachener Neutrino-Konferenz an, als Carlo Rubbia erstmals seinen damals auf viele Physiker noch recht unrealistisch wirkenden Entwurf eines Proton-Antiproton-Speicherrings vortrug. Rubbia konnte seine Idee jedoch gegen alle Skepsis durchsetzen und damit den Weg zur Entdeckung der (sehr schweren) Austauschteilchen der schwachen Wechselwirkung, der W- und Z-Bosonen, freimachen.

Die Aachener Teilchenphysiker waren auch beim Bau des großen Detektors UA1, der für den Nachweis der neuen Teilchen benötigt wurde, wieder dabei. Abbildung 14 zeigt die gigantischen Ausmaße des Detektors. Das III. Physikalische Institut war vor allem für Bau und Montage der riesigen Driftkammern verantwortlich, die als äußerste Schicht den UA1-Detektor umgaben und für den Nachweis von Myonen ein wichtiger Bestandteil des Detektors waren. Da sie die letzte gut sichtbare Detektorschicht bildeten, ließ sich das RWTH-Logo werbewirksam und für jeden Besucher gut sichtbar anbringen.

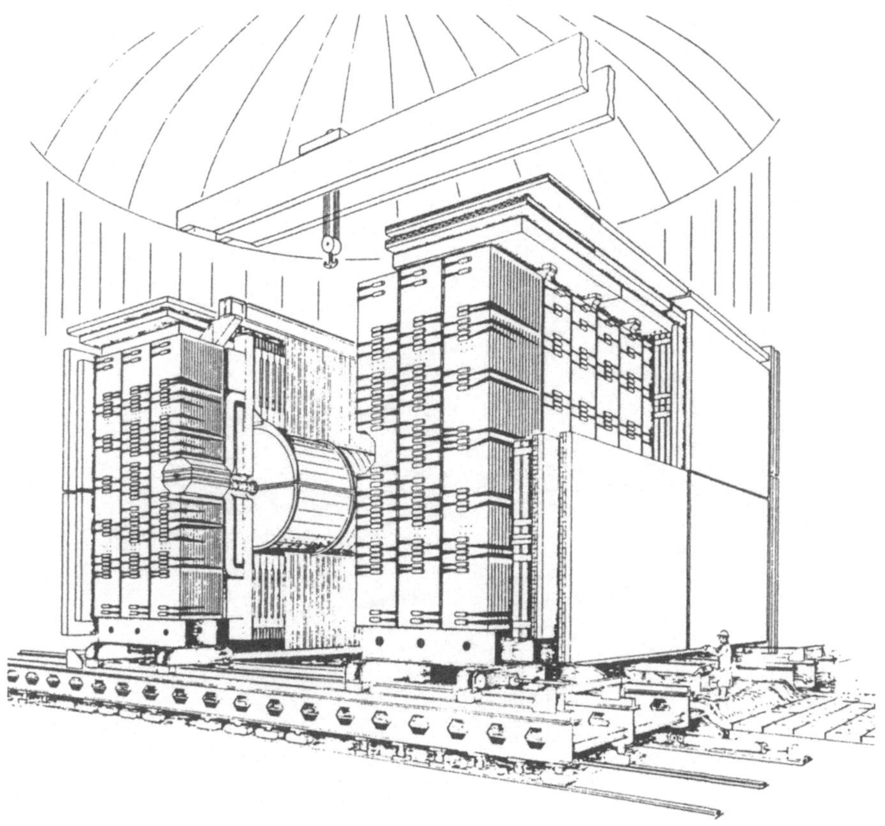

Abb. 14. Der UA1-Detektor, der unter starker Aachener Beteiligung am $p\bar{p}$-Speicherring im CERN aufgebaut wurde. UA1 war einer der ersten Großdetektoren an Proton-Speicherringen. An ihm wurden die intermediären Bosonen $W^{\pm}$ und Z^0 entdeckt, die Träger der schwachen Wechselwirkung

1983, nur sieben Jahre nachdem C. Rubbia seine Idee zum ersten Mal vorgetragen hatte, wurden am UA1-Detektor – fast gleichzeitig auch am zweiten Detektor UA2 – die gesuchten Teilchen mit Massen von ca. 80 GeV (W-Boson) und 90 GeV (Z-Boson) entdeckt. Abbildung 15 zeigt ein typisches Ereignis, in dem ein Z^0-Boson erzeugt worden ist. Es zerfällt sofort in zwei Myonen, die in den Myon-Kammern oben und unten im Bild nachgewiesen wurden. Das Bild wurde 1983 von K. Eggert aus Aachen auf der Brighton-Konferenz gezeigt.

C. Rubbia wurde für seine Leistung 1984 mit dem Nobelpreis geehrt. Der wichtige Beitrag der Aachener Physiker wurde dadurch anerkannt, daß der Physikpreis der Deutschen Physikalischen Gesellschaft an K. Eggert,

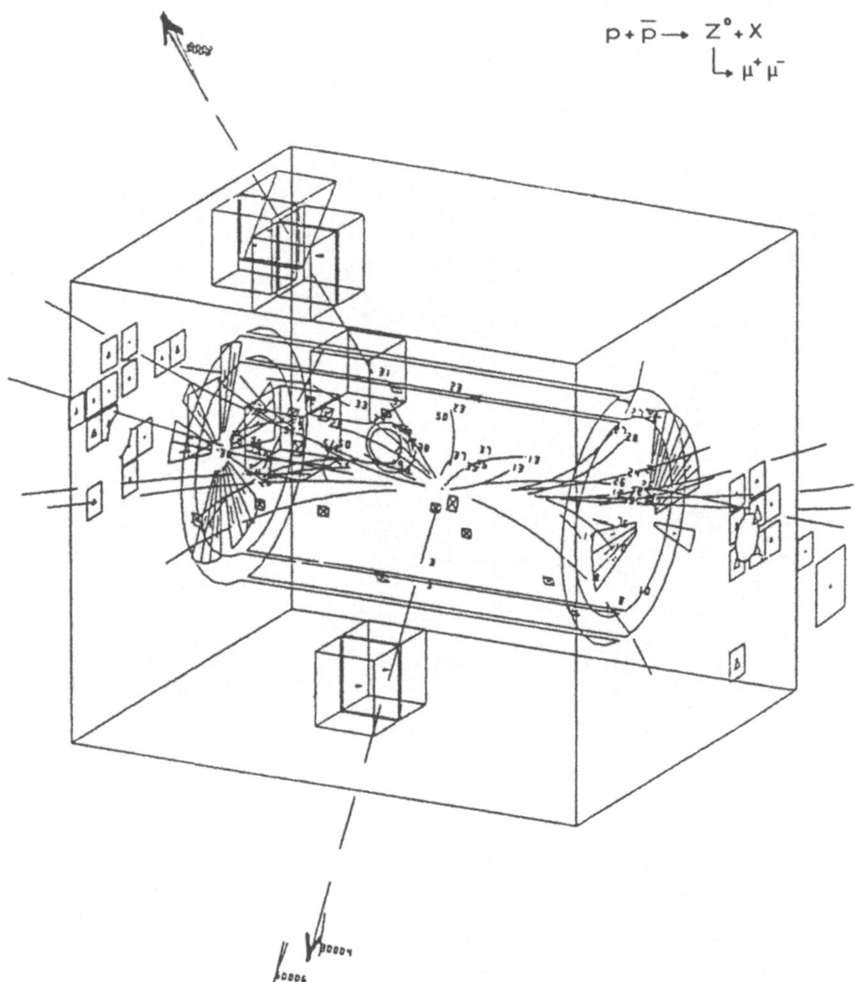

Abb. 15. Eines der ersten Ereignisse im UA1-Detektor, welches die Existenz des intermediären Boson Z beweist. Die Abbildung zeigt eine Computerrekonstruktion aus den Spuren, die das Myon aus dem Zerfall $Z^0 \to \mu^+\mu^-$ im Detektor hinterlassen hat. Die Myonen werden in den Aachener Myon-Kammern (oben und unten im Bild) nachgewiesen

T. Hansl-Kozanecka, E. Radermacher, alle vom III. Physikalischen Institut in Aachen, und H. Hoffmann vom CERN vergeben wurde.

2.6 Aktuelle Forschungsprogramme der Aachener Teilchenphysik

Die Aachener Teilchenphysiker beteiligen sich heute an vielfältigen Forschungsprogrammen im DESY (Hamburg), CERN (Genf) und PSI (Villigen). Ich kann hier nur sehr kurz und beispielhaft auf zwei große Beiträge eingehen, die Arbeiten am H1-Detektor im DESY und am L3-Detektor im CERN.

Abbildung 16 zeigt ein Luftbild mit der Planskizze des unterirdischen Speicherrings HERA mit 6.3 km Umfang, in dem Elektronen und Protonen auf Energien von 27 und 820 GeV beschleunigt werden. Das Oval rechts im Bild zeigt auch eine Beschleunigungsstrecke, allerdings für Pferde – die Trabrennbahn Bahrenfeld gibt einen guten Größenvergleich. Die Aachener Physiker des I. und III. Physikalischen Instituts um Ch. Berger und G. Flügge

Abb. 16. Luftbild mit Planskizze des unterirdischen HERA-Speicherrings am Deutschen Elektronen-Synchrotron DESY in Hamburg

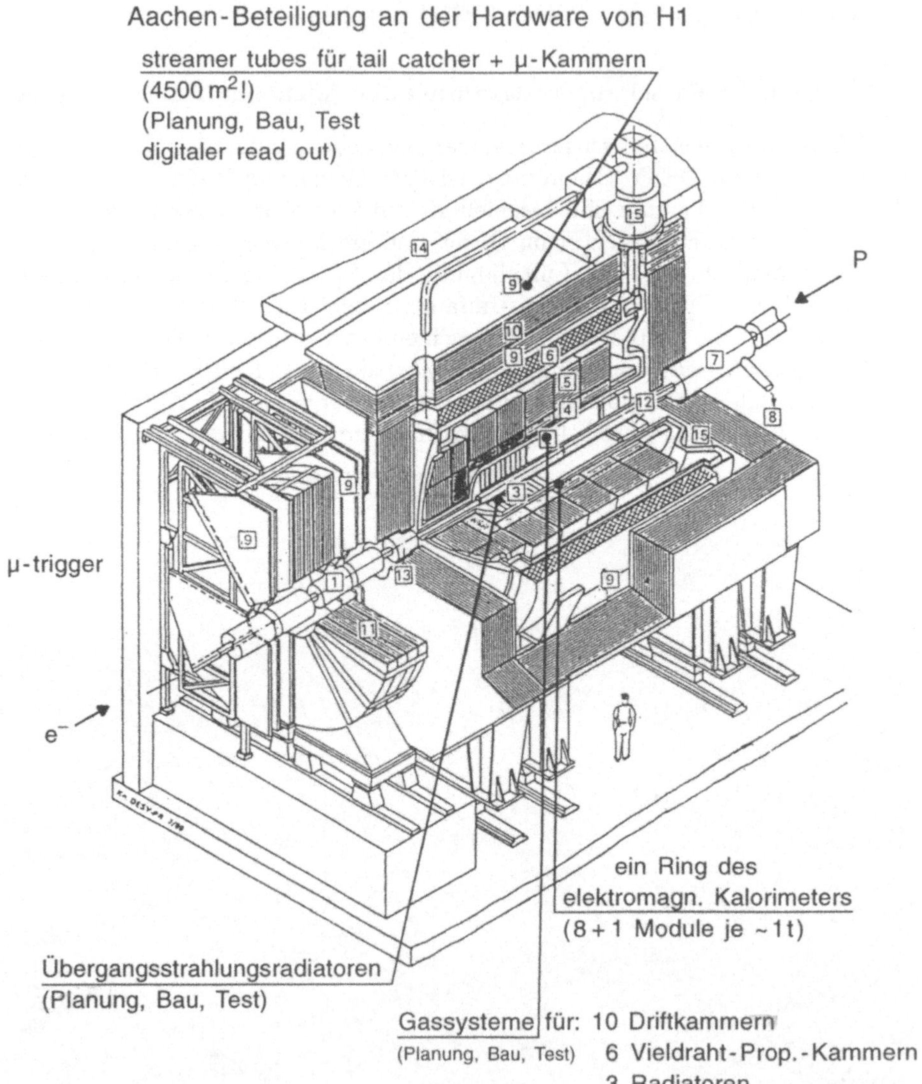

Abb. 17. Der H1-Detektor im Aufriß. Die Aachener Beiträge zum Detektor sind eingezeichnet

Abb. 18. Ein Blick in das Innere des H1-Detektors während der Montage eines Kalorimeterringes im Inneren des großen Kryostaten für flüssiges Argon

beteiligen sich am Bau und Betrieb des H1-Detektors, der in einer der unterirdischen Hallen aufgebaut ist. Abbildung 17 zeigt eine Skizze des Detektors im Aufriß. Ohne auf Einzelheiten einzugehen soll das Bild vor allem den Umfang der Aachener Beiträge zu diesem Detektor klar machen. Abbildung 18 zeigt als Beispiel das Innere des Kryostaten, in den ein gewaltiger kalorimetrischer Detektor für die Energiemessung eingebaut wird. Das gesamte Volumen wird im Betrieb mit flüssigem Argon gefüllt. Das Bild zeigt den Einbau eines Kalorimeterringes, an dem auch die Aachener Institute beteiligt waren.

Das zweite große Projekt, an dem Aachener Teilchenphysiker des I. und III. Physikalischen Instituts beteiligt sind, ist der L3-Detektor am Elektron-Positron-Speicherring LEP im Europäischen Teilchenphysik-Labor CERN in Genf. Im unterirdischen LEP-Tunnel werden auf einem Umfang von 27 km in etwa 100 m Tiefe Elektronen und Positronen auf Energien von etwa 50 GeV beschleunigt und aufeinandergeschossen. Dieser weltweit größte Kollisionsbeschleuniger wurde im Jahre 1989 in Betrieb genommen.

Abb. 19. Blick in den Innendetektor von L3. Die Signale der 20 μm dicken freien Nachweisdrähte werden in 2000 Elektronikkanälen ausgelesen, die vollständig in Aachen entwickelt wurden

Die Aachener Teilchenphysiker sind an zwei der großen LEP-Detektoren beteiligt, die Gruppe von S. Bethke an OPAL und Gruppen um A. Böhm, K. Lübelsmeyer, D. Schmitz und K. Schultze an L3. Ich muß mich hier auf eine ganz kurze Vorstellung der Beiträge zum L3-Detektor beschränken. An diesem Großgerät haben erstmals alle Aachener Hochenergiephysik-Institute gemeinsam mitgewirkt und damit einen besonders wirksamen Beitrag leisten können. Es waren Aachener an praktisch allen Detektorkomponenten von den äußeren Myon-Kammern über die hadronischen und elektromagnetischen Kalorimeter bis zum Innendetektor beteiligt. Als Beispiel ist das Herzstück des L3-Detektors, eine hochpräzise Drahtkammer, in Abb. 19 zu sehen. Der Lichteinfall läßt effektvoll die feinen Drähte aufleuchten. Die Kammer wurde gemeinsam mit der ETH-Zürich konstruiert. Die aufwendige Ausleseelektronik wurde vollständig in Aachen entwickelt und gebaut (Abb. 20).

Ein Großgerät wie der L3-Detektor erfordert eine Mannschaft von etwa 500 Physikern und Ingenieuren. Abbildung 21 zeigt die weltumspannende Kollaboration, die den L3-Detektor aufgebaut hat und betreibt. Man erkennt hier ein schönes Beispiel für eine wahrhaft globale Zusammenarbeit von Hawaii bis Peking, wie sie für die großen Experimente der Teilchenphysik heute sehr typisch geworden ist.

Abb. 20. Eines der elektronischen Bauelemente, die in Aachen entwickelt und gebaut wurden

Gregor Herten wird in seinem Vortrag näher auf die vielfältige Physik bei LEP eingehen. Ich möchte hier nur eines der wichtigsten Ergebnisse von LEP vorstellen, den gewaltigen Anstieg der Zahl der Ereignisse auf der Z^0-Resonanz, also genau dann, wenn die Schwerpunktsenergie der Elektron-Positron-Kollision der Z^0-Masse entspricht. Diese Rate wurde bei LEP mit sehr großer Präzision vermessen (Abb. 22). Das erlaubt nicht nur eine genaue Bestimmung der Z^0-Masse, sondern läßt (über die Form der Kurve) u.a. auch den Schluß zu, daß es genau drei Generationen von Strukturteilchen gibt, ein enorm wichtiger Schritt zur Vervollständigung unseres Standardmodells!

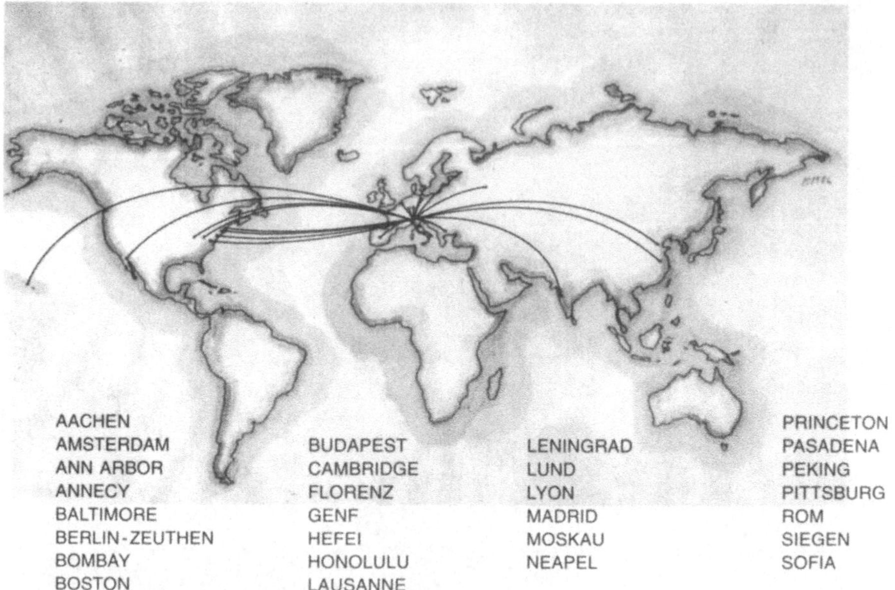

Abb. 21. Die weltumspannende Kollaboration, die den L3-Detektor aufgebaut hat und betreibt

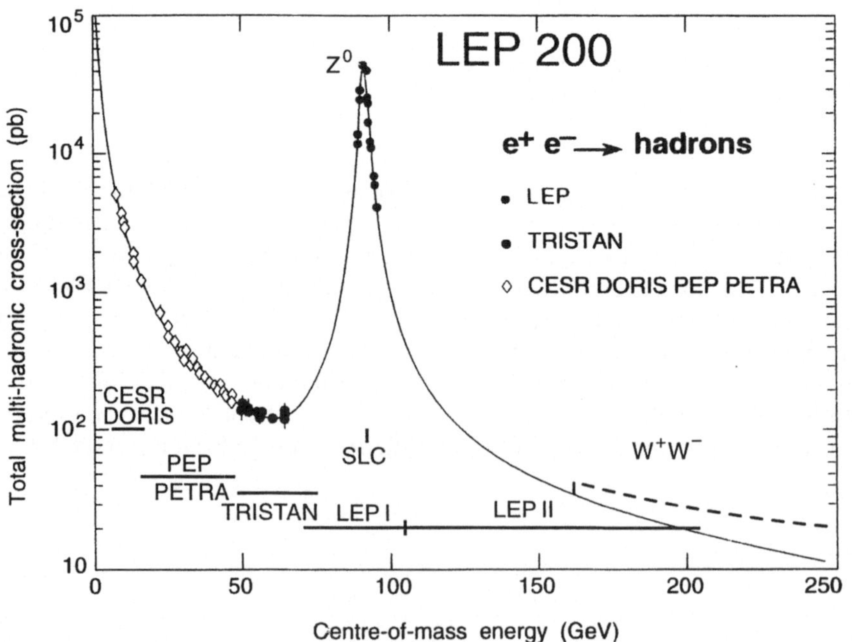

Abb. 22. Zahl der Kollisionsereignisse (Wirkungsquerschnitt) in Abhängigkeit von der Schwerpunktsenergie für die Reaktion $e^+e^- \rightarrow$ Hadronen

3 Die nahe Zukunft: neue Kollisionsbeschleuniger

Mit Abb. 22 kann ich nun an mein letztes Thema anknüpfen, die nahe Zukunft der Teilchenphysik in Aachen. Seit 1995 wird bis 1999 die Energie des LEP-Speicherringes kontinuierlich auf etwa 190 GeV Schwerpunktsenergie verdoppelt werden. Damit wird die Schwelle für die paarweise Erzeugung von W-Bosonen, neben dem Z^0 Träger der schwachen Wechselwirkung, überschritten. Daraus ergeben sich hervorragende Möglichkeiten, die Eigenschaften dieser W-Bosonen zu studieren. Diese und andere wichtige Themen für dieses LEP 200 genannte Projekt wurden übrigens erstmals 1986 auf dem LEP 200 Workshop des Europäischen Komitees für zukünftige Beschleuniger, ECFA, in Aachen unter dem Vorsitz von A. Böhm diskutiert. Wichtige Ergebnisse aus dem laufenden LEP-Programm wurden 1991 auf der DPG-Tagung der Sektion Teilchenphysik in Aachen erörtert, den Vorsitz hatte K. Lübelsmeyer.

LEP 200 ist nur eines, das früheste, von drei ehrgeizigen Projekten, welches die europäische Elementarteilchenphysik für die kommenden Jahrzehnte plant. Die Projekte sind in Tabelle 5 zusammengestellt, geordnet nach den Teilchen, die zur Kollision gebracht werden sollen, Elektronen oder Protonen (als Option auch größere Atomkerne). Zusätzlich zum bereits erwähnten

Tabelle 5. Zukünftige Kollisionsbeschleuniger für Elektronen und Protonen

Elektronen	Protonen (Atomkerne)
CERN (Genf) → 1999 LEP → LEP 200 **200 GeV**	CERN → 2004 (?) „Large Hadron Collider“ LHC **14 TeV**
DESY (Hamburg) → 2007 (?) „Linear collider“ **500 GeV**	
supraleitende Beschleunigung	supraleitende Magnete
⇓	⇓
Suche nach Higgs	und SUSY
↑	↑
Teilchenmasse (Gewicht)	Supersymmetrie

Abb. 23. Blick auf eine Anordnung supraleitender Magnete im CERN. Der neue LHC-Speicherring wird im bestehenden LEP-Tunnel aufgebaut

LEP 200 wird bei DESY in Hamburg ein bereits zu Beginn meines Vortrages erwähnter linearer Kollisionsbeschleuniger mit einer Schwerpunktsenergie von 500 GeV geplant, die später stufenweise auf 2 TeV erhöht werden soll. Dieser Beschleuniger ist in der Planungsphase, eine Entscheidung steht noch aus.

Dagegen ist ein weiteres CERN-Projekt, der Große Hadronen-Kollisionsbeschleuniger LHC (**L**arge **H**adron **C**ollider) 1994 von den europäischen CERN-Mitgliedstaaten genehmigt worden. Einer der wichtigsten Meilensteine in diesem Projekt war die Planung der Detektoren. Dafür fand in Aachen 1990 unter dem Vorsitz von G. Flügge ein großer LHC-Workshop mit über 500 Teilnehmern statt. Die Endenergie des LHC von 14 TeV wird dann weltweit mit Abstand die höchste Energie eines Teilchenbeschleunigers sein. Abbildung 23 zeigt die Planung für den LHC, der im bestehenden LEP-Tunnel aufgebaut werden soll. Die Nutzung des LEP-Tunnels ist natürlich einerseits

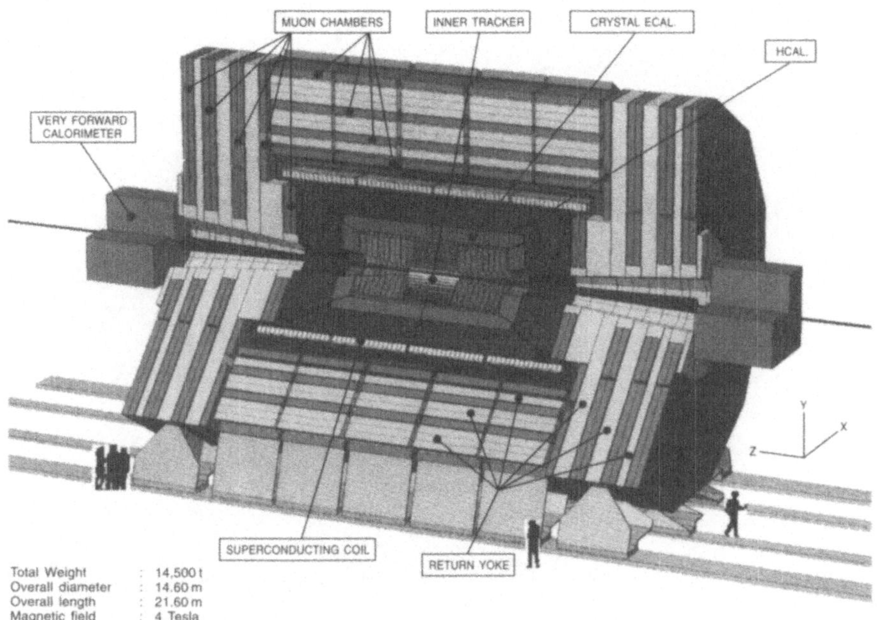

Abb. 24. Der Kompakte Solenoidaldetektor CMS, einer der geplanten Großdetektoren für den LHC

ein gewaltiger finanzieller Vorteil, stellt aber höchste technologische Anforderungen an den Speicherring, damit die erwünschte hohe Energie mit dem gegebenen Tunnelumfang erreicht werden kann.

Diese hohen Anforderungen gelten für beide Maschinentypen, den „Linear Collider" bei DESY und den LHC im CERN. In beiden Fällen ist Supraleitung die Lösung, beim LHC supraleitende Magnete, um die hochenergetischen Teilchen auf der Kreisbahn zu halten, beim „Linear Collider" supraleitende Beschleunigungsstrecken, um genügend Energie in den Strahl pumpen zu können.

Das Physikprogramm der zukünftigen Beschleuniger ist sehr vielfältig. Es liegt in der Natur der Sache, daß nicht mit Bestimmtheit vorausgesagt werden kann, wie sich die Physik in diesen neuen Energiebereichen verhält. Extrapolationen des Standardmodells und neue Ideen zur weiteren Abrundung unseres Weltbildes geben uns jedoch wichtige Hinweise, was wir möglicherweise erwarten können. Die wichtigsten Ideen sind dabei mit den Begriffen Higgs-Mechanismus und Supersymmetrie verbunden.

Der Higgs-Mechanismus, benannt nach dem Edinburgher Theoretiker Peter Higgs, ist der einzige uns bekannte Weg, im Rahmen des Standardmodells

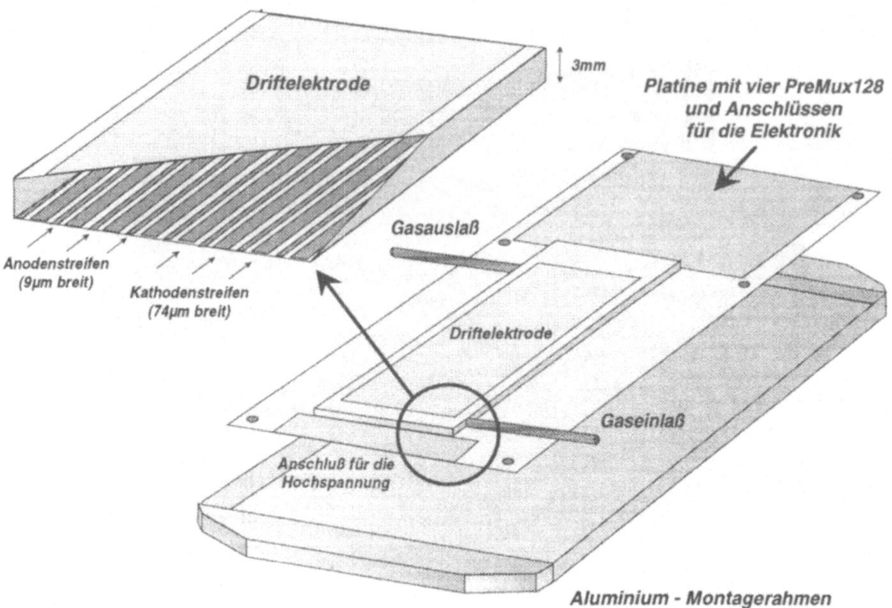

Abb. 25. Miniaturisierte Spurkammer für die hochpräzise Vermessung von Teilchenspuren

die Masse (das Gewicht) der Teilchen zu verstehen, eine der größten Herausforderungen der modernen Teilchenphysik. Abschätzungen lassen vermuten, daß durch den Higgs-Mechanismus vorhergesagte neue Teilchen innerhalb der Reichweite der neuen Beschleuniger liegen müßten. Die andere wichtige Idee ist die Supersymmetrie (SUSY), die eine Verbindung zwischen den Struktur- und den Austauschteilchen des Standardmodells liefert. SUSY hat den zusätzlichen Charme, daß es eine Möglichkeit zu bieten scheint, die Gravitation in das Gedankengebäude des Standardmodells einzubinden. Ich kann hier nicht spezifischer werden und muß für alle Einzelheiten auf die Vorträge von P. Zerwas und D. Saxon verweisen.

Auch in diesen Zukunftsprojekten ist Aachen neben der erwähnten Rolle in der Projektdefinition wieder sehr stark bei Planung und Bau der notwendigen Großdetektoren beteiligt. Abbildung 24 zeigt den Entwurf eines der beiden großen Experimente, die für den LHC-Speicherring vorgesehen sind. Alle Aachener Teilchenphysik-Institute haben sich entschlossen, gemeinsam an diesem Kompakten Solenoid-Detektor CMS mitzuwirken. Durch diesen Zusammenschluß, der sich schon beim L3-Experiment bewährt hat, kann Aachen auch in einer Großkollaboration wie CMS sichtbare und wichtige Beiträge leisten. Diese Beiträge konzentrieren sich auf den Zentraldetektor

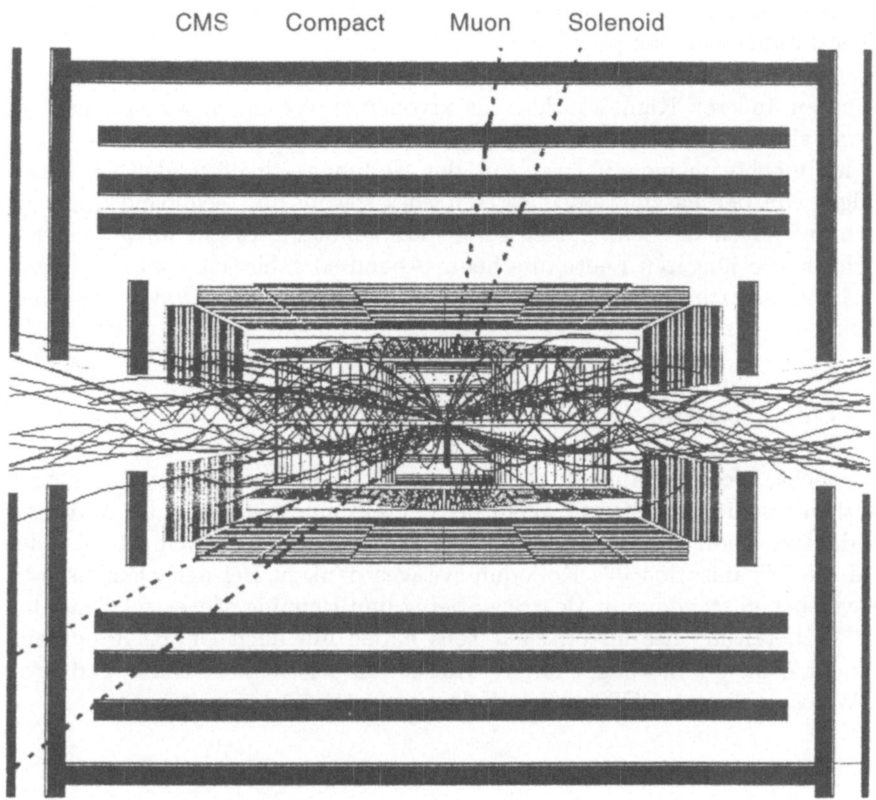

Abb. 26. Eine Computersimulation für ein *pp*-Kollisionsereignis im CMS-Detektor. Die gestrichelten Linien sind Rekonstruktionen von 4 Myonen, wie sie beim Zerfall eines hypothetischen Higgs-Teilchens erwartet werden

und den äußeren Myon-Detektor, beides Bereiche in denen die Aachener Institute auf eine sehr lange Erfahrung zurückgreifen können. Ich möchte zum Schluß ganz kurz an zwei Bildern diese Beiträge erläutern.

Das I. und III. Physikalische Institut arbeiten gemeinsam an hochpräzisen miniaturisierten Driftdetektoren für den Innendetektor Abbildung 25 zeigt einen Prototyp eines solchen Detektors, der über ein Volumen von 2.6 m Durchmesser und 6 m Länge eine Ortsgenauigkeit von 25 μm für die Teilchenspuren liefern wird. Zusätzlich zur großen Genauigkeit ist auch eine extreme Strahlenbelastbarkeit gefordert, denn der Innendetektor ist direkt am Wechselwirkungspunkt einem besonders starken Beschuß von ionisierenden Teilchen ausgeliefert.

Abbildung 26 läßt diese starke Strahlenbelastung im Innendetektor gut erkennen. Das Bild eines computersimulierten Ereignisses einer Proton-Proton-

Kollision am LHC zeigt auch sehr schön die wichtige Rolle, die die äußeren Myonkammern für die physikalische Interpretation der Daten spielen. Die 4 geraden, nach oben und unten verlaufenden Spuren, sind durch ihre Signale in den äußeren Kammern klar als Myonen zu erkennen, wie sie aus dem Zerfall eines hypothetischen Higgs-Teilchens erwartet werden.

Ich möchte meinen Vortrag mit der Hoffnung schließen, daß ich Ihnen einiges von der Faszination unseres Faches sowohl auf technologischem als auch auf physikalischem Gebiet vermitteln konnte. Dies gilt im besonderen auch für die jüngeren Leute, die heute Abend so zahlreich erschienen sind. Ich hoffe, daß ich vielleicht den einen oder anderen für eine Diplomarbeit bei uns motivieren konnte.

4 Danksagung

Ich möchte nicht versäumen, allen meinen Kollegen der Teilchenphysik ganz herzlich für die Mithilfe vor allem bei der Zusammenstellung des Materials zu danken. Ganz besonders möchte ich S. Bethke und D. Rein für die Idee und die Organisation des Kolloquiumstages danken. Bei den Demonstrationsversuchen standen mir Beatrice Stiebig und Henning Meyer zur Seite, bei der Vorbereitung des historischen Teils haben mir auch Dr. R. Rappmann von der Zentralbibliothek, Prof. W. Kaiser von der Elektrotechnik, und Prof. P. Waloscheck vom DESY sehr geholfen.

Blick in den Beschleunigertunnel von HERA mit den supraleitenden Magneten für den Protonenstrahl (oben), darunter das Strahlführungssystem für den Elektronenstrahl

Foto: Manfred Schultze-Alex, DESY, Hamburg

Faszination der Teilchenbeschleuniger – Von Wideröes Aachener Dissertation bis zum Linear-Collider der Zukunft

Björn H. Wiik

DESY und Universität Hamburg

Lieber Herr Bethke,

herzlichen Dank für Ihre Einladung, über die Faszination der Teilchenbeschleuniger zu reden und für Ihre freundliche Einführung. Ich habe Ihre Einladung gerne angenommen, denn Aachen ist nicht nur eine reizende Stadt, sie ist zugleich der Geburtsort der Beschleuniger, und die großen Beschleuniger sind in der Tat faszinierende Gebilde. Sie bestechen nicht nur durch Größe und Komplexität, sondern auch durch die konsequente Anwendung neuer Technologien und vor allem durch die geistige Leistung, die hinter diesen Anlagen steht.

Mit der jetzigen Generation der Teilchenbeschleuniger kann die Materie mit einer Auflösung von 10^{-18} m untersucht werden, eine Strecke, die 1000mal kleiner ist als die Größe eines Protons. Die Reise zu den kleineren Dimensionen ist aber zugleich eine Reise zurück in die Zeit – z.B. können in Elektron-Positron-Stößen Energiedichten erzeugt werden, die der Energiedichte des Universums etwa 10^{-12} s nach dem Urknall entsprechen. Das heißt, alle Teilchen, die zu diesem Zeitpunkt noch im Universum vorhanden waren, können erzeugt werden.

In den vergangenen Jahren haben Experimente an den großen Beschleunigern ein bestechend einfaches Bild des Mikrokosmos geschaffen. In diesem Bild ist die gesamte Materie aus punktförmigen Fermionen – Leptonen und Quarks – aufgebaut. Diese elementaren Bausteine können in drei Familien eingeordnet werden wie in Abb. 1 angedeutet. Unsere Welt ist aus den Mitgliedern der ersten Familie aufgebaut – dem Elektron und den u- und d-Quarks, die Bausteine der Protonen und Neutronen sind. Die anderen Bausteine waren nur für eine unvorstellbar kurze Zeit nach dem Urknall vorhanden. Die Kräfte, die zwischen diesen Fermionen wirken, werden durch

$$\begin{pmatrix} \nu_e & u \\ e & d \end{pmatrix} \quad \begin{pmatrix} \nu_\mu & c \\ \mu & s \end{pmatrix} \quad \begin{pmatrix} \nu_\tau & t \\ \tau & b \end{pmatrix}$$

Abb. 1. Die elementaren Bausteine der Materie

den Austausch von Bindeteilchen – den Eichbosonen – erzeugt, wobei die Eichbosonen Quanten lokaler Eichfelder sind.

Wir wissen aber auch, daß dieses Bild der Natur nicht vollständig ist. Wie in jeder lebendigen Wissenschaft gibt es auch in der Teilchenphysik viele ungeklärte Fragen, zu deren Beantwortung Beschleuniger mit noch höheren Energien benötigt werden.

In diesem Vortrag möchte ich zunächst die Entwicklung der Beschleuniger seit den dreißiger Jahren bis heute beschreiben und dann die Vorschläge für zukünftige Beschleuniger diskutieren.

Die rasante Entwicklung der Teilchenbeschleuniger in den letzten 60 Jahren ist am eindrucksvollsten im „Livingston-Plot" dargestellt. In dieser Darstellung (Abb. 2) ist die maximale Energie des Beschleunigers gegen die Jahreszahl, in der diese Energie erreicht wurde, aufgetragen. Die einhüllende Gerade zeigt, daß über eine Zeitspanne von 50 Jahren die maximale Teilchenenergie exponentiell angewachsen ist, wobei die Kosten der Anlagen nur langsam gestiegen sind. Es gibt zwei Gründe für diese beeindruckende Entwicklung – erstens neue Ideen, zweitens die konsequente Nutzung und Weiterentwicklung neuer Technologien. Dies wird durch ein Beispiel deutlich:

Das DESY-Synchrotron, 1965 in Betrieb gegangen, beschleunigte Elektronen auf eine Energie von 7 GeV. Der 1992 fertiggestellte Elektron-Proton-Beschleuniger HERA erreicht eine äquivalente Elektronenenergie von rund 50000 GeV. Inflationsbereinigt unterscheiden sich die Kosten der beiden Anlagen jedoch nur um einen Faktor 2.5. Die neue Idee war, Teilchen ungleicher Masse zu speichern und zur Kollission zu bringen; ein günstiges Preis-Leistungsverhältnis wurde durch die konsequente Nutzung einer neuen Technologie – der Supraleitung – erreicht.

Angefangen hat die Geschichte der Beschleuniger mit den Gleichspannungsgeneratoren. In den 30er Jahren hatten J.D. Cockcroft und E.T.S. Walton die erste künstliche Kernspaltung beobachtet, indem sie 0.5 MeV Protonen aus einem Hochspannungsgleichrichter auf eine Lithiumprobe lenkten. R.J. Van de Graaff hat den elektrostatischen Generator entwickelt, bei dem Ionen im elektrischen Feld zwischen einer positiv aufgeladenen Kugel und dem Erdpotential beschleunigt werden. Wegen der unvermeidbaren Spannungsdurchschläge sind die Potentialunterschiede in einem Van de Graaff-Generator auf etwa 10 bis 15 MV begrenzt. In einem Tandemgenerator kann durch Ionisierung negativ geladener Wasserstoffionen an der positiv geladenen Kugel etwa die doppelte Spannung erreicht werden.

Will man Teilchen auf sehr hohe Energien beschleunigen, sind elektrostatische Beschleuniger ungeeignet. Statt dessen muß man die Energieerhöhung in Hochfrequenzbeschleunigerstrecken vornehmen. Die erste Anlage dieser Art, ein Linearbeschleuniger, wurde hier in Aachen von dem Norweger Rolf Wideröe gebaut.

R. Wideröe, 1902 in Oslo geboren, studierte zunächst in Karlsruhe und hatte schon als 22jähriger die Idee, einen Strahltransformator zu bauen. Der

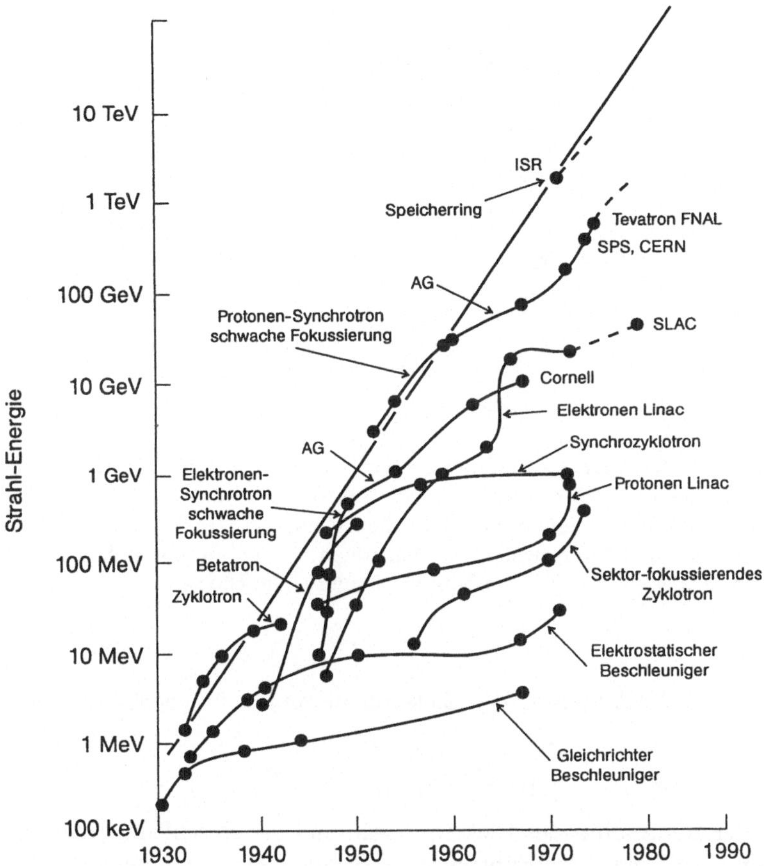

Abb. 2. Maximale Energie verschiedener Beschleunigertypen, aufgetragen gegen die Jahreszahl, in der diese Energie erreicht wurde. Für den Proton-Proton-Speicherring ISR ist die entsprechende Energie im Laborsystem aufgetragen

Strahltransformator – später Betatron getauft – ist ein sehr eleganter Beschleuniger. Wie in Abb. 3a angedeutet ist das Betatron in der Tat nichts anderes als ein Transformator mit einer konventionellen Spule als Primärwindung und dem Teilchenstrahl als Sekundärwindung.

In einem Betatron durchlaufen die Teilchen eine kreisförmige Bahn mit dem Radius r, der durch das magnetische Führungsfeld B_f am Ort des Elektrons sowie dessen Impuls mv gegeben ist. Eine Änderung des magnetischen Flusses $\pi r^2 \bar{B}_J$, welcher die kreisförmige Bahn des Elektrons durchsetzt, erzeugt tangential zur Elektronenbahn ein beschleunigendes elektrisches Feld

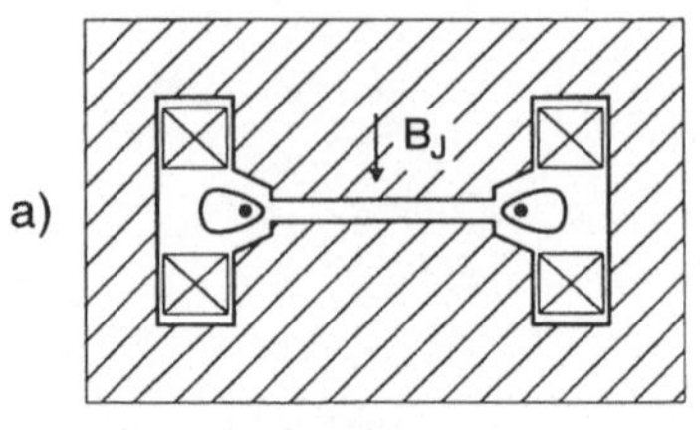

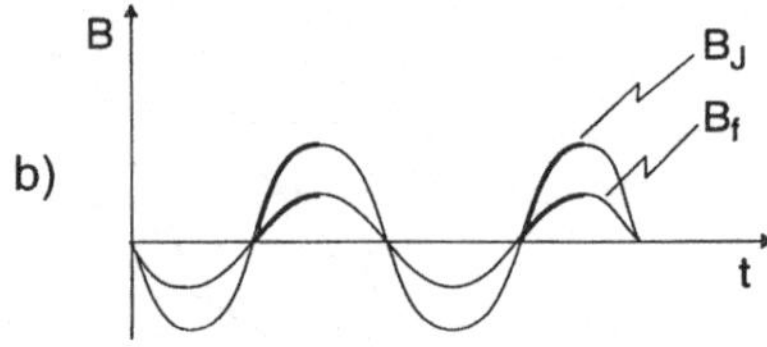

Abb. 3. (**a**) Schematische Darstellung eines Betatrons. $\bar{B}_J$ ist das mittlere Magnetfeld im Eisenjoch und B_f das magnetische Führungsfeld am Ort des Elektrons. Die Elektronen durchlaufen einen Kreis mit dem Radius r. (**b**) Das 2:1-Verhältnis des mittleren Joch- und Führungsfeldes. Elektronen werden auf den aufsteigenden Ast des Magnetfeldes kurz nach dem Nulldurchgang eingeschossen

E_φ. Die zeitliche Änderung des Elektronenimpulses ist gegeben durch

$$\frac{\mathrm{d}}{\mathrm{d}t} mv = \frac{e}{2\pi r} \frac{\mathrm{d}}{\mathrm{d}t} (\pi r^2 \cdot \bar{B}_\mathrm{J}) \, . \tag{1}$$

Damit der Bahnradius des Elektrons während des Beschleunigungsvorgangs konstant bleibt, muß das Führungsfeld B_f wie folgt zunehmen:

$$\frac{\mathrm{d}}{\mathrm{d}t} mv = er \frac{\mathrm{d}}{\mathrm{d}t} B_\mathrm{f} \, . \tag{2}$$

Da die beiden Gleichungen gleichzeitig erfüllt sein müssen, ergibt sich eine Beziehung zwischen dem Führungsfeld und dem mittleren Feld im Joch. Es gilt:

$$\frac{\mathrm{d}}{\mathrm{d}t} \bar{B}_\mathrm{J} = 2 \frac{\mathrm{d}}{\mathrm{d}t} B_\mathrm{f} \, .$$

Über die Zeit integriert und mit der Annahme, daß für $t = 0$ beide Felder verschwinden, gilt

$$\bar{B}_\mathrm{J} = 2 B_\mathrm{f} \, , \tag{3}$$

d.h. der Strahl ist longitudinal stabil, wenn das mittlere Magnetfeld im Joch zum Führungsfeld im Verhältnis 2:1 steht. Diese Beziehung wurde zuerst von Wideröe 1923 abgeleitet. Als Ermunterung für junge Zuhörer: Wideröe war damals im 5. Semester.

Mit dieser Erfindung wollte Wideröe einige Jahre später promovieren, aber die Arbeit wurde von Professor W. Gaede abgelehnt. Gaede verstand viel von Vakuum, und im Strahlrohr, dort wo die Teilchen beschleunigt werden sollten, war das Vakuum auch mit den damals besten Vakuumpumpen nur 10^{-6} mbar. Gaede war daher überzeugt, daß die Teilchen durch die Wechselwirkung mit dem Restgas den Beschleunigungsvorgang nicht überleben würden. Dies zu unrecht, denn Ph. Lenard hatte in Heidelberg einige Jahre zuvor gemessen, daß die Wirkungsquerschnitte der Strahl-Gas-Wechselwirkungen stark mit der Energie abnehmen. Wideröe wechselte aber nach Aachen und setzte bei W. Rogowski sein Studium fort mit dem Ziel, einen Strahltransformator mit einer Beschleunigungsspannung von 6 Megavolt zu entwickeln. Wideröe baute und baute, aber die Anlage lieferte keine Teilchen mit einer Energie von 6 MeV. Jetzt wissen wir, daß der Strahltransformator nicht funktionieren konnte, weil die Elektronen nicht genügend radiale Stabilität hatten und somit während des Beschleunigungsvorgangs verloren gingen.

Gegen Ende der dreißiger Jahre haben M.E. Rose und andere gezeigt, daß eine stabile Teilchenbeschleunigung in der horizontalen und vertikalen Ebene erreicht werden kann durch die Wahl eines Ablenkfeldes, welches langsam mit dem Bahnradius abnimmt. Nach diesem Prinzip hat D. Kerst in den Vereinigten Staaten 1940 ein 2.3 MeV Betatron gebaut. In einer 1941 veröffentlichten Arbeit haben D. Kerst und R. Serber die transversalen Schwingungen analysiert. Seitdem hat sich der Name „Betatronschwingungen“ für die transversalen Teilchenschwingungen in einem Kreisbeschleuniger eingebürgert.

Die maximale Energie eines Betatrons ist durch die magnetische Sättigung des Eisenjochs auf einige hundert MeV begrenzt. Das größte Betatron der Welt erreichte tatsächlich eine Energie von 300 MeV und wurde 1950 von Kerst gebaut.

Im Jahr 1927 war dies noch nicht bekannt, und Wideröe wollte mit einem nicht funktionsfähigen Gerät promovieren. Dieses Ansinnen mußte Rogowski ablehnen, und Wideröe suchte eine neue Promotionsarbeit. Schon 1924 hatte G. Ising, ein schwedischer Physiker, überlegt, wie man einen Linearbeschleuniger bauen kann. Der Vorschlag von Ising war nicht sehr praktikabel, aber Wideröe hatte die Idee übernommen und in ein funktionierendes Gerät umgewandelt. Das Prinzip dieses Urvaters aller Beschleuniger ist in Abb. 4 skizziert. Der Beschleuniger besteht aus einer Glühkathode A, einem metallischen Abschirmrohr BR und einem Kondensator K, aufgebaut in einem knapp 90 cm langen, evakuierten Glasrohr. In den beiden Abschnitten I und II wird ein Wechselfeld U_b erzeugt. Die Kaliumionen aus der Glühkathode sehen zunächst eine beschleunigende Spannung in Abschnitt I und durchlaufen dann in BR eine feldfreie Strecke bis hin zum Abschnitt II. Sind die Teilchengeschwindigkeit und die Frequenz des Wechselfeldes richtig gewählt, so erfahren die Teilchen in Spalt II eine weitere Beschleunigung. Die Endenergie der Kaliumionen wird durch die Ablenkung in den Kondensatoren K

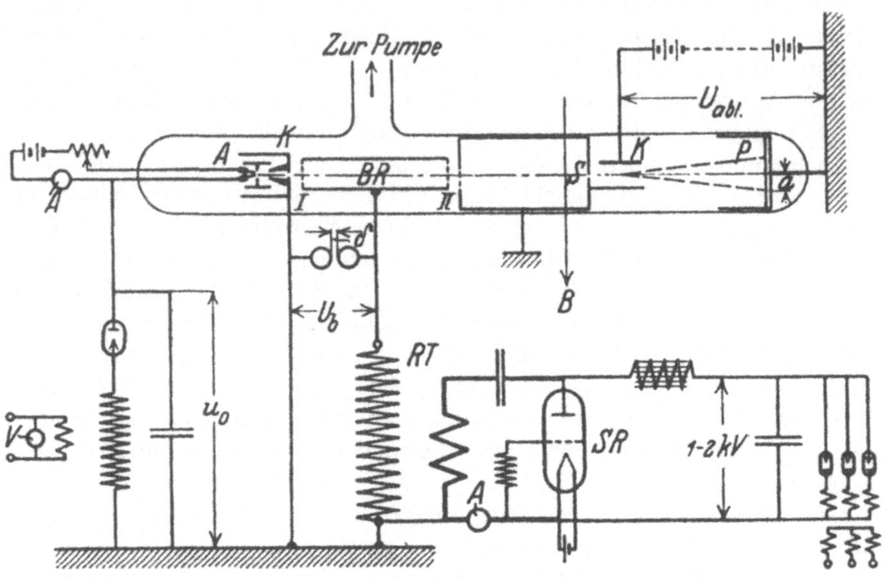

Abb. 4. Der Wideröesche Linearbeschleuniger mit der benutzten Schaltung

bestimmt. In dem oben skizzierten Aufbau von Wideröe betrug die beschleunigende Spannung im Spalt 25 kV, und am Ende wurden Kaliumionen mit einer Energie von 50 keV beobachtet. Auf den ersten Blick vielleicht nicht beeindruckend, aber es war Wideröe gelungen, einen Beschleuniger zu bauen, bei dem die Teilchenenergie höher war als die in der Anlage angelegte maximale Spannung.

R. Wideröe hat diese Arbeit 1928 im „Archiv für Elektrotechnik" veröffentlicht. Diese Zeitschrift lag auch in der Bibliothek der Kalifornischen Staatsuniversität in Berkeley aus und wurde von dem amerikanischen Physiker E.O. Lawrence gelesen. Lawrence hatte seit geraumer Zeit überlegt, wie Teilchen auf hohe Energien beschleunigt werden könnten, und diese Veröffentlichung schien die Lösung zu enthalten. Der Wideröesche Linearbeschleuniger war allerdings relativ ineffektiv und technisch kompliziert, und eine Reihe von Kavitäten wären nötig, um die Ionen auf hohe Energien zu beschleunigen. Um dieses Problem zu umgehen, schlug Lawrence vor, eine einzige Kavität in einem homogenen Magnetfeld aufzubauen. Die Wideröesche Resonanzbedingung ist auch in diesem Fall erfüllt, da die Umlauffrequenz nichtrelativistischer Teilchen in einem homogenen Magnetfeld unabhängig von der Energie ist. Dies war die Geburtsstunde des Zyklotrons, und eine Prinzipskizze einer solchen Anlage ist in Abb. 5 gezeigt.

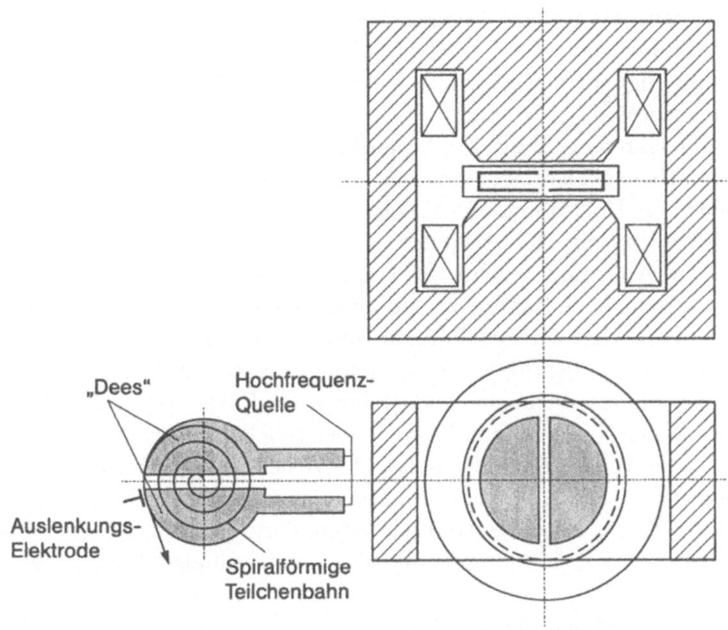

Abb. 5. Prinzipskizze eines Zyklotrons

Wie aus Abb. 5 ersichtlich besteht das Zyklotron aus einem in der Mitte geteilten Hohlkörper, welcher in ein homogenes Magnetfeld eingebettet ist. An dem Spalt liegt eine Wechselspannung

$$U = U_0 \cdot \cos \omega_{\mathrm{HF}} t \,. \tag{4}$$

Ist nun die Frequenz des Beschleunigungsfeldes gleich der Umlauffrequenz der Teilchen, i.e.

$$\omega_{\mathrm{HF}} = \omega_0 = \frac{e \cdot Z \cdot B}{M} \,, \tag{5}$$

dann gewinnen Ionen der Ladung Z und Masse M bei jedem Umlauf die gleiche Energie.

Weltweit wurde eine Reihe von Zyklotrons mit Energien bis zu 20 MeV gebaut und erfolgreich betrieben. Oberhalb dieser Energie nahm jedoch die Intensität des Teilchenstroms stark ab. Der Grund ist offensichtlich: die Masse eines Teilchens in (5) ist ja keine Konstante, sondern nimmt mit der Geschwindigkeit des Teilchens gemäß (6) zu

$$M = M_0 / \sqrt{1 - \beta^2} \,, \tag{6}$$

wobei β die auf die Lichtgeschwindigkeit normierte Teilchengeschwindigkeit ist. Die Umlauffrequenz der Teilchen verringert sich mit zunehmender Energie, und um die obige Resonanzbedingung zu erfüllen, muß die Frequenz entsprechend erniedrigt werden.

Nach der Unterbrechung durch den Zweiten Weltkrieg ging die Entwicklung des Synchrozyklotrons rasant weiter. Bedingt durch die Entwicklung des Radars hatte die Hochfrequenztechnologie große Fortschritte gemacht, und es war kein Problem, ein Hochfrequenzsystem mit den geforderten Eigenschaften zu bauen. Aber nun tauchte ein neues Problem auf.

Da die Frequenzbedingungen für langsame und schnelle Teilchen nicht gleichzeitig befriedigt werden können, müssen Teilchen annähernd gleicher Energie in Paketen beschleunigt werden. Die natürliche Energiebreite des Strahls führt jedoch dazu, daß die Teilchen im Paket unterschiedliche Umlauffrequenzen haben, und somit würde das Teilchenpaket ohne eine longitudinale Fokussierung auseinanderfließen. V. Veksler und E.M. McMillan haben dann 1944 unabhängig voneinander gezeigt, daß durch den Mechanismus der Phasenfokussierung eine longitudinale Fokussierungskraft erzeugt wird, welche dies verhindert. Wie kommt nun diese longitudinale Phasenfokussierung zustande?

Ist die Frequenz der Beschleunigungsspannung f_{HF} ein ganzes Vielfaches der Umlauffrequenz f_0 eines Teilchens, i.e.

$$f_{\mathrm{HF}} = n \cdot f_0 \ , \tag{7}$$

so bleibt die Phase des Sollteilchens bezüglich der Phase des Hochfrequenzfeldes konstant, und das Sollteilchen gewinnt beim Durchqueren des Resonators immer die gleiche Energie.

Der Unterschied der Umlauffrequenz Δf des Sollteilchens zu der eines benachbarten Teilchens mit der Impulsabweichung Δp ist gegeben durch:

$$\frac{\Delta f}{f_0} = \left(\frac{1}{\gamma^2} - \frac{1}{\gamma_{\mathrm{tr}}^2}\right) \cdot \frac{\Delta p}{p_0} \ , \tag{8}$$

wobei der erste Term von der unterschiedlichen Weglänge und der zweite Term von der unterschiedlichen Geschwindigkeit der beiden Teilchen herrührt. In diesem Ausdruck ist γ die Energie des Teilchens in Einheiten der Ruheenergie und γ_{tr} die sogenannte Übergangsenergie („transition energy“).

Betrachten wir zunächst Teilchen mit einer Energie unterhalb der Übergangsenergie. In diesem Fall erhöht sich die Umlauffrequenz mit zunehmender Energie. Wählen wir jetzt die Sollphase φ_{s} so, daß ein Teilchen mit zu niedriger Energie beim nächsten Umlauf eine höhere Beschleunigungsspannung sieht, so führen die Teilchen stabile Schwingungen um diese Sollphase aus (Abb. 6a). Dies ist der Fall, wenn die Sollphase φ_{s} auf dem aufsteigenden Ast der Beschleunigungsspannung gewählt wird. Für $\gamma > \gamma_{\mathrm{tr}}$ muß die Sollphase auf dem abfallenden Ast der Beschleunigungsspannung gewählt werden.

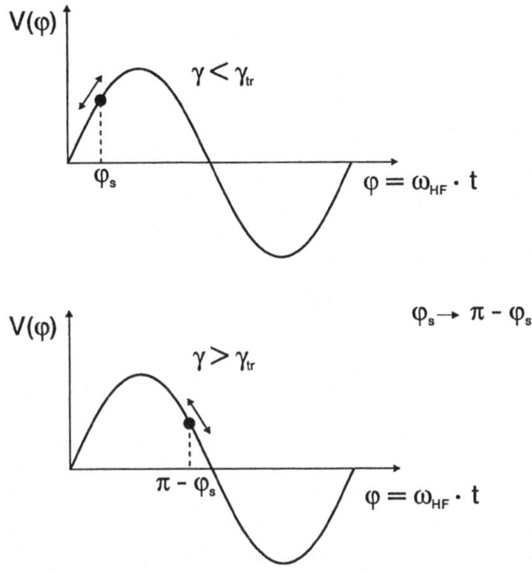

Abb. 6. **(a)** Für Teilchen mit einer Energie unterhalb der Übergangsenergie muß die Sollphase auf dem aufsteigenden Ast der Hochfrequenzspannung gewählt werden. **(b)** Für Teilchen mit Energie oberhalb der Übergangsenergie muß die Sollphase auf dem abfallenden Ast der Hochfrequenzspannung gewählt werden

In vielen Kreisbeschleunigern liegt die Übergangsenergie zwischen der Injektionsenergie und der maximalen Energie, d.h. sie wird während des Beschleunigungsvorgangs durchquert. An der Übergangsenergie gibt es keine Phasenfokussierung, und das Teilchenbündel würde longitudinal auseinanderfließen. Um dies zu vermeiden, wird die Sollphase beim Erreichen dieser Energie sprunghaft von φ_s auf $\pi - \varphi_s$ geändert.

Die transversale Fokussierung der Teilchen wird – wie beim Betatron – durch die Einführung eines mit dem Radius leicht abfallenden magnetischen Führungsfeldes erreicht, i.e.

$$B_y(x) = b_0 + \frac{\partial B_y}{\partial x} \cdot x \qquad \text{mit} \qquad \frac{\partial B_y}{\partial x} < 0 \,. \tag{9}$$

Dies führt zu einer vertikal fokussierenden und horizontal defokussierenden Kraft. In der Horizontalebene muß man aber zur Lorentz-Kraft die Zentripetalkraft addieren. Wenn man dies tut, erhält man eine in beiden Ebenen fokussierende Kraft, falls der Feldgradient die folgende Bedingung erfüllt:

$$0 < -\frac{\varrho_0}{B_0}\frac{\partial B_y}{\partial x} < 1 \,. \tag{10}$$

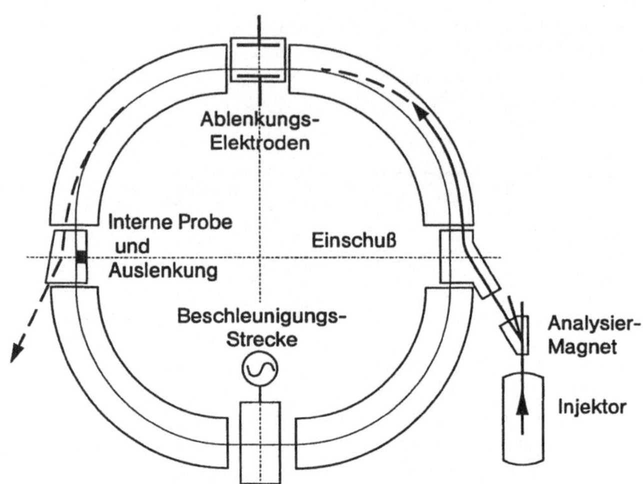

Abb. 7. Schematische Darstellung eines Synchrotrons. In der jetzt üblichlichen Auslegung sind die Magnete in den Bögen in Zellen, einem in sich wiederkehrenden Muster, angeordnet

Im Prinzip war nun der Weg zu höheren Energien frei, und eine Reihe von Synchrozyklotrons wurden auch gebaut. Aber das Synchrozyklotron hat einen entscheidenden Nachteil: Da das Gewicht des Magneten näherungsweise mit der dritten Potenz der Energie zunimmt, ist aus wirtschaftlichen Gründen die Energie eines Synchrozyklotrons auf etwa 1 GeV begrenzt. Das bisher größte Synchrozyklotron wurde in Berkeley gebaut und beschleunigte Protonen auf 720 MeV.

Es ist aber möglich, die Teilchen auf einer Kreisbahn mit konstantem Radius zu führen, indem man das magnetische Führungsfeld synchron mit dem Teilchenimpuls erhöht. Man kommt damit zum Synchrotron, das den Weg zu hohen Energien öffnete!

Aber auch bei den Synchrotrons ergaben sich anfänglich große Schwierigkeiten. Aus Gleichung (9) ist ersichtlich, daß mit zunehmender Energie, d.h. mit größer werdendem Ablenkradius die relative Feldgenauigkeit

$$\frac{1}{B_0}\frac{\delta B_{\mathrm{y}}}{\delta x} \tag{11}$$

zunimmt und somit die Anforderungen an die mechanische Präzision der Magnete größer wird. Außerdem wächst wegen der schwachen Rückstellkraft die transversale Schwingungsamplitude mit größer werdender Energie stark an, und dies erfordert Vakuumkammern großer Apertur. Die maximale Energie eines Synchrotrons schien auf 10–15 GeV begrenzt zu sein.

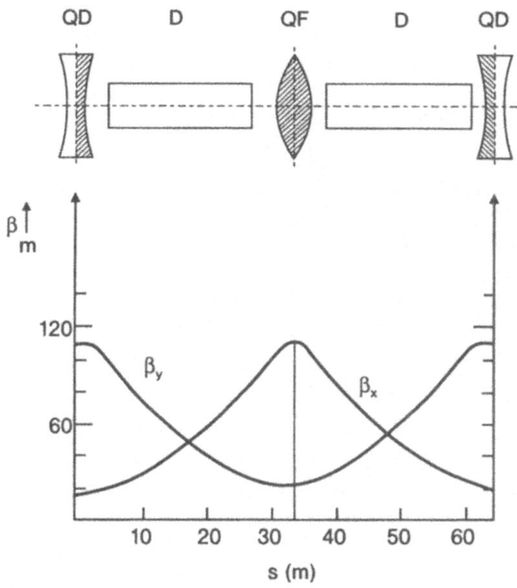

Abb. 8. Aufbau einer Magnetzelle aus Ablenkmagneten (D) und Quadrupollinsen (QF, QD). Das Verhalten der horizontalen und vertikalen Betafunktion entlang der Zelle ist auch skizziert

Die größte Maschine dieser Art ist das Dubna-Synchrotron. In der Tat – die Zahlen des Dubna-Beschleunigers sind beeindruckend, die Magnete wiegen 36000 t, die Vakuumkammer ist 1.2 m breit, 0.3 m hoch, und die beschleunigten Teilchen füllen diesen Querschnitt voll aus.

Einen Ausweg aus diesem Problem bot die Fokussierung mit alternierenden Gradienten, die unabhängig voneinander von N. Christofilos in Athen sowie von E.D. Courant, M.S. Livingston und H. Snyder in Brookhaven vorgeschlagen wurden.

Ein nach diesem Prinzip gebauter Kreisbeschleuniger ist in Abb. 7 schematisch dargestellt. In der jetzt üblichen Auslegung sind die Magnete in Zellen angeordnet, die sich regelmäßig wiederholen. Eine Zelle ist in Abb. 8 schematisch dargestellt und ist aus Ablenkmagneten, aufgestellt zwischen Quadrupollinsen, aufgebaut. Aus der Feldverteilung einer Quadrupollinse ist leicht ersichtlich, daß der Magnet die Teilchen in der einen Ebene fokussiert und in der senkrecht dazu stehenden Ebene defokussiert. Man kann sich jedoch leicht davon überzeugen, daß beim Durchfliegen einer Zelle die Teilchen in den beiden Ebenen stark fokussiert werden, da der Abstand der Teilchen von der Achse des fokussierenden Quadrupols größer ist und somit die fokussierende Kraft überwiegt.

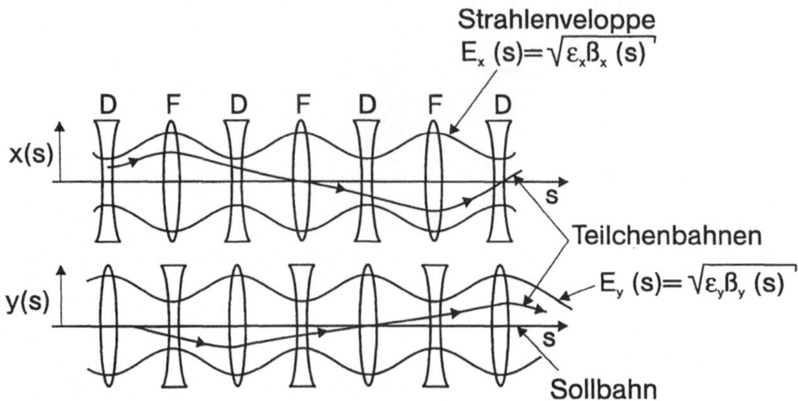

Abb. 9. Horizontale und vertikale Teilchenbahnen in einem FODO Magnetsystem. Die Strahlenveloppe in den beiden Ebenen ist auch gezeigt

Das Sollteilchen ist ein fiktives Teilchen, welches exakt entlang der magnetischen Achse die Quadrupolmagnete durchquert und somit nur eine Ablenkung in der x-Ebene erfährt. Zum Sollteilchen benachbarte Teilchen führen transversale Betatronschwingungen um dessen Bahn aus. Teilchenbahnen und die Strahlenveloppe sind in Abb. 9 dargestellt.

Die Strahlenveloppe dieser Schwingungen am Ort s entlang der Bahn ist gegeben durch

$$E(s) = \sqrt{\beta_x(s)\varepsilon_x} \tag{12}$$

und entsprechend für die Schwingungen in der vertikalen y-Ebene.

Die Betafunktionen $\beta_x(s)$ und $\beta_y(s)$ werden durch die Eigenschaften und Anordnung der magnetischen Elemente entlang der Teilchenbahn bestimmt. Die Änderung der Betafunktionen entlang einer Zelle ist in Abb. 8 dargestellt. Die Größe ε wird als Emittanz bezeichnet und ist ein Maß für die vom Strahl überdeckte Fläche im Phasenraum.

Solange die Synchrotronstrahlung der umlaufenden Teilchen vernachlässigt werden darf, sinkt die Emittanz des Teilchenstrahls gemäß

$$\varepsilon = \varepsilon_0/\gamma \tag{13}$$

mit der zunehmenden Teilchenenergie. Dabei ist ε_0 die von der Quelle definierte Emittanz. Die benötigte Apertur der Vakuumkammer ist sehr viel geringer als bei einem schwach fokussierenden Synchrotron und nimmt mit zunehmender Energie ab.

Im Jahre 1952, gerade zur Zeit der Entdeckung der alternierenden Gradientenfokussierung, waren O. Dahl, R. Wideröe und F.K. Goward zu Besuch in Brookhaven. Diese Herren waren beauftragt, Pläne für den ersten großen

Ringbeschleuniger bei CERN in Genf zu entwerfen. O. Dahl erkannte sofort die Vorteile der alternierenden Gradientenfokussierung verglichen mit der bisher verwendeten schwachen Fokussierung. Für das gleiche Geld konnte mit diesem neuen, allerdings unerprobten Prinzip ein Beschleuniger der dreifachen Energie gebaut werden. Die Vorteile – aber auch die Risiken – waren groß.

Das neue Problem waren Instabilitäten in der Betatronschwingung, die durch die unvermeidlichen Feldfehler der Magnete hervorgerufen werden können. Die Zahl der Betatronschwingungen pro Umlauf, auch Q-Wert genannt, darf unter keinen Umständen ganzzahlig werden, weil sich für $Q = n$ die Bahnstörungen durch Dipolfehler von Umlauf zu Umlauf aufaddieren und die Amplitude resonanzartig anwachsen lassen. Ganzzahlige Q-Werte führen in der Tat zum sofortigen Strahlverlust, aber auch halbzahlige Werte $Q = n/2$ sind nicht zulässig wegen der unvermeidlichen Quadrupolfehler. Die zur Korrektur der „Chromatizität" (der Impulsabhängigkeit der Quadrupolbrennweiten) verwendeten Sextupollinsen verbieten schließlich noch drittelzahlige Q-Werte. In einem großen Beschleuniger spielen darüber hinaus auch noch höhere Ordnungen eine Rolle sowie die Kopplung der horizontalen und vertikalen Betatronschwingungen, die z.B. durch Winkelfehler in der Quadrupolaufstellung hervorgerufen wird. Gefährliche Resonanzen sind möglich, wenn die Q-Werte die Gleichung

$$iQ_x + jQ_y = k$$

erfüllen, wobei i, j, k ganze Zahlen sind.

Die Teilchenbewegung in der horizontalen Ebene eines Synchrotrons ist in Abb. 10 schematisch dargestellt. Die Schwingungsamplitude ist dabei sehr übertrieben dargestellt, in der Wirklichkeit beträgt sie nur einige mm in einem Ring mit einem Umfang von einigen km.

Das Resonanzdiagramm von HERA wird zusammen mit dem gewählten „Arbeitspunkt" (Q_x, Q_y) in Abb. 11 gezeigt. Man erkennt deutlich, wie wenig Raum für stabile Bewegung zur Verfügung steht.

Nach einer sorgfältigen Abwägung haben sich O. Dahl und seine Kollegen trotzdem für das neue Prinzip ausgesprochen, und das CERN PS – wie auch das AGS in Brookhaven – mit einer Energie von rund 30 GeV haben alle Erwartungen erfüllt. Beide Beschleuniger sind nach einigen „Face-lifts" immer noch in Betrieb.

Nach diesem Prinzip wurden noch weitere Beschleuniger gebaut, die 450-GeV-Protonenbeschleuniger bei Fermilab in der Nähe von Chicago und bei CERN. Mit Hilfe supraleitender Magnete erreichen das Tevatron bei Fermilab und der Protonenring des HERA-Beschleunigers Energien knapp unterhalb von 1 TeV.

Wegen seiner hohen Masse ist der Energieverlust eines Protons durch Synchrotronstrahlung 10^{-13}mal geringer als der Energieverlust eines Elektrons der gleichen Energie. Mit diesem Prinzip der starken Fokussierung ist es daher möglich, Protonsynchrotrons bis zu Energien von 100 TeV oder mehr zu

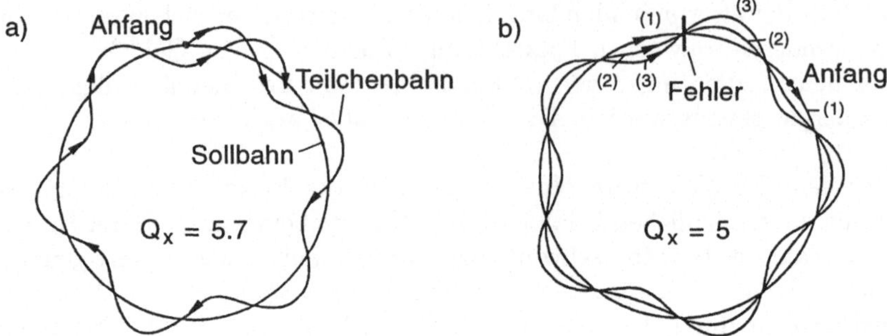

Abb. 10. **(a)** Schematische Darstellung einer horizontalen Betatronschwingung mit $Q_x = 5.7$. **(b)** Das resonanzähnliche Anwachsen der Schwingungsamplitude für $Q_x = 5.0$

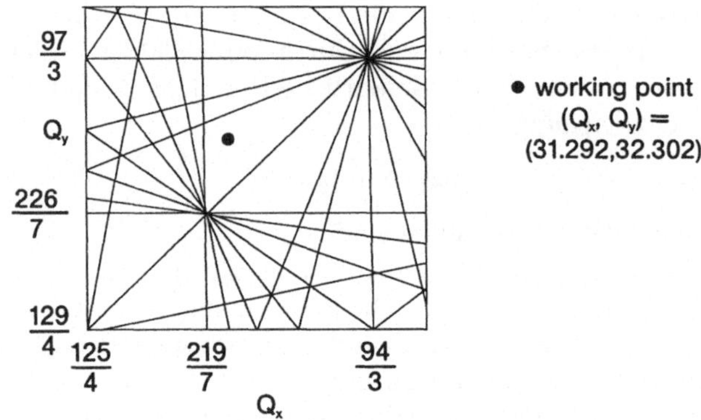

Abb. 11. Resonanzdiagramm des HERA Proton-Speicherrings. Resonanzlinien bis zu 7. Ordnung sowie der Arbeitspunkt sind dargestellt

bauen. Für Protonen ist somit die erreichbare Energie vorerst nicht durch Technologie, sondern durch die Kosten begrenzt.

Dieses Prinzip der alternierenden Gradientenfokussierung wurde auch genutzt, um Elektronen zu beschleunigen. In der Tat, eines der ersten stark fokussierenden Elektronensynchrotrons der Welt wurde von Professor W. Paul und seinen Mitarbeitern in Bonn gebaut. Sie können jetzt diesen Beschleuniger im Deutschen Museum in Bonn bewundern. Die kreisenden Elektronen in einem Synchrotron emittieren Photonen, die Synchrotronstrahlung, und der Energieverlust eines Elektrons pro Umlauf nimmt mit der vierten Potenz der Elektronenenergie zu. Wegen der hohen Energieverluste und den damit verbundenen hohen Kosten erreichte das bisher größte Elektronensynchrotron eine Energie von 85 GeV. In einem Linearbeschleuniger verlieren die Elektronen jedoch durch Synchrotronstrahlung keine Energie. Im größten Beschleuniger dieser Art, dem 3 km langen Stanforder Linearbeschleuniger, werden Elektronen auf etwa 50 GeV beschleunigt. Die maximale Energie eines Linearbeschleunigers ist wie bei Protonen nur durch die Kosten begrenzt.

Allerdings ist es nicht sinnvoll, Teilchen solch hoher Energien auf ein ruhendes Teilchen zu lenken. In diesem Fall ist die für die Erzeugung neuer Teilchen relevante Schwerpunktsenergie gegeben durch

$$E_{\mathrm{CM}} = \sqrt{2m \cdot E}\,. \tag{14}$$

Die Schwerpunktsenergie wächst nur mit der Wurzel aus der Strahlenergie. Gelingt es dagegen, das Targetteilchen wie auch das Projektilteilchen auf hohe Energien zu beschleunigen und zur Kollision zu bringen, so ist die erreichbare Schwerpunktsenergie

$$E_{\mathrm{CM}} = \sqrt{4E_1 \cdot E_2}\,. \tag{15}$$

Bei der Kollision von Teilchen gleicher Energie erreicht man somit $E_{\mathrm{CM}} = 2E$, die zur Verfügung stehende Schwerpunktsenergie nimmt also linear mit der Teilchenenergie zu.

Die mit Kollidern erreichbaren Schwerpunktsenergien sind jedoch nur interessant, falls es gleichzeitig gelingt, hohe Luminositäten zu erzeugen. Für die Luminosität eines Kolliders gilt:

$$L \sim \frac{N^2 \cdot \gamma}{A} \cdot fc\,, \tag{16}$$

wobei N die Teilchen pro Paket sind. $A = \sigma_x^* \cdot \sigma_y^*$ ist der Strahlquerschnitt am Wechselwirkungspunkt und f_c die Kollisionsfrequenz. Bei der Durchdringung der beiden gegenläufigen Teilchenpakete wirkt das eine Paket wie eine Linse auf das andere. Dies führt zu einer Verbreiterung des Arbeitspunktes um einen Wert ΔQ, wobei ΔQ die Ungleichung

$$\frac{\Delta Q \cdot \gamma}{r_{\mathrm{e}} \cdot \beta_y^*} \geq \frac{N}{A} \tag{17}$$

erfüllen muß, um Teilchenverluste durch Resonanzanregung zu vermeiden. In diesem Ausdruck ist r_{e} der klassische Elektronenradius und der Wert der vertikalen β_y^*-Funktion am Wechselwirkungspunkt.

K. Robinson und G.A. Voss ist es gelungen, durch eine geschickte Auslegung der Magnetstrukturen in der Nähe des Wechselwirkungspunktes β_y^* sehr klein und somit N/A sehr groß zu machen. Durch diese „Mini-Beta-Optik" konnte man die Luminosität um einen Faktor 100–1000 steigern. Dies war der entscheidende Durchbruch der Kollider und hat dazu geführt, daß alle modernen Beschleunigeranlagen als Kollider ausgelegt werden.

Bei den Kollidern taucht der Name R. Wideröe wieder auf. In der Tat hat er im Jahre 1943 das Prinzip eines Speicherrings patentieren lassen. Wideröes Vorschlag war jedoch von mehr konzeptioneller Natur, und nach Vorarbeiten der amerikanischen MURA-Gruppe wurde der erste realistische Vorschlag eines Speicherrings von dem amerikanischen Physiker G.K. O'Neill im Jahr 1956 auf einer Tagung in Genf vorgestellt.

Zunächst wurden Speicherringe für Elektronen gebaut. Dies hatte mehrere Gründe: Erstens können wegen der kleinen Ruhemasse des Elektrons e^-e^- oder e^-e^+ Wechselwirkungen sinnvollerweise nur mit Hilfe von Speicherringen untersucht werden. Zweitens schien wegen der Synchrotronstrahlung der Elektronen der Bau eines Elektronenspeicherrings mit weniger Risiken behaftet zu sein als der Bau eines Protonenspeicherrings. Die durch den Injektionsprozeß induzierte Schwingungsamplitude bleibt im Falle einer Protoneninjektion erhalten, während die Schwingung eines Elektronenstrahls wegen der Synchrotronstrahlung gedämpft wird. Wegen der Dämpfung der transversalen Betatronschwingungen schien es leichter, einen Elektronenstrahl kleiner Emittanz zu erzeugen und diese Emittanz auch während einer langen Speicherdauer zu erhalten. AdA in Frascati (2×250 MeV) und CBX in Stanford (2×500 MeV) haben ihren Betrieb 1961 aufgenommen.

Die größte Maschine dieser Art, LEP bei CERN, hat einen Umfang von 27.4 km und soll auf eine Schwerpunktsenergie von knapp 200 GeV ausgebaut werden. Mit LEP ist – wegen der hohen Energieverluste durch die Synchrotronstrahlung – auch das praktische Ende von Elektron-Positron-Speicherringen erreicht. Höhere Energien können wirtschaftlich – wie unten ausgeführt – nur mit Linearkollidern erreicht werden.

Der „Intersecting Storage Ring" ISR bei CERN in Genf war der erste Proton-Proton-Speicherring, und diese Anlage hat 1971 den Betrieb aufgenommen. Durch eine spezielle Injektionstechnik war es möglich, Ströme von fast 60 A zu speichern.

In den Proton-Antiproton-Speicherringen bei CERN und bei FNAL werden die Teilchen in Paketen gespeichert. Im Tevatronspeicherring können Proton-Antiproton-Stöße bis zu einer Schwerpunktsenergie von 1.86 TeV studiert werden. Da aber das Proton aus Quarks und Gluonen aufgebaut ist, entspricht dies einer Energie von etwa 300 GeV im Schwerpunktssystem der Konstituenten.

Der DESY-Speicherring HERA ist der erste Elektron-Proton-Speicherring der Welt. In HERA werden 27.5 GeV-Elektronen auf 820 GeV-Protonen geschossen, entsprechend einer Schwerpunktsenergie von 300 GeV oder rund 100 GeV in dem Elektron-Quark-Schwerpunktssystem.

Die jetzige Generation der Beschleunigeranlagen ruht auf zwei Säulen – der alternierenden Gradientenfokussierung und dem Kolliderprinzip. Wie soll es weitergehen? Werden neue Ideen als Grundlage für die nächste Generation der Beschleuniger dienen?

Eine sehr interessante Entwicklung ist der Plasmaschwebungswellen-Beschleuniger. Das Prinzip ist einfach. Zwei Laserstrahlen mit unterschiedlichen Frequenzen ω_1, ω_2 durchsetzen in gleicher Richtung ein verdünntes Plasma. Ist nun die Differenz der beiden Laserfrequenzen $\omega_1 - \omega_2$ gleich der Plasmafrequenz ω_p, so entsteht eine resonante Dichteschwankung des Plasmas, und diese Dichteschankung breitet sich, wegen $\omega_{1,2} \gg \omega_\mathrm{p}$, praktisch mit der Lichtgeschwindigkeit aus

$$v_\mathrm{p} = \frac{\omega_\mathrm{p}}{k_\mathrm{p}} = c\left(1 - \frac{\omega_\mathrm{p}^2}{\omega_{1,2}^2}\right) \approx c\,. \tag{18}$$

Die Dichteschwankung erzeugt ein hohes elektromagnetisches Feld, wobei der Feldgradient E aus der Poissongleichung folgt:

$$k_\mathrm{p} E = 4\pi e \cdot \delta n\,, \tag{19}$$

$$k_\mathrm{p} \approx \frac{\omega_\mathrm{p}}{c} = \sqrt{\frac{4\pi e^2 n}{m}}\,. \tag{20}$$

In dieser Gleichung ist n die Plasmadichte und δn ihre Schwankung. Mit einer Plasmadichte von 10^{16} Molekülen/cm^3 und mit einer maximalen Dichteschwankung von $\delta n/n = 0.3$ erhält man einen Beschleunigungsgradienten von rund 3 GeV/m. Experimentell ist dies bestätigt worden.

Dies ist sehr ermutigend, aber viele Fragen müssen noch beantwortet werden, bevor ein Plasmabeschleuniger vorgeschlagen werden kann. Zum Beispiel: Ist es möglich, ein Teilchenpaket energieeffizient auf hohe Energien zu beschleunigen ohne Emittanzaufweitung? Wie hoch ist die erreichbare Luminosität und vor allem – was kostet eine solche Anlage?

Obwohl weltweit ein großes Forschungs- und Entwicklungsprogramm mit dem Ziel, neue Beschleunigertechnologien zu entwickeln, durchgeführt wird, ist es wahrscheinlich, daß auch die nächste Generation der Beschleunigeranlagen weniger auf neuen Ideen, sondern eher auf einer konsequenten Weiterentwicklung der jetzigen Technologie ruhen wird.

Was können wir erwarten?

Das Prinzip der alternierenden Gradientenfokussierung erlaubt es, Protonkreisbeschleuniger bis zu 100 TeV oder mehr zu bauen, wobei der Umfang eines Kreisbeschleunigers und somit die Kosten ohne technische Innovation grob proportional zur Energie steigen. Bis in die 70er Jahre wurden konventionelle Eisenmagnete genutzt, um die Protonen auf eine Kreisbahn zu lenken. Durch die Sättigung im Eisen ist die magnetische Feldstärke eines Eisenmagneten auf etwa 1.8–2.0 Tesla begrenzt, und Magnete dieser Art haben – wegen der Ohmschen Verluste – einen hohen Energiebedarf. Durch den Einsatz supraleitender Magnete können gleichzeitig die magnetische Feldstärke erhöht und der Energiebedarf gesenkt werden.

In der 60er Jahren haben Labors in Europa und Amerika supraleitende Kabel entwickelt, welche aus etwa 10 m dicken Niob-Titan-Filamenten in einer Kupfermatrix bestanden. Das Tevatron, der HERA-Protonring sowie LHC fußen auf dieser Technologie, wobei das erreichbare Feld der Magnete gesteigert wurde von 3.6 T beim Tevatron über 6 T bei HERA bis zu etwa 9 T bei LHC.

Höhere Feldstärken bis zu vielleicht 12–13 T lassen sich mit Nb_3Sn Leitern erzeugen, noch höhere Feldstärken können mit den neuen keramischenSupraleitern erreicht werden. Es ist in der Tat gelungen, Bandleiter aus diesem neuen Material herzustellen, welche eine hohe Stromtragfähigkeit bei Magnetfeldern bis zu mindestends 20–25 T vorweisen. Vermutlich wird dann das maximal erreichbare Magnetfeld durch die magnetischen Kräfte begrenzt. Proton-Proton-Kollider mit Schwerpunktsenergien im 60–100 TeV Bereich werden jetzt in den Vereinigten Staaten wie auch in Europa entworfen und evaluiert.

Die in einem Proton-Proton-Kreisbeschleuniger erreichbare Luminosität ist vermutlich durch die Strahlverluste der Proton-Proton-Wechselwirkung begrenzt. Bei einer Luminosität von 10^{35} $cm^{-2}s^{-1}$ und einem Proton-Protron-Wirkungsquerschnitt von 40 mb verliert z.B. jeder Strahl 1.4×10^{13} Protonen pro Stunde. Als Vergleich: LHC ist ausgelegt für eine Luminosität von 10^{34} $cm^{-2}s^{-1}$ bei etwa 10^{14} gespeicherten Protonen pro Strahl.

Der erfolgreiche Betrieb von HERA hat gezeigt, daß Elektron-Proton-Kollider gebaut und betrieben werden können. Da der LHC im LEP-Tunnel aufgebaut wird, ist der natürliche nächste Schritt, die Elektronen in LEP mit den gegenläufigen Protonen im LHC kollidieren zu lassen. In dieser Weise können Schwerpunktsenergien im *ep*-System von etwa 1.3 TeV realisiert werden.

Die Protonenergie ist proportional zu dem Radius des Rings, während die Elektronenenergie – wegen der Synchrotronstrahlung – mit der Wurzel aus dem Radius skaliert. Mit größerwerdenden Beschleunigern nimmt daher das Verhältnis der Protonenergie zur Elektronenergie ständig zu, mit dem Ergebnis, daß die Reaktionsprodukte einer *ep*-Kollission zunehmend entlang des Protonstrahls fokussiert werden. Energien im *ep*-System oberhalb einiger TeV können wahrscheinlich nur erreicht werden, indem die Elektronen in einem Linearbeschleuniger mit den Protonen in einem Ringbeschleuniger kollidieren, wie in der Abb. 12 gezeigt. Um eine hohe Luminosität mit einer solchen Anlage zu erreichen, muß der Linearbeschleuniger ein hohes Tastverhältnis haben und hohe Ströme beschleunigen. Beides läßt sich nur mit einem supraleitenden Linearbeschleuniger realisieren. Zweitens muß ein schnelles transversales und longitudinales Dämpfungssystem der Protonen entwickelt werden.

Aus Kostengründen können Elektron-Positron-Kollisionen bei Energien von oberhalb einigen 100 GeV im Schwerpunktsystem nur mit einem Linearkollider verwirklicht werden.

Schon 1964 hatte M. Tigner vorgeschlagen, Pakete von Elektronen und Positronen in zwei gegeneinander gerichteten Linearbeschleunigern auf hohe

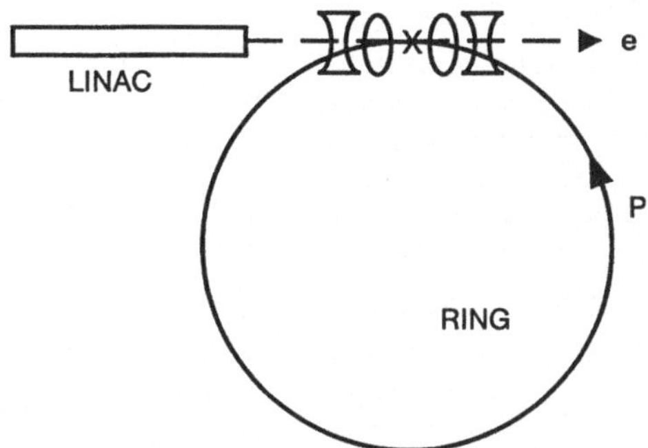

Abb. 12. Auslegung eines Elektron-Positron-Colliders für hohe Schwerpunktsenergie

Energien zu beschleunigen und die beiden gegenläufigen Pakete kollidieren zu lassen. Die Länge – und somit die Kosten eines Linearkolliders – nehmen proportional der Energie zu.

Der erste – und bisher einzige – Linearkollider der Welt wurde von B. Richter und seinen Kollegen in Stanford gebaut. In dem 3 km langen Linearbeschleuniger werden besonders präparierte Pakete von Elektronen und Positronen auf 50 GeV beschleunigt und um jeweils 180° abgelenkt und zur Kollision gebracht. SLC hat eine Luminosität von rund 10^{30} $cm^{-2}s^{-1}$ bei einer Schwerpunktsenergie von knapp 100 GeV erreicht.

Der Bau eines Linearkolliders ist ein sehr anspruchsvolles Unterfangen, welches in technisches Neuland führt. Die technischen und physikalischen Probleme, die bei dem Bau einer solchen Anlage auftreten, nehmen mit der Energie stark zu, und als Kompromiß zwischen Realisierbarkeit und wissenschaftlichem Potential wird zunächst der Bau eines 500 GeV e^+e^- Linearcolliders vorbereitet. Später, nach einem erfolgreichen Betrieb bei 500 GeV kann die Anlage auf 1.5–2 TeV erweitert werden, wobei die bis dahin getätigten Investitionen voll genutzt werden können.

Um das Physik-Potential eines 500 GeV e^+e^- Linearkolliders auszuschöpfen, werden Luminositäten von 5×10^{33} $cm^{-2}s^{-1}$ oder mehr benötigt. Dies ist eine Steigerung um grob 4 Größenordnungen, verglichen mit SLC. Um solch hohe Luminositäten zu erreichen, müssen besonders präparierte Pakete von Elektronen und Positronen am Wechselwirkungspunkt auf einer vertikalen Strahlhöhe im nm-Bereich fokussiert werden.

Vorschläge für einen Elektron-Positron-Kollider werden in Europa (TESLA, SBLC, CLIC) wie auch in Amerika (NLC) und Japan (JLC) ausgearbeitet. Die wichtigsten Parameter dieser Beschleuniger sind in Tabelle 1 aufgeführt.

Tabelle 1. Parameter eines 500 GeV e^+e^- Linearkolliders

	TESLA	SBLC	JLC	NLC	CLIC
HF des Linearbeschleunigers (GHz)	1.3	3.0	11.4	11.4	30.0
Luminosität (10^{33} cm^{-2}s^{-1})	6.0	5.0	5.2	7.1	1.1
Teilchen/Paket am WP (10^{10})	3.63	1.1	0.63	0.65	0.8
Beschleunigergradient (MV/m)	25.0	17.0	58.0	37.0	78
Invariante Emittanz $\varepsilon^N_{x,y}$ (mrad $\cdot\ 10^{-8}$)	1400/25	500/25	330/4.8	500/5	300/15
Betafunktion am WP $\beta^*_{x/y}$ (mm)	25/0.7	11/0.45	10/0.1	10/0.1	10/0.8
Strahlgröße am WP $\sigma^*_{x/y}$ (nm)	845/19	335/16	260/3.0	320/3.2	247/7.4
Länge des Pakets σ_z (mm)	0.7	0.3	0.09	0.1	0.2
Beamstrahlung δ_E (%)	2.9	3.0	3.5	2.4	3.6
Energie per Strahl (MW)	8.15	7.2	3.2	4.2	0.8–3.9

Die Auslegung eines Linearkolliders ist in Abb. 13 gezeigt. Eine Folge von Elektronen-(Positronen)-Paketen wird in ein Synchrotron injiziert. Durch die Abstrahlung von Synchrotronstrahlung und die gleichzeitige longitudinale Energiezufuhr durch das Hochfrequenzsystem werden die transversalen Betatronschwingungen gedämpft, bis ein Gleichgewichtszustand erreicht ist. Die entsprechende Emittanz wird in der horizontalen Ebene durch die Quantenfluktuation der Strahlungsverluste und die Fokussierungsstärke der Quadrupole bestimmt und in der vertikalen Ebene durch die Kopplung der vertikalen und horizontalen Betatronschwingungen. Ein Dämpfungsring mit einer horizontalen Emittanz von rund 1 mm·mrad und einer vertikalen Emittanz von rund 0.03 mm·mrad ist jetzt im Bau.

Nach dem Dämpfungsring werden die Pakete longitudinal von einigen mm auf eine Länge von 0.5 mm bis 0.1 mm komprimiert. In den gegeneinander gerichteten Linearbeschleunigern werden die Teilchenpakete auf hohe Energien beschleunigt, kollimiert und am Wechselwirkungspunkt auf eine vertikale Strahlhöhe im nm-Bereich fokussiert.

Es sind in den letzten Jahren große Fortschritte gemacht worden, und mit einem technisch wie finanziell belastbaren Vorschlag ist bis Ende des Jahrzehnts zu rechnen.

Die Entwicklung der Beschleuniger wird durch physikalische Fragestellungen motiviert und vorangetrieben. Mit der nächsten Generation der Beschleuniger, LHC bei CERN in Genf und einem e^+e^- Linearbeschleuniger sind wir für die nächsten 20–30 Jahre gut gerüstet, aber die Experimente an diesen Beschleunigern werden mit Sicherheit nicht alle Fragen beantworten. Es werden Beschleuniger mit noch höheren Energien und noch höherer Luminosität benötigt. Solche Beschleuniger können nur realisiert werden durch

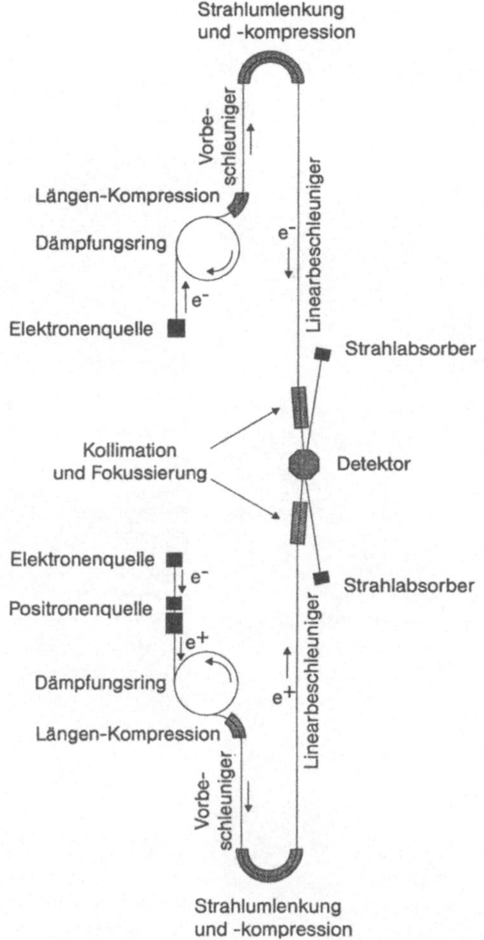

Abb. 13. Die Prinzipskizze eines Elektron-Positron-Linearkolliders

eine radikale Senkung der Kosten pro GeV bei einer gleichzeitigen Steigerung der Luminosität. Dies kann erreicht werden entweder durch die Entwicklung neuer Beschleunigungsmethoden hoher Energieeffizienz oder durch eine konsequente Weiterentwicklung der jetzigen Technologie. Beides sind langfristige, anspruchsvolle Unterfangen. Die nächsten 50 Jahre versprechen mindestens so interessant zu werden wie die vergangenen 50 Jahre. Ich hoffe, daß einige der jungen Zuhörer Lust verspüren, diese Entwicklung voranzutreiben und mitzugestalten. Es macht Spaß.

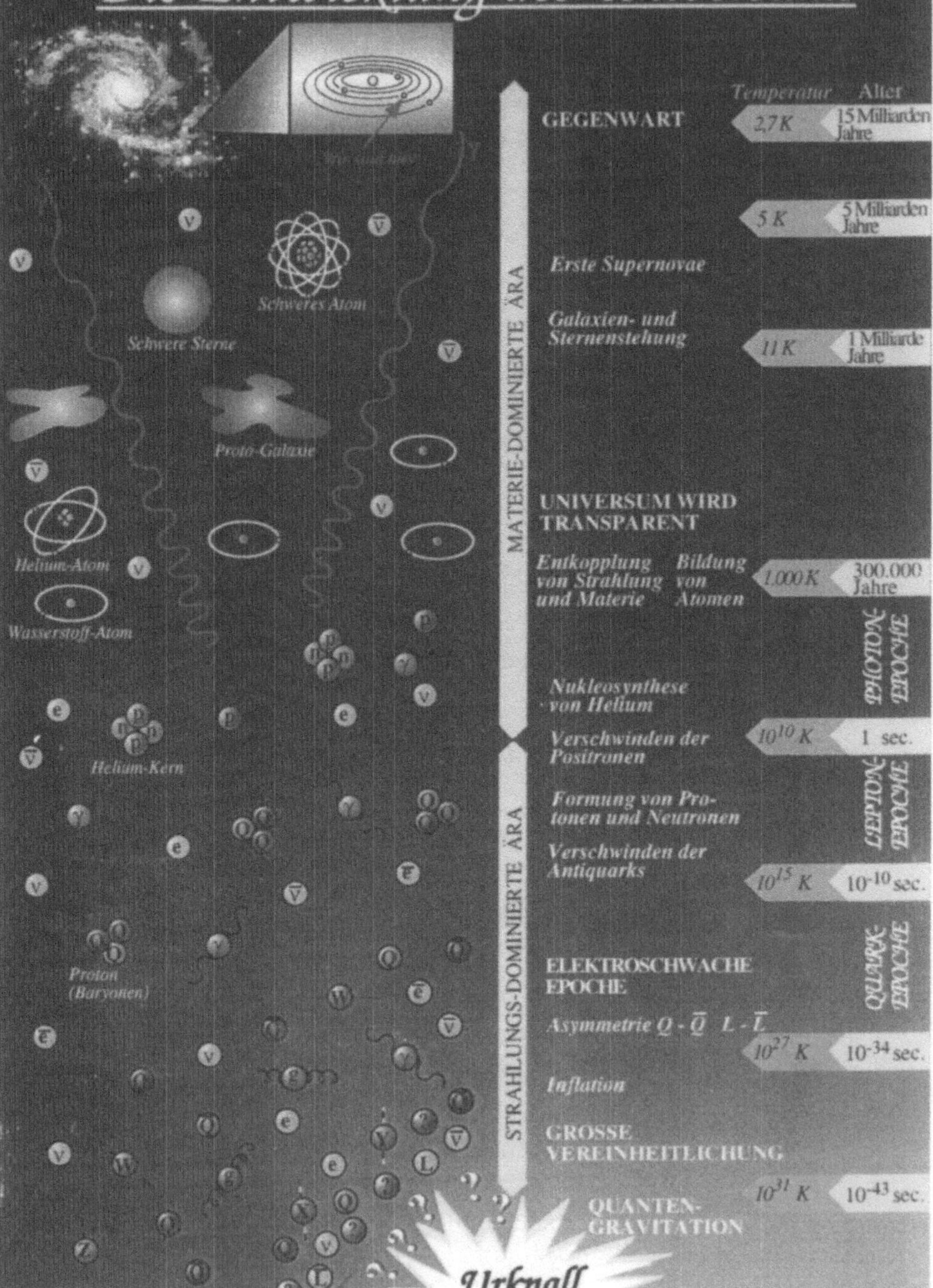
Die Entwicklung des Universums
Temperatur
Alter
GEGENWART
2,7 K
15 Milliarden Jahre
5 K
5 Milliarden Jahre
Erste Supernovae
Galaxien- und Sternenstehung
11 K
1 Milliarde Jahre
Schweres Atom
Schwere Sterne
Proto-Galaxie
MATERIE-DOMINIERTE ÄRA
UNIVERSUM WIRD TRANSPARENT
Entkopplung von Strahlung und Materie
Bildung von Atomen
1.000 K
300.000 Jahre
Helium-Atom
Wasserstoff-Atom
PHOTON-EPOCHE
Nukleosynthese von Helium
Helium-Kern
Verschwinden der Positronen
10^{10} K
1 sec.
LEPTON-EPOCHE
Formung von Protonen und Neutronen
Verschwinden der Antiquarks
10^{15} K
10^{-10} sec.
STRAHLUNGS-DOMINIERTE ÄRA
QUARK-EPOCHE
Proton (Baryonen)
ELEKTROSCHWACHE EPOCHE
Asymmetrie $Q - \bar{Q}$ $L - \bar{L}$
10^{27} K
10^{-34} sec.
Inflation
GROSSE VEREINHEITLICHUNG
10^{31} K
10^{-43} sec.
QUANTEN-GRAVITATION
Urknall

Teilchenphysik: Status und Perspektiven

Peter M. Zerwas

Deutsches Elektronen-Synchrotron DESY, D–22603 Hamburg

1 Einführung

Eines der tiefgründigsten Prinzipien der Naturphilosopie ist das Reduktionsprinzip, das in seiner Essenz von Thales von Milet und Demokrit eingeführt wurde. In moderner Sprache formuliert besagt es, daß die Vielfalt der makroskopischen Materie eine Folge komplexer Zusammensetzung aus wenigen einfachen Konstituenten ist, zwischen denen eine kleine Zahl fundamentaler Kräfte wirkt.

In dieser hierarchischen Ordnung wird die makroskopische Physik auf den Atomismus zurückgeführt. Die Atome ihrerseits bestehen aus Kernen, umgeben von einer Hülle, die aus Elektronen gebildet wird. Die Kerne sind ebenfalls zusammengesetzte Gebilde und werden von Protonen und Neutronen aufgebaut. Durch Mikroskopierung von Protonen und Neutronen konnte experimentell gezeigt werden, daß diese Teilchen aus Quarks aufgebaut sind. Abbildung 1 dokumentiert diese Hierarchie der Materieteilchen.

Quarks und Leptonen, die Klasse der elektronartigen Teilchen, bilden bei der zur Zeit experimentell erreichten Auflösung die innerste Schale der Materie. Zwischen diesen Teilchen wirken vier fundamentale Kräfte: die starke, die elektromagnetische, die schwache Kraft und die Gravitationskraft. Diese einfache Struktur der Materie wird manifest bei Distanzen von 10^{-15} cm. Sie wird vom Standardmodell der Teilchenphysik beschrieben. Neben den Materieteilchen und Kräften umfaßt das Modell den Higgs-Mechanismus als dritte Komponente: die Massen der fundamentalen Teilchen werden durch die Wechselwirkung mit einem skalaren Feld erzeugt. Das Standardmodell der Teilchenphysik bildet die mikroskopische Grundlage der physikalischen Welt. Alle makroskopischen Phänomene lassen sich also letztlich auf die in diesem Modell formulierten Gesetze reduzieren.

Viele Facetten in der Struktur der Materieteilchen und Kräfte sind experimentell bereits mit sehr hoher Genauigkeit etabliert worden. Für andere Komponenten des Modells, insbesonders die Massenerzeugung auf der Basis des Higgs-Mechanismus, gibt es erste experimentelle, wenn auch nur indirekte Hinweise.

Obwohl das Standardmodell extrem erfolgreich in der Beschreibung der Naturphänomene im Mikrokosmos ist, so kann es trotzdem nicht die *ultima ratio* der materiellen Welt sein. Es ist zwar gelungen, im Rahmen die-

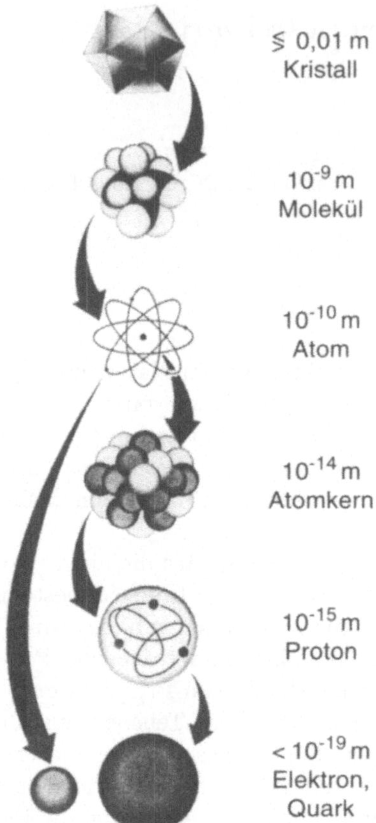

Abb. 1. Hierarchie der Materieteilchen: Entwicklung von der makroskopischen Physik zum Standardmodell der Teilchenphysik

ses Modells die elektromagnetischen und schwachen Kräfte zu einer elektroschwachen Wechselwirkung zu vereinheitlichen, jedoch nicht die starke Kraft. Darüber hinaus wird die Gravitationskraft *ad hoc* als klassisches Phänomen beigefügt, ohne quantentheoretisch inkorporiert zu werden. Dieser Schritt muß jedoch vollzogen werden, wenn bei Abständen im Bereich der Planck-Länge von 10^{-33} cm, einer Energie von 10^{19} GeV entsprechend, die Gravitationswechselwirkung stark wird.

Es gibt im Prinzip vielerlei Möglichkeiten, diese Probleme zu lösen. Ein naheliegender Weg könnte darin bestehen, Quarks, Leptonen und die den Kraftfeldern zugeordneten Teilchen in Subkonstituenten bei Abständen unterhalb von 10^{-17} cm aufzulösen. Es ist jedoch bisher nicht gelungen, ein dynamisches Konzept zu entwickeln, in dessen Rahmen Subkonstituenten zu leichten Quarks und Leptonen mit sehr kleinen Radien zusammengefügt werden konnten – eine Schwierigkeit, die in ihrer Essenz mit dem Unschärfeprinzip der Quantenmechanik verknüpft ist.

Das alternative Konzept basiert auf der Hypothese, daß die Lücke von der heutigen Energieskala im Bereich von 10^3 GeV bis zur Planck-Skala im Bereich von 10^{19} GeV überbrückt werden kann, ohne daß in einer Folge von jeweils wenigen Größenordnungen der Energie eine Sequenz von neuen fundamentalen Materieschalen existiert. Die Lücke kann in der Tat überbrückt werden, falls im Niederenergiebereich von 10^2–10^3 GeV die Teilchen des Standardmodells in supersymmetrischen Multipletts gepaart werden, die zur selben Zeit bosonische und fermionische Komponenten enthalten. In einer solchen Theorie können die starke und die elektroschwache Kraft bei einer Energieskala von 10^{16} GeV zu einer einheitlichen Kraft konsistent vereinigt werden. Gestützt, jedoch nicht bewiesen, wird diese zunächst gewagt anmutende Hypothese durch experimentelle Fakten. Das überzeugendste Argument kann aus der sehr genauen Vorhersage dieser Theorie für das Verhältnis der Kopplungen der schwachen und elektromagnetischen Wechselwirkung abgeleitet werden. Die Gravitationswechselwirkung kann im Rahmen einer solchen lokalen Quantenfeldtheorie noch nicht konsistent inkorporiert werden. Die Lösung dieses Problems könnte jedoch in Stringtheorien möglich sein, in denen nicht punktförmige Teilchen, sondern linear ausgedehnte Gebilde das physikalische Grundsubstrat bilden.

Es gibt also überzeugende Gründe dafür anzunehmen, daß die Formulierung einer Theorie der Materie, die alle Teilchen und Wechselwirkungsarten vereinheitlicht einschließt, möglich sein wird. Entscheidende experimentelle Meilensteine auf diesem Weg können von der gegenwärtigen und der nächsten Generation von Beschleunigern, dem Protonencollider LHC und zukünftigen e^+e^- Linearcollidern gesetzt werden.

2 Das Standardmodell der Teilchenphysik

Das Standardmodell der Teilchenphysik [1, 2] besteht aus drei Komponenten:

- Die Materieteilchen werden von Leptonen und Quarks gebildet;
- Die fundamentalen Kräfte werden von Eichfeldern aufgebaut;
- Die Massen der fundamentalen Teilchen werden durch ihre Wechselwirkung mit dem Higgs-Feld erzeugt.

2.1 Materieteilchen

Die Materieteilchen, Leptonen und Quarks, ordnen sich in drei Familien mit identischer Symmetriestruktur.

Die erste Familie setzt sich aus Elektronen und Neutrinos, sowie up- und down-Quarks zusammen. Neutrinos sind die elektrisch neutralen Partner der

Tabelle 1. Leptonen und Quarks

ν_e	ν_μ	ν_τ
e^-	μ^-	τ^-
u	c	t
d	s	b

Elektronen, die im β-Zerfall von Kernen entdeckt worden sind. Up- und down-Quarks bauen Protonen und Neutronen auf, welche die Kernmaterie bilden. Die Teilchen in diesen drei Familien sind während der letzten Jahrzehnte experimentell direkt nachgewiesen worden – mit Ausnahme des τ-Neutrinos, für dessen Existenz die indirekte experimentelle Evidenz jedoch überwältigend ist (spätestens der LHC wird diese Scheinlücke in klassischer Weise schließen können).

Auf der gegenwärtigen Skala der experimentellen Auflösung erscheinen Quarks und Leptonen als strukturlose, punktförmige Teilchen. Sie erfüllen damit das Kriterium der Einfachheit im Kontext des Reduktionsprinzips. In Rutherford-ähnlichen Experimenten der Elektron-Positron-, der Elektron-Quark- und der Quark-Quark-Streuung sind obere Schranken an die Radien von Leptonen und Quarks bei LEP, HERA und dem Tevatron bestimmt worden: die Radien dieser Teilchen müssen unterhalb von 10^{-17} cm [3] liegen.

Aus Z-Zerfällen ist bei LEP [4] die Anzahl von Neutrinos mit vernachlässigbarer Masse bestimmt worden: $N_\nu = 2.988 \pm 0.023$. Es kann also nur drei Familien mit der Struktur des Standardmodells im Materiesektor geben.

Die Massen der Leptonen und Quarks umfassen einen sehr weiten Bereich. Neutrinomassen müssen, falls sie nicht null sind, im eV Bereich und weit darunter liegen. Geladene Leptonmassen erstrecken sich vom Wert 0.5 MeV der Elektronmasse bis 1.8 GeV der τ-Masse. Quarks besitzen Massen zwischen dem MeV Bereich der u- und d-Quarks und dem Wert von 175 GeV des top-Quarks, dem schwersten Materieteilchen des Standardmodells. Abgesehen von der klaren Abtrennung der Neutrinomassen und dem Anwachsen der Massen mit der Familiennummer ist das Muster der geladenen Lepton- und Quarkmassen erratisch. Eine unterliegende Symmetriestruktur in Analogie zu einer Balmer-Serie ist nicht erkennbar, so daß wohl dynamische Wechselwirkungseffekte für die spezifischen Massenwerte verantwortlich sein werden.

Neben einer Reihe interessanter Teilfragen gibt es drei herausragende Probleme im Materiesektor, die gelöst werden müssen.

(a) Top-Quark

Das sechste Quark im Standardmodell, das top-Quark, ist vor kurzer Zeit am Tevatron im Fermi-Laboratorium direkt nachgewiesen worden. An seiner Existenz hat schon lange kein Zweifel mehr bestanden. Die Messung der Quantenzahlen des b-Quarks zeigte, daß ein Iso-Partner mit den charakteristischen Quantenzahlen des top-Quarks existieren mußte. Quantenfluktuationen, die virtuelle top-Quarks involvieren, beeinflussen die Zerfalls- und Produktionseigenschaften des Z-Bosons am LEP-Speicherring. Präzisionsmessungen dieser Observablen [4] wurden daher genutzt, die Masse des top-Quarks indirekt zu bestimmen: $m_t = 180 \pm 14$ GeV.

In den Proton-Antiproton-Kollisionen des Tevatrons werden top-Quarkpaare durch Annihilation leichter Quarks erzeugt. Die direkte Messung der top-Masse [5], $m_t = 176 \pm 9$ GeV, ist in sehr guter Übereinstimmung mit der LEP-Analyse – ein Triumph der Quantenfeldtheorie, in der das Standardmodell formuliert ist.

Die Eigenschaften des top-Quarks werden am Tevatron und später am Protonencollider LHC im CERN genauer bestimmt werden. Zu einer wesentlichen Verbesserung dieser Analysen wird jedoch erst die Produktion von top-Quarkpaaren in e^+e^- Linearcollidern führen [6]. In den Präzisionsexperimenten, die an diesen Maschinen möglich sind, kann die top-Masse bis zu einer Genauigkeit von 200 MeV bestimmt werden (Abb. 2); dies entspricht einer Verbesserung von mehr als einer Größenordnung im Vergleich zum LHC. Der Schlüssel zu dieser hohen Genauigkeit ist der schnelle Anstieg der Produktionsrate direkt oberhalb der Teilchenschwelle. Anomale magnetische Dipolmomente des top-Quarks wie auch mögliche CP-verletzende elektrische Dipolmomente können mit hoher Empfindlichkeit nachgewiesen werden. Desgleichen kann die Links-Chiralität der Zerfallsströme etabliert werden. In e^+e^- Linearcollidern läßt sich somit das physikalische Profil der top-Quarks mit hoher Präzision zeichnen.

(b) CP-Verletzung

Naturgesetze sind nicht symmetrisch beim gleichzeitigen Übergang von Teilchen zu Antiteilchen (C) und der Spiegelung des Raumes (P). Dieses Faktum ist im Komplex der $K, \bar{K}$ Mesonen entdeckt worden [7]. Die Verletzung dieser Symmetrie ist nicht allein von naturphilosophischem Interesse, sondern auch eine der notwendigen Bedingungen für die Existenz von Materie im Kosmos.

Im Rahmen des Standardmodells wird die Verletzung der CP-Symmetrie dadurch erklärt, daß sie bei der Wechselwirkung der fundamentalen Teilchen mit dem Higgs-Feld, das für die Erzeugung der Teilchenmassen verantwortlich ist, nicht respektiert wird. Aufgrund der Phasenfreiheit in den Wellenfunk-

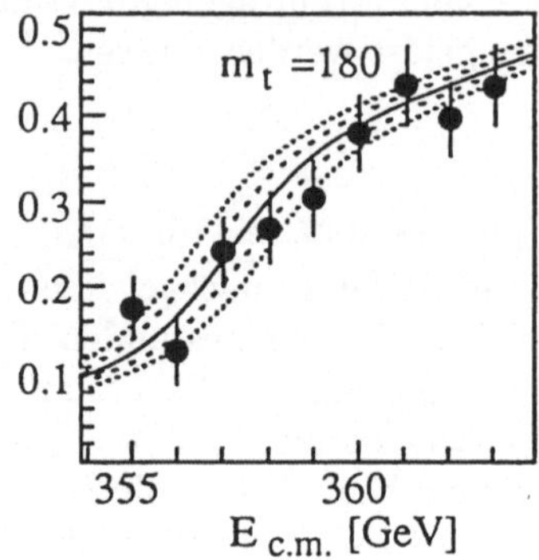

Abb. 2. Produktion von top-Quarks in e^+e^- Kollisionen

tionen der Quantenmechanik führt dies zu beobachtbaren Effekten, wenn die Anzahl der Familien nicht kleiner als drei ist [8]. In diesem Falle können schwache Übergänge zwischen Quarks unterschiedlicher Familien durch manifest komplexe, CP-verletzende Amplituden beschrieben werden.

Die bisherigen Analysen von Zerfallsexperimenten schränken die Übergangsamplituden so stark ein, daß eine scharfe Vorhersage für CP-verletzende Effekte im System der $B, \bar{B}$ Mesonen, die aus b-Quarks aufgebaut sind, möglich ist. Falls das CP-Szenario des Standardmodells zutrifft, sollte das exponentielle Zerfallsgesetz von B und $\bar{B}$-Strahlen durch eine Sinusmodulation modifiziert werden. Dies wird in den Zerfällen $B, \bar{B} \to J/\psi + K$ nachweisbar sein. Experimente sind an asymmetrischen e^+e^- Collidern und am HERA-Protonenstrahl bei DESY in Vorbereitung. Sie werden nicht nur eine grundsätzliche Frage des Standardmodells klären, sondern zum ersten Mal Licht auf die Verletzung eines grundlegenden physikalischen Symmetriekonzeptes außerhalb des eingeschränkten $K, \bar{K}$ Komplexes werfen.

(c) Neutrinophysik

Es ist nicht unwahrscheinlich, daß Neutrinos eine kleine nicht verschwindende Masse besitzen. Mit dieser Frage ist das Problem gekoppelt, ob neben den linkshändigen Neutrinos der schwachen Wechselwirkung auch schwere inerte Neutrinos mit rechtshändigen Komponenten existieren. Solche Zustände können zu einer eleganten Lösung der Frage nach endlichen, aber sehr kleinen Massen der Standard-Neutrinos führen. Ebenso wie die Kopplung eines schnell mit einem langsam schwingenden Pendel zu einer extrem langsamen Eigenschwingung führt, so kann die Kopplung von leichten Neutrinos an schwere (Majorana-)Neutrinos zu sehr kleinen Standard-Neutrinomassen führen. Die Massen von τ-, μ- und e-Neutrinos würden in einem solchen Fall Werte von 10, 10^{-3} und 10^{-7} eV annehmen können.

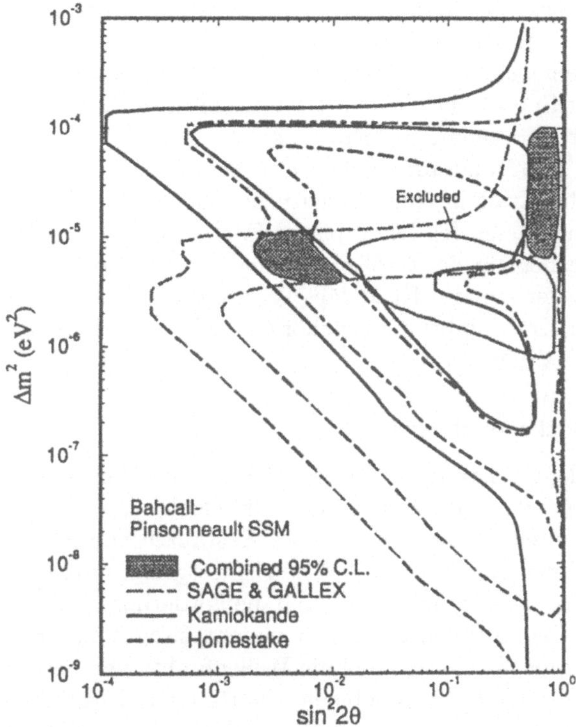

Abb. 3. Abschätzung von Neutrinomassen aus der Oszillationsfrequenz von Sonnenneutrinos ; Δm kann mit der μ-Neutrinomasse identifiziert werden [9].

Solch kleine Werte können dadurch gemessen werden, daß sich Oszillationen zwischen Neutrinos unterschiedlicher Familien in makroskopischen Zeiten über große Flugabstände ausbilden. In der Tat läßt sich das Defizit von solaren e-Neutrinos, welche die Erde aus der Wasserstoffusion der Sonne erreichen, aufgrund von Oszillationen in μ-Neutrinos deuten. Dies impliziert Oszillationen von μ- in τ-Neutrinos, die in Laborexperimenten in nächster Zeit nachgewiesen werden könnten. Quantitative Analysen (Abb. 3) sind verträglich mit der kosmologischen Schranke von etwa 10 eV an die Neutrinomassen, abgeleitet aus der Annahme, daß Neutrinos die heiße Komponente der dunklen Materie im Kosmos bilden.

2.2 Die fundamentalen Kräfte

Zwischen Quarks und Leptonen wirken vier fundamentale Kräfte: Die elektromagnetische, die schwache und die starke Kraft können quantenfeldtheoretisch formuliert werden, wohingegen die Gravitationskraft lediglich *ad hoc* als klassisches Feld beigefügt wird. Die ersten drei Kräfte sind von gleicher Struktur. Sie werden durch Austausch von Spin-1-Teilchen erzeugt und besitzen eine gemeinsame eichtheoretische Basis. Das Gravitationsfeld trägt im Gegensatz dazu Spin-2, so daß die Gravitationskraft von gänzlich anderer Natur als die drei vorgenannten Kräfte ist.

Im Rahmen des Standardmodells ist es gelungen, die elektromagnetische und die schwache Kraft in einer einheitlichen elektroschwachen Wechselwirkung zusammenzufassen [1]. Die typische Energieskala der elektroschwachen Wechselwirkung liegt in der Größenordnung von 10^2 GeV. [Die strukturelle Verwandtschaft der starken Kraft läßt vermuten, daß es eine große Vereinigung dieser drei Kräfte gibt; die zugehörige Skala wird in diesem Fall jedoch bei etwa 10^{16} GeV liegen.]

(a) Elektroschwache Wechselwirkungen

Die Quantenelektrodynamik als Teil der elektroschwachen Wechselwirkungen ist der Prototyp aller Eichfeldtheorien. Die elektromagnetische Kraft zwischen geladenen Teilchen wird durch den Austausch von Photonen erzeugt. Die Form der Wechselwirkung wird eindeutig festgelegt durch das Prinzip der abelschen $U(1)_{EM}$ Eichinvarianz [10] und die Forderung, daß störungstheoretisch bestimmte Amplituden bis hin zu asymptotisch hohen Energien unitär sind. Die Eichinvarianz besagt, daß die Wellenfunktionen geladener Teilchen in der Quantenmechanik mit beliebigen, von Raum und Zeit abhängigen Phasen versehen werden können, ohne daß sich physikalische Observable ändern; diese Forderung erzwingt die Einführung von Spin-1-Vektorfeldern. Die Unitaritätsforderung legt die Wechselwirkung auf die minimale Kopplung fest.

Die Quantenelektrodynamik ist eine Theorie von „astronomischer“ Genauigkeit. Sie ist experimentell bis zu einer Präzision von 10^{-7} getestet worden und stellt damit die bestbestätigte Theorie in der Physik dar.

Die schwache Wechselwirkung ist im β-Zerfall der Kerne entdeckt worden. Im Zerfall eines Neutrons in ein Proton und ein Paar von Elektron und e-Antineutrino wird das Leptonenpaar mittels eines virtuellen geladenen W-Bosons an die Nukleonen (Quarks) gekoppelt. Der Zerfallsprozess wird unterdrückt durch die hohe Masse des W-Bosons, die bei 81 GeV liegt, so daß die Übergangsamplitude klein ist und die Lebensdauer des Neutrons sehr lang wird.

Da die W-Bosonen Spin-1 besitzen müssen, um die Zerfallscharakteristiken des Neutrons richtig zu beschreiben, liegt es nahe, in Analogie zur Elektrodynanik die schwache Wechselwirkung eichfeldtheoretisch zu formulieren. Empirie und Unitarität führen dann notwendig zur Existenz von drei Eichbosonen, die untereinander trilinear und quattrolinear gekoppelt sind. Diese Form der Selbstwechselwirkung und ihre Stärke sind unter den vorgenannten Forderungen eindeutig festgelegt. Sie entsprechen einer nicht-abelschen SU(2) Yang-Mills-Eichfeldtheorie [11].

Da die Elektrodynamik invariant ist unter Raumspiegelungen, die schwache Wechselwirkung diese Paritätsinvarianz jedoch verletzt, kann die neutrale Komponente des $SU(2)$ Vektorbosontripletts nicht mit dem Photon identifiziert werden. Die Symmetriegruppe muß daher zu $SU(2) \times U(1)$ erweitert werden. Zur $SU(2)$ gehören die geladenen Vektorbosonen $W^{\pm}$ und das neutrale Vektorboson W^3, zur $U(1)$ das neutrale Vektorboson B. Die beiden neutralen Vektorbosonen mischen miteinander, um die experimentell beobachteten Zustände des masselosen Photons und des massiven Z-Bosons zu bilden. Der Mischungswinkel wird im Parameter $\sin^2 \theta_W$ gemessen. Sein Wert liegt mit ~ 0.23 eine Größenordnung oberhalb des Wertes, den man von einer naiven störungstheoretischen Mischung erwartet hätte, so daß es gerechtfertigt ist, die elektroschwache Wechselwirkung als eine unifizierte Wechselwirkung anzusehen. Die Vorhersage der Mischung im Rahmen der großen Vereinigung aller Kräfte rechtfertigt diese physikalische Interpretation *a posteriori*.

Der experimentelle Durchbruch ist für die elektroschwache Theorie durch die Entdeckung der neutralen Stromreaktionen, die elastische Streuung von Neutrinos an Elektronen und Quarks, erzielt worden [12]. Der nächste große Schritt bestand im experimentellen Nachweis der massiven W, Z-Bosonen [13] und der Hochpräzisionsuntersuchung von Z-Bosonen [4]. Diese Gargamelle-, Proton-Antiproton-Speicherring- und LEP-Experimente sind an anderer Stelle dieses Buches extensiv referiert worden [14].

Ein offenes Problem der elektroschwachen Wechselwirkungen ist die präzise Bestimmung der Selbstwechselwirkung von Vektorbosonen. Ihre Form und ihre Stärke werden durch die Eichfeldtheorie festgelegt. Diese können in Vorhersagen für die Werte der magnetischen Dipolmomente und elektrischen Quadrupolmomente der geladenen W-Bosonen transkribiert werden. Da eine Feldtheorie schwach gekoppelter Vektorbosonen, die bis zu asymptotischen Energien unitär ist, notwendig eine Eichfeldtheorie ist, müssen Abweichungen von diesen Vorhersagen klein sein, wenn das Standardmodell bis zu einem Bereich von 1 TeV gültig sein soll. Genauigkeiten in der Größenordnung von 10^{-2} können am LHC unter Einschränkungen, definitiv jedoch erst an e^+e^- Linearcollidern mit einer Energie von 500 GeV erzielt werden.

(b) Starke Wechselwirkung

In frühen Zeiten der Teilchenphysik war versucht worden, ein selbstkonsistentes System für die stark wechselwirkenden Hadronen, Baryonen und Mesonen, aufzubauen. Die dabei zugrundeliegenden Prinzipien waren Unitarität, Kausalität und der dynamische Ansatz der Dualität zwischen Resonanz- und Regge-Streuamplituden. Dieses nichtlineare System war jedoch physikalisch nicht einschränkend genug, um zu einer eindeutigen Lösung für die Eigenschaften der Hadronen zu führen.

Das Rätsel der starken Wechselwirkung ist physikalisch von der Quantenchromodynamik (QCD) gelöst worden. Sie beruht auf zwei Hypothesen: (i) Hadronen sind aus Quarks aufgebaut [Ausnahmen von dieser Regel werden erst von der QCD selbst vorhergesagt]; (ii) Die Quarks tragen drei unterschiedliche Colorladungen, welche Quellen für gluonische Kraftfelder der starken Wechselwirkung bilden. Diese Hypothesen setzen den Rahmen für die Formulierung der starken Wechselwirkung als nicht-abelsche SU(3) Eichfeldtheorie [2].

Eine wichtige Eigenschaft der Quantenchromodynamik ist die asymptotische Freiheit [15]. Sie besagt, daß die Kopplung zwischen Quarks und Gluonen, und zwischen Gluonen untereinander, bei asymptotisch kleinen Abständen verschwindet. Umgekehrt wird sie sehr groß, wenn die Abstände im Bereich von 1 Fermi [d.h. 10^{-13} cm] liegen. Der Grund dafür liegt in Quantenfluktuationen, die jede Ladung umgeben und zur Polarisation des Vakuums führen. In der Quantenelektrodynamik bewirken kurzlebige Fermion-Antifermion-Fluktuationen, daß das Vakuum notwendigerweise paraelektrisch wird und elektrische Ladungen folglich abgeschirmt werden. Der Wert einer elektrischen Ladung steigt darum an, wenn die Ladung bei kleinem Abstand gemessen wird. Umgekehrt in der Quantenchromodynamik. Paracolorelektrische Abschirmungseffekte von virtuellen Quark-Antiquark- und transversalen Gluon-Paaren werden überlagert von diacolorelektrischen Gluon-Fluktuationen, die von transversalen und Coulombischen Gluonen verursacht werden. Da letztere überwiegen, ist das QCD-Vakuum insgesamt diacolorelektrisch. Die starke Kopplung wird also kleiner mit verringertem Probeabstand und verschwindet asymptotisch gänzlich. Damit wird die starke Wechselwirkung bei hohen Energien störungstheoretischen Methoden der Quantenfeldtheorie zugänglich, während bei großen Abständen Methoden der Gittereichfeldtheorien anwendbar werden. Hochenergiephänomene der starken Wechselwirkung wie auch statische Eigenschaften von Hadronen sind theoretisch beherrschbar geworden.

Die Quantenchromodynamik ist experimentell etabliert worden durch die Beobachtung von Gluonjets [16] im PETRA e^+e^- Speicherring [17] (siehe Abb. 4). Die starke Beschleunigung der Colorladung bei der Produktion von Quarks in der e^+e^- Annihilation führt zur Emission gluonischer Strahlung, die sich in Form eng kollimierter Hadronjets manifestiert [19]. Darüber hinaus sind wesentliche Elemente der QCD experimentell nachgewiesen worden [20]. Die Gluon-Selbstkopplung der nicht-abelschen SU(3) Eichfeldtheorie konnte in den Winkelverteilungen von 4-Jet-Endzuständen in Z-Zerfällen bei LEP aufgezeigt werden. Die Kombination von Messungen der starken Kopplung bei unterschiedlichen Energien folgt dem von der asymptotischen Freiheit vorhergesagten Abfall (Abb. 5).

Gitterrechnungen haben ein konsistentes Bild von statischen Hadroneigenschaften ergeben. Es ist gelungen, die Massen der wichtigsten Hadronen im Rahmen der QCD zu erklären (Tabelle 2). Die Analyse des Interquark-Potentials (Abb. 6) legt ein lineares Verhalten bei großen Abständen nahe, was als Signal für das Confinement der Quarks interpretiert werden kann. Die QCD selbst verbietet es also, daß Quarks als freie Teilchen auftreten können.

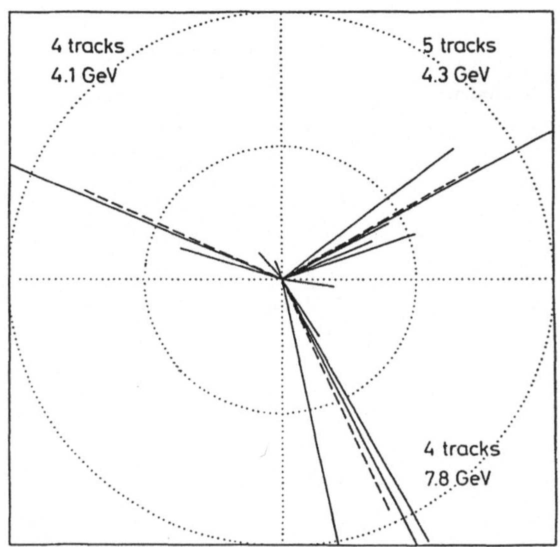

Abb. 4. Gluonjet-Ereignis, beobachtet von der TASSO Collaboration in den Anfangsläufen von PETRA [18]

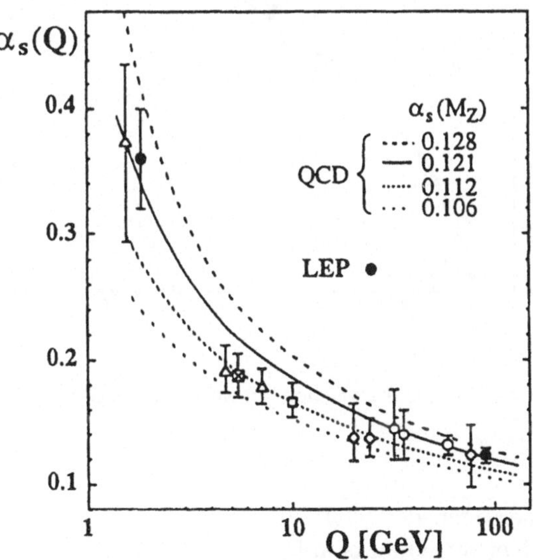

Abb. 5. Asymptotische Freiheit: die Energieabhängigkeit der QCD Kopplung [21]

Tabelle 2. Hadronmassen [22]

Verhältnis	Gitter–QCD	Experiment
m_{K*}/m_ρ	1.167 ± 0.016	1.164
m_Φ/m_ρ	1.333 ± 0.032	1.327
m_N/m_ρ	1.219 ± 0.105	1.222
$m_{(S)}/m_\rho$	1.930 ± 0.073	2.047
m_Δ/m_ρ	1.595 ± 0.111	1.604
m_{Σ^*}/m_ρ	1.821 ± 0.075	1.803
m_{Ξ^*}/m_ρ	2.063 ± 0.067	1.996
m_Ω/m_ρ	2.298 ± 0.098	2.177

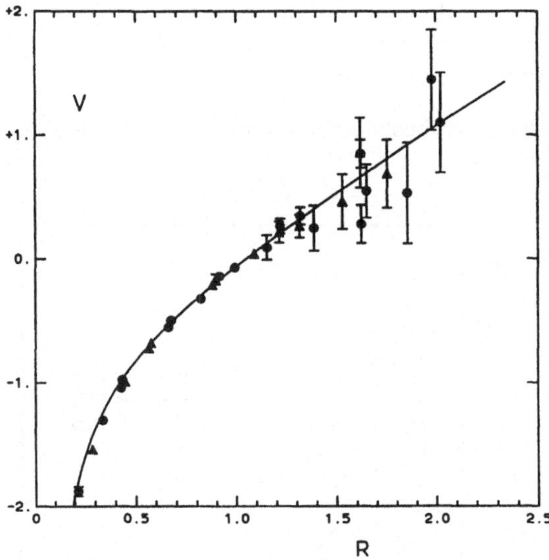

Abb. 6. Das Potential zwischen schweren Quarks in der QCD [23]

Weitere Vorhersagen der QCD, die Existenz von Hadronen, die nur aus Gluonen, aber nicht aus Quarks aufgebaut sind, und das Deconfinement von Quarks bei hohen Temperaturen, harren noch der eindeutigen experimentellen Bestätigung.

2.3 Higgs-Mechanismus

Reine Eichtheorien sind bei schwacher Kopplung nur konsistent, wenn die assoziierten Vektorbosonen masselos sind. Massive Vektorbosonen besitzen longitudinale Polarisationsfreiheitsgrade, deren Wellenfunktionen mit der Energie ansteigen. Die elastische S-Wellen-Streuamplitude longitudinal polarisierter Vektorbosonen, aufgebaut aus Austauschdiagrammen und der 4-Boson-Selbstkopplung, wächst quadratisch mit der Energie an, wohingegen die Unitarität eine asymptotisch konstante Amplitude verlangt. Die Theorie kann damit nur bis zu einer Energie von etwa 1 TeV gültig sein. Es gibt zwei Wege, dieses Problem zu lösen.

(i) Falls die Vektorbosonen bei Energien von 1 TeV stark wechselwirkend werden, können die Streuamplituden so gedämpft werden, daß die Theorie asymptotisch unitär bleibt. Es ist jedoch bisher nicht gelungen, eine solch neue starke Wechselwirkung überzeugend zu formulieren. Technicolor-Theorien bieten mögliche Ansätze, sind jedoch in ihren einfachen Formen nicht mit den Präzisionsdaten der elektroschwachen Wechselwirkung konsistent.

(ii) Ein neuartiges Higgs-Teilchen wird eingeführt [24]. Der zusätzliche Austausch dieses Teilchens bei der elastischen Streuung von Vektorbosonen dämpft den quadratischen Anstieg in der Energie und führt so zu einer mit der Unitarität im Einklang stehenden Theorie. Dieses Zusammenspiel verlangt die Existenz eines skalaren Spin-0-Teilchens. Damit die Dämpfung der Streuamplituden eintritt, müssen seine Kopplungen an Quellfelder mit den Massen der Quellen ansteigen; dies gilt ebenso für seine Selbstkopplung. Spin-0 und Kopplungen im Verhältnis der Massen sind also die beiden charakteristischen Eigenschaften von Higgs-Teilchen.

Theoretisch können diese Charakteristiken elegant reinterpretiert werden, indem die Eichtheorie mit spontaner Symmetriebrechung in skalaren Theorien verknüpft wird. Falls die Selbstwechselwirkung eines Skalarfeldes zu einem nicht verschwindenden Wert des Feldes im Grundzustand führt, können masselose Vektorbosonen und Fermionen mit diesem Untergrundfeld wechselwirken, so daß die Wechselwirkungsenergie zur Masse dieser Teilchen transmutieren kann. Der Higgs-Mechanismus zur Erzeugung von Teilchenmassen kann also physikalisch anschaulich als archimedischer Effekt in der Feldtheorie verstanden werden.

Da die Kopplungen durch den Higgs-Mechanismus bestimmt werden, sind alle Eigenschaften des Higgs-Teilchens *a priori* festgelegt, Zerfallsmoden wie auch Produktionskanäle. Die einzige Ausnahme bildet die Higgs-Masse selbst, die mit der unbekannten Selbstwechselwirkung des Higgs-Feldes verknüpft ist. Jedoch existieren starke Einschränkungen an die möglichen Werte der Higgs-Masse [25],[26] Obere Schranken können aus dem Anstieg der Higgs-Selbstkopplung mit der Energie abgeleitet werden. Falls die Higgs-Masse klein ist, kann das Standardmodell bis zur Planck-Skala fortgesetzt werden, bevor die Felder beginnen, stark miteinander zu wechselwirken. Eine kleine

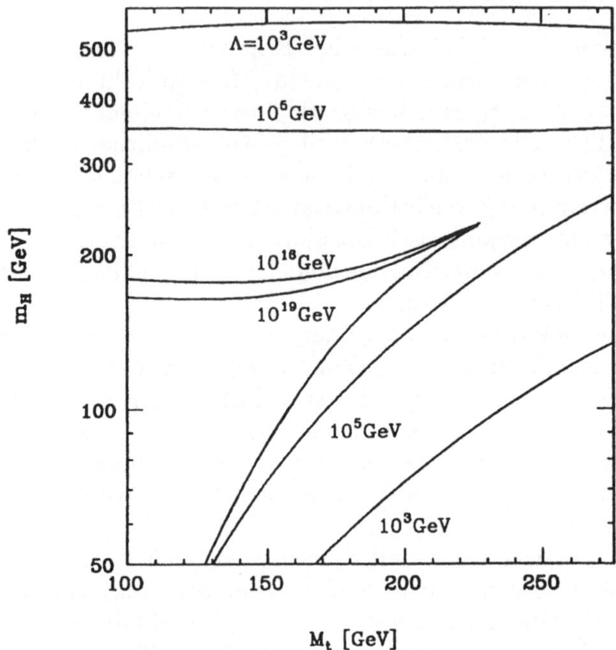

Abb. 7. Top-Quark und Higgs-Masse im Standardmodell [25]

Higgs-Masse erlaubt es, den Wert des elektroschwachen Mischungswinkels störungstheoretisch aus dem Symmetriewert an der großen Vereinigungsskala zu berechnen. Ist dagegen die Higgs-Masse groß, im Bereich von 700 GeV, so tritt die starke Wechselwirkung bereits in der Energieregion von 1 TeV auf. Untere Schranken werden andererseits von der Stabilität des Vakuums gefordert. Mit wachsender top-Quark-Masse verringert sich der Wert der Higgs-Selbstkopplung durch Strahlungskorrekturen. Für zu große top-Massen würde er indefinit negativ, so daß der Higgs-Grundzustand nicht mehr stabil wäre. Der erlaubte Bereich ist in Abb. 7 dargestellt. In diesem Szenario ist für eine top-Masse von 175 GeV nur ein Bereich zwischen 130 GeV und 180 GeV für die Higgs-Masse möglich, falls die Felder schwach wechselwirkend bleiben bis zur Planck-Skala. Der intermediäre Higgs-Massenbereich ist damit physikalisch bevorzugt.

Virtuelle Higgs-Teilchen beeinflussen elektroschwache Observable durch Strahlungskorrekturen. Indessen ist die Abhängigkeit von der Higgs-Masse nur logarithmisch und daher schwach. Elektroschwache Präzisionsanalysen zeichnen den Bereich kleiner Higgs-Massen aus, können jedoch Massen bis in den Bereich von 700 GeV nicht ausschließen. Nichtsdestoweniger wird damit

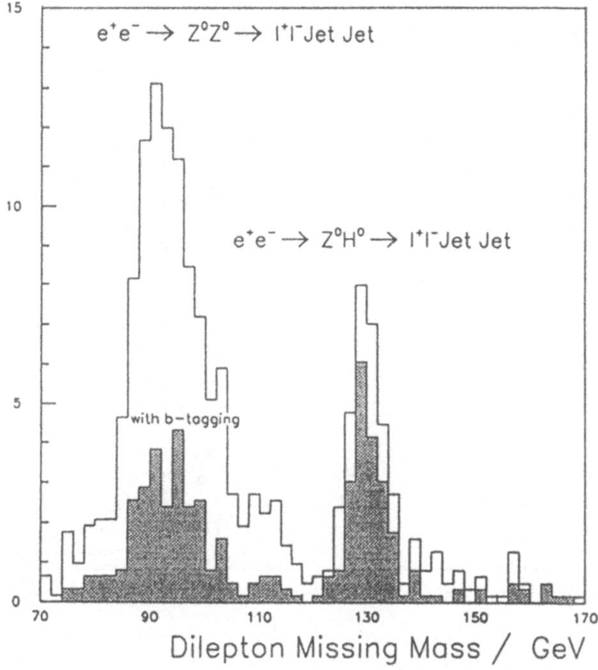

Abb. 8. Signal für ein intermediäres Higgs-Boson in e^+e^- Linearcollidern [6]

der Higgs-Mechanismus zur Erzeugung von Teilchenmassen zum ersten Mal experimentell direkt gestützt [4].

Die Suche von Higgs-Teilchen bei LEP1 hat zu einer unteren Schranke von 65 GeV geführt. Die Suche kann bei LEP2 bis zu Massenwerten von 100 GeV fortgesetzt werden.

Falls die Masse oberhalb von 100 GeV liegt, wird die Suche an den Hadroncollidern Tevatron und LHC fortgesetzt werden. Am LHC wird der gesamte klassische Wertebereich des Standardmodells überdeckt werden [27]. Damit sollte die Existenz des Higgs-Teilchens endgültig experimentell bestätigt oder widerlegt werden.

Die LHC Analysen sind im bevorzugten intermediären Bereich der Higgs-Masse schwierig. Für diesen Bereich sind e^+e^- Linearcollider die idealen Maschinen [6]. Higgs-Teilchen können in diesen Anlagen praktisch untergrundfrei gefunden werden. Darüber hinaus gestatten es diese Anlagen, das Profil des Teilchens zu bestimmen. Aus der Produktionswinkelverteilung kann auf den Spin geschlossen werden. Die Messungen von Wirkungsquerschnitten für die Produktion und von Verzweigungsverhältnissen für Zerfälle bestimmen die Kopplungen an W/Z Eichbosonen und Quarks/Leptonen. Bei Anlagen mit

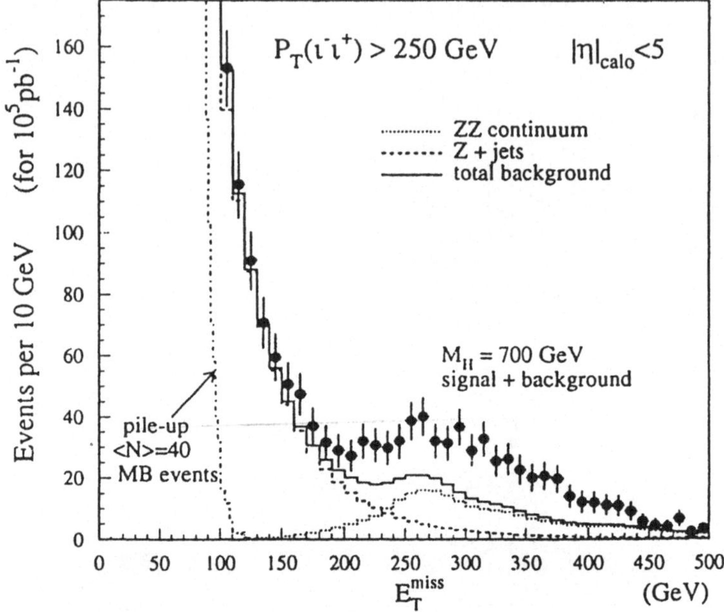

Abb. 9. Signal für ein schweres Higgs-Boson im LHC [27]

Energien von 1.5 TeV kann sogar die Selbstkopplung der Higgs-Teilchen getestet werden, so daß wesentliche Elemente des Higgs-Potentials rekonstruiert werden können.

In der Kombination von LHC und e^+e^- Linearcollidern kann der gesamte Higgs-Bereich optimal überdeckt und die Natur des Teilchens erkannt werden. Mit diesem Tandem von Beschleunigern läßt sich der Higgs-Mechanismus experimentell etablieren, (siehe Abb. 8 und 9).

3 Jenseits des Standardmodells

Obwohl extrem erfolgreich, so muß das Standardmodell doch konstruktiver Kritik unterworfen werden. Ein wesentliches Element dieser Kritik ist die große Anzahl von freien Parametern, zu denen auch die beziehungslos nebeneinander stehenden Eichkopplungen gehören. Wenn das Standardmodell jedoch in Vereinigungstheorien mit sehr hohen Energieskalen eingebettet wird, in denen die Kopplungen miteinander identifiziert werden, so tritt ein Hierarchieproblem für leichte Higgs-Massen auf: Strahlungskorrekturen treiben die Higgs-Masse in die Nähe der hohen Vereinigungsskala. Weitere Probleme werden offensichtlich durch die Notwendigkeit verursacht, die Gravitation quantentheoretisch in die Theorie einzubauen. Und letztlich muß es möglich sein, in einer Theorie der Materie die im Standardmodell inkorporierten Symmetrien selbst aus übergeordneten Prinzipien abzuleiten. Dies gilt für Eichsymmetrien wie auch diskrete Spiegelungssymmetrien und ihre Brechungsmechanismen.

Es ist nicht ausgeschlossen, daß Superstringtheorien Kandidaten für die Lösung eines solch ambitionierten Programms sind. Im gegenwärtigen Kontext sollen jedoch nur zwei sich gegenseitig bedingende Schritte in diese Richtung skizziert werden.

3.1 Große Vereinigungs-Symmetrie

Die Symmetriegruppe des Standardmodells ist das direkte Produkt $SU(3) \times SU(2) \times U(1)$ für die starke und elektroschwache Wechselwirkung. Dies ist eine Untergruppe der einfachen Gruppe $SU(5)$, die sich damit als übergeordnete Symmetriegruppe bei hohen Energien anbietet [28]. Diese Hypothese wird darüber hinaus von der Beobachtung gestützt, daß Leptonen und Quarks jeder Familie in ein Quintuplett und ein Dekuplett der $SU(5)$ eingeordnet werden können.

An der Vereinigungsskala ist der Wert des elektroschwachen Mischungswinkels, der das Verhältnis von schwacher zu elektromagnetischer Kopplung beschreibt, durch die Symmetriegruppe festgelegt zu $\sin^2 \theta_W^{sym} = 3/8$. Infolge von Vakuumpolarisationseffekten verringert er sich zu ~ 0.21, wenn er störungstheoretisch in den Niederenergiebereich von 100 GeV fortgesetzt wird [29]. Der resultierende Wert liegt zwar in der Nähe des experimentellen Meßwertes, verfehlt ihn jedoch bei genauer Analyse um etwa 0.02 Einheiten. Zwei Schlüsse bieten sich aus diesem Vergleich an. Einerseits wird die Grundidee gestützt, das Standardmodell von einer Energieskala von 100 GeV bis zu einer Vereinigungsskala in der Nähe der Planck-Skala fortzusetzen; andererseits ist jedoch das Teilchenspektrum des Standardmodells, das die Änderung des elektroschwachen Mischungswinkels mit der Energie bestimmt, unvollständig und muß durch weitere Teilchen supplementiert werden. Dieser Schritt führt in natürlicher Weise zu einer supersymmetrischen Erweiterung des Standardmodells. In der Minimalform und verwandten Formen dieser Erweiterung gelingt die quantitative Deutung des elektroschwachen Mischungswinkels.

3.2 Supersymmetrie

Die Supersymmetrie [30] ist ein Symmetriekonzept, das Fermionen und Bosonen zueinander in Beziehung setzt. Multipletts, die dieser Symmetrie zugeordnet sind, vereinen beide Teilchenarten; sie bestehen also aus Teilchenpaaren, die sich im Spin um eine 1/2 Einheit unterscheiden. Die minimale supersymmetrische Erweiterung des Standardmodells umfaßt das in Tabelle 3 aufgelistete Teilchenspektrum.

Tabelle 3. Teilchenspektrum der minimalen supersymmetrischen Erweiterung des Standardmodells.

Teilchen	Spin	SUSY-Teilchen	Spin
Lepton l	1/2	Slepton $\tilde{l}$	0
Quark q	1/2	Squark $\tilde{q}$	0
Gluon g	1	Gluino $\tilde{g}$	1/2
$\gamma, W^{\pm}, Z$	1	Gaugino $\tilde{\gamma}, \tilde{W}^{\pm}, \tilde{Z}$	1/2
Higgs H	0	Higgsino $\tilde{H}$	1/2

Jedem Lepton und Quark wird ein skalares Slepton und Squark zugeordnet. Die vektoriellen Eichbosonen werden mit Spin-1/2-Gauginos gepaart. Bei Respektierung der Supersymmetrie erfordert die Erzeugung von Massen für up- und down-Quarks eine Erweiterung des Higgs-Sektors, aus dem insgesamt fünf neutrale und geladene physikalische Higgs-Bosonen hervorgehen. Im fermionischen Sektor entsprechen ihnen acht neutrale und geladene Higgsinos.

Es gibt vielfältige physikalische Argumente für die Hypothese, daß die Supersymmetrie in der Natur realisiert ist, wenn auch in gebrochener Form mit unterschiedlichen Massen für die fermionischen und bosonischen Partner innerhalb eines Multipletts.

(a) Stabilisierung des Higgs-Sektors und Massen:

Wenn das Standardmodell in eine große Vereinigungstheorie eingebettet wird, wie vom Wert des elektroschwachen Mischungswinkels nahegelegt, so werden Strahlungskorrekturen im allgemeinen zu einer Higgs-Masse knapp unterhalb der Vereinigungsskala führen. Wenn jedoch zu Bosonen zusätzlich Fermionen in das Spektrum eingeführt werden, so heben sich die großen Beiträge beider Teilchensorten zu den Strahlungskorrekturen gegenseitig auf [31], eine Folge des Pauli-Prinzips. Es ist also keine *ad-hoc*-Feinjustierung von Parametern um viele Größenordnungen nötig, um eine leichte Higgs-Masse in der Region von 100 GeV zu stabilisieren. Durch die Supersymmetrie des Teilchenspektrums wird dies in natürlicher Weise erreicht. Um die Feinjustierung auch bei Brechung der Supersymmetrie zu vermeiden, können die Massen supersymmetrischer Teilchen nicht den Bereich von etwa 1 TeV überschreiten; die leichtesten der color-neutralen Gauginos und Higgsinos sollten sogar Massen unterhalb von 200 GeV besitzen.

(b) Supersymmetrische Grosse Vereinigungstheorie:

Die zusätzlichen Teilchen supersymmetrischer Theorien, die das Spektrum des Standardmodells supplementieren, ändern die Vakuumpolarisation, so daß die Energieabhängigkeit der starken und elekroschwachen Kopplungen modifiziert wird. Im Rahmen der minimalen Supersymmetrie wird der Wert des elektroschwachen Mischungswinkels bei einer Energie von 100 GeV zu $\sin^2\theta_W = 0.2335 \pm 0.0017$ vorausgesagt [32, 33]. Diese Vorhersage ist in sehr guter Übereinstimmung mit dem Meßwert $\sin^2\theta_W = 0.2315 \pm 0.0004$. Zwar beweist die Übereinstimmung nicht, daß die Supersymmetrie in der Natur realisiert ist – was nur durch die Beobachtung supersymmetrischer Teilchen geschehen kann –, jedoch erhöht sie in starkem Maße die indirekte Evidenz für diese neuartige Symmetrie.

Mit der Supersymmetrie ist ein Mechanismus entdeckt worden, der es erlaubt, die Theorie von tiefen Energien im Bereich von 100 GeV bis in die Nähe der Planck-Skala von 10^{19} GeV, bei der die Gravitation eingebunden werden muß, in konsistenter Weise fortzusetzen.

(c) Radiative Symmetriebrechung:

Der Higgs-Mechanismus muß ins Standardmodell *ad hoc* zur Erzeugung der Massen fundamentaler Teilchen eingeführt werden. Bettet man hingegen die supersymmetrische Theorie in eine große Vereinigungstheorie ein, so kann der Higgs-Mechanismus in seiner Essenz theoretisch abgeleitet werden. Falls alle skalaren Teilchen an der Vereinigungsskala eine gemeinsame Masse besitzen, so ändern Strahlungskorrekturen bei Fortsetzung der Theorie zu tiefen Energien die Massenparameter der Higgs-Felder in der Weise ab, daß die Selbstwechselwirkung zur spontanen Symmetriebrechung im $SU(2) \times U(1)$ Sektor führt, die Color $SU(3)$ Symmetrie und die elektromagnetische $U(1)_{EM}$ Symmetrie jedoch ungebrochen bleiben [34]. Die treibende Kraft ist dabei das top-Quark: Dieser radiative Mechanismus für die Brechung der $SU(2) \times U(1)$ Symmetrie bei gleichzeitiger Respektierung der Color und elektromagnetischen Eichsymmetrien kann nur realisiert werden, wenn die top-Quark Masse in einem Bereich von 150 bis 200 GeV liegt, also genau dort, wo sie experimentell gefunden wurde. Damit ermöglicht die Supersymmetrie eine physikalisch tiefgehende Deutung des Higgs-Mechanismus.

Die Suche nach supersymmetrischen Teilchen gehört zu den wichtigsten experimentellen Aufgaben an den gegenwärtigen und zukünftigen Collideranlagen [6, 27]. Je nach Teilchensorte sind Hadron- oder e^+e^- Collider die geeigneten Maschinen, diese Teilchen aufzuspüren:

– *Higgs-Teilchen*: Im Quintuplett der neutralen und geladenen Higgs-Bosonen besitzt das leichteste Teilchen eine Masse unterhalb von 150 GeV, bei kleinem Wert eines Mischungsparameters $\tan\beta$ sogar unterhalb von 100 GeV. Dieses Higgs-Teilchen könnte also bei LEP2 entdeckt werden. Wenn nicht dort, so wird das Teilchen mit Sicherheit an einem e^+e^- Linearcollider erzeugt werden können. Im LHC kann der supersymmetrische Higgs-Sektor nur überdeckt werden bei einer Überlagerung sehr vieler unterschiedlicher Kanäle.

– *Neutralinos/Charginos und Sleptonen*: Die ersteren sind Mischungen color-neutraler Gauginos und Higgsinos. Sie sind vermutlich die leichtesten der supersymmetrischen Teilchen und können in e^+e^- Collidern sehr effektiv gesucht und, falls gefunden, auch untersucht werden. In Hadroncollidern können sie sich in komplizierten Kaskadenzerfällen durch Multilepton-Endzustände bemerkbar machen. Sleptonen werden in e^+e^- Collidern in ähnlich einfacher Weise erzeugt und experimentell nachgewiesen wie Leptonen selbst; in Hadroncollidern ist die Produktionsrate für Sleptonen nur am untersten Ende des Massenspektrums groß genug, um die Entdeckung dieser Teilchen zu ermöglichen.

– *Squarks und Gluinos*: Diese Teilchen sind vermutlich die schwersten Partikel im supersymmetrischen Spektrum. In Hadroncollidern werden sie in großer Anzahl erzeugt, sobald die Schwellenenergie erreicht wird. Am Tevatron werden sie zugänglich sein, falls ihre Massen den Wert von 300–400 GeV nicht überschreiten; am LHC werden sie mit Massen bis zu 2 TeV entdeckt werden können. Ihre Eigenschaften können jedoch nur grob in diesen Anlagen bestimmt werden.

Mit der Kombination von Hadron- und e^+e^- Collidern wird eine ideale Konstellation für die Supersymmetrie realisiert. Die Hadroncollider, Tevatron und LHC, können Squarks und Gluinos über den gesamten kanonischen Massenbereich verfolgen, ebenso wie LEP2 und e^+e^- Linearcollider die color-neutralen Teilchen, Neutralinos/Charginos und Sleptonen. Darüber hinaus lassen sich die Eigenschaften der Teilchen in e^+e^- Anlagen präzise bestimmen. Dies wird es erlauben, Rückschlüsse auf unterliegende Vereinigungstheorien zu ziehen, so daß ein experimentelles Fenster zu Energiebereichen bis in die Nähe der Planck-Skala geöffnet werden kann.

4 Summa

Mit dem Standardmodell ist eine Theorie formuliert worden, welche die Gesetzmäßigkeiten des Mikrokosmos in prägnanter Form zusammenfaßt. Wesentliche Elemente dieser Theorie sind experimentell etabliert worden: Fermionspektrum und Kraftfelder. Weitere grundlegende Komponenten, Eichcharakter der elektroschwachen Wechselwirkung und CP-Verletzung, harren detaillierter experimenteller Untersuchung. Der Higgs-Mechanismus zur Erzeugung von Teilchenmassen ist bisher noch nicht etabliert, jedoch ergeben experimentelle Resultate erste Evidenz für die Realisierung dieses Mechanismus in der Natur.

Viele Züge des Standardmodells weisen auf die Einbettung des Modells in eine übergeordnete Theorie hin. Ein überzeugendes Konzept stellt die Supersymmetrie dar, realisiert in einem Massenbereich unterhalb von 1 TeV. Eine solche Theorie kann konsistent fortgesetzt werden bis in den Energiebereich nahe der Planck-Skala, in dem die elektroschwache und die starke Kraft zu einer einheitlichen Wechselwirkung zusammengefaßt werden können. Die Supersymmetrie erlaubt es also, eine Brücke vom Niederenergiebereich zur Planckschen Energieregion zu schlagen, in der die Gravitation, die vierte der Wechselwirkungen, quantentheoretisch eingebunden werden muß.

Die gegenwärtigen Beschleunigeranlagen sowie zukünftige Collider, der Protonencollider LHC und e^+e^- Linearcollider, können in Verfolgung dieses physikalischen Programms Meilensteine auf dem Weg zu einer umfassenden Theorie der Materie setzen.

Danksagung

Herrn Prof. Dr. S. Bethke und Herrn Dr. D. Rein möchte ich sehr herzlich für die Einladung zum Physikalischen Kolloquium aus Anlaß der 125-Jahr-Feier der RWTH Aachen danken.

Literatur

1. S.L. Glashow, Nucl. Phys. **22** (1961) 579;
S. Weinberg, Phys. Rev. Lett. **19** (1967) 1264;
A. Salam, in *Elementary Particle Theory*, ed. N. Svartholm (Stockholm 1968).
2. H. Fritzsch und M. Gell-Mann, Proc. XVI Int. Conf. on High Energy Physics, eds. J.D. Jackson et al. (Chicago 1972).
3. G. Köpp, D. Schaile, M. Spira und P.M. Zerwas, Z. Phys. **C65** (1995) 545;
S. Aid et al. [H1], Phys. Lett. **B353** (1995) 578;
F. Abe et al. [CDF], FERMILAB-PUB-96-020-E.
4. D. Schaile, Proc. XXVII Int. Conf. on High Energy Physics, eds. P. Bussey und I. Knowles, (Glasgow 1994).
5. F. Abe et al. [CDF], Phys. Rev. Lett. **73** (1994) 225 und **74** (1995) 2626;
S. Abachi et al. [D0], Phys. Rev. Lett. **74** (1995) 2632.
6. Proceedings, *e^+e^- Collisions at 500 GeV: The Physics Potential*, ed. P.M. Zerwas, DESY 92/96-123A/D.
7. J.H. Christenson, J.W. Cronin, V.L. Fitch und R. Turlay, Phys. Rev. Lett. **13** (1964) 138.
8. N. Cabibbo, Phys. Rev. Lett. **10** (1963) 531;
M. Kobayashi und T. Maskawa, Prog. Theor. Phys. **49** (1973) 652.
9. P. Langacker, Proceedings, *Beyond the Standard Model IV*, (Lake Tahoe 1994).
10. H. Weyl, Z. Phys. **56** (1929) 330.
11. C.N. Yang und R.L. Mills, Phys. Rev. **96** (1954) 191.
12. F.J. Hasert et al. [GARGAMELLE], Phys. Lett. **46B** (1973) 121 und 138.
13. G. Arnison et al. [UA1], Phys. Lett. **B122** (1983) 103 und **126** (1983) 398;
M. Banner et al. [UA2], Phys. Lett. **B122** (1983) 476 und **129** (1983) 130.
14. D. Haidt, dieses Buch, S. 87, G. Heerten, dieses Buch, S. 130.
15. D.J. Gross und F. Wilczek, Phys. Rev. Lett. **30** (1973) 1343;
H.D. Politzer, Phys. Rev. Lett. **30** (1973) 1346.
16. J. Ellis, M.K. Gaillard und G.G. Ross, Nucl. Phys. **B111** (1976) 253.

17. R. Brandelik et al. [TASSO], Phys. Lett. **B86** (1979) 243;
D.P. Barber et al. [MARK J], Phys. Rev. Lett. **43** (1979) 830;
Ch. Berger et al. [PLUTO], Phys. Lett. **B86** (1979) 418;
W. Bartel et al. [JADE], Phys. Lett. **B91** (1980) 142.
18. B.H. Wiik, Proceedings, Neutrino Conference (Bergen 1979).
19. P. Hoyer, P. Osland, H.G. Sander, T.F. Walsh und P.M. Zerwas, Nucl. Phys. **B161** (1979) 349.
20. H.G. Sander, dieses Buch, S. 106.
21. S. Bethke, Nucl. Phys. B (Proc. Suppl.) **39B,C** (1995) 198.
22. F. Butler, H. Chen, J. Sexton, A. Vaccarino und D. Weingarten, Nucl. Phys. **B430** (1994) 179.
23. K.D. Born, E. Laermann, T.F. Walsh und P.M. Zerwas, Phys. Lett. **B329** (1994) 332.
24. P.W. Higgs, Phys. Rev. Lett. **12** (1964) 132 und **13** (1964) 508;
F. Englert und R. Brout, Phys. Rev. Lett. **13** (1964) 321;
G.S. Guralnik, C.R. Hagen und T. Kibble, Phys. Rev. Lett. **13** (1964) 585.
25. N. Cabibbo, L. Maiani, G. Parisi und R. Petronzio, Nucl. Phys. **B158** (1979) 295;
M. Lindner, M. Sher und H.W. Zaglauer, Phys. Lett. **B228** (1989) 139;
J.A. Casas, J.R. Espinosa und M. Quiros, Phys. Lett. **B342** (1995) 171.
26. A. Hasenfratz, K. Jansen, J. Jersak, C.B. Lang, T. Neuhaus und H. Yoneyama, Nucl. Phys. **B317** (1989) 81.
27. CMS Collaboration, Techn. Proposal CERN LHCC/94-38;
ATLAS Collaboration, Techn. Proposal CERN LHCC/94-43.
28. H. Georgi und S.L. Glashow, Phys. Rev. Lett. **32** (1974) 438.
29. H. Georgi, H.R. Quinn und S. Weinberg, Phys. Rev. Lett. **33** (1974) 451.
30. J. Wess und B. Zumino, Nucl. Phys. **B70** (1974) 39.
31. E. Witten, Nucl. Phys. **B188** (1981) 513.
32. L.E. Ibanez und G.G. Ross, Phys. Lett. **B105** (1981) 439;
S. Dimopoulos, S. Raby und F. Wilczek, Phys. Rev. **D24** (1981) 1681.
33. P. Langacker und M.-X. Luo, Phys. Rev. **D44** (1991) 817;
U. Amaldi, W. de Boer und H. Fürstenau, Phys. Lett. **B260** (1991) 447;
J. Ellis, S. Kelley und D.V. Nanopoulos, Phys. Lett. **B260** (1991) 131.
34. L.E. Ibanez und G.G. Ross, Phys. Lett. **B110** (1982) 215.

Die CERN-Blasenkammer Gargamelle

Foto: CERN

Die Entdeckung der schwachen neutralen Ströme und der schwachen Vektorbosonen

Dieter Haidt

DESY, 22603 Hamburg

1 Heute und Damals

In den 125 Jahren Teilchenphysik an der TH Aachen, die heute gefeiert werden, sind die Jahre 1973 mit der Entdeckung der schwachen neutralen Ströme, und 1983 mit der erstmaligen Beobachtung der beiden schwachen Vektorbosonen zwei herausragende Daten. Im III. Physikalischen Institut der RWTH Aachen hat die schwache Wechselwirkung Tradition. Sie hat mit den ersten im CERN ausgeführten Neutrinoexperimenten, dem Funkenkammerexperiment unter Helmut Faissner und dem Blasenkammerexperiment unter Klaus Schultze, begonnen und wurde mit Experimenten in den Blasenkammern Gargamelle und BEBC in großem Stil weitergeführt. Später war das Institut an praktisch allen größeren Experimenten maßgebend beteiligt, so am $Sp\bar{p}S$-Speicherring, an den e^+e^--Speicherringen PETRA, LEP und am ep-Speicherring HERA.

Jeder Student weiß heute aus Vorlesungen oder Büchern, daß die intermediären Vektorbosonen W und Z die schwachen Wechselwirkungen vermitteln – in ganz analoger Weise, wie es von den Photonen für die elektromagnetischen Wechselwirkungen seit langem bekannt ist. Das Z-Boson ist ihm, etwa von Experimenten am e^+e^--Speicherring LEP, wo es zu Millionen erzeugt wird, aus direkter Anschauung vertraut [1]. Das W-Boson wird in $p\bar{p}$-Speicherringen (ebenso nach der Energieerhöhung am e^+e^--Speicherring LEP und mit zunehmender Luminosität bald auch am ep-Speicherring HERA) und neuerdings auch im Zerfall des top-Quarks ebenfalls direkt beobachtet. Er lernt ferner die strukturellen Gemeinsamkeiten der elektromagnetischen und schwachen Wechselwirkungen und findet in der elektroschwachen Theorie einen umfassenden Überblick über die gesamte Phänomenologie [2–4].

Dieses ebenso einfache wie elegante Bild entfaltete sich in knapp zwei Jahrzehnten. Von dem gesicherten Wissen von heute aus gesehen mag es so aussehen, als ob die Entdeckung der schwachen neutralen Ströme eine einfache Sache hätte gewesen sein müssen. Dem war nicht so [5]. Der Eindruck der Offensichtlichkeit weicht sogleich, wenn man sich die Erscheinungswelt auf der damals zugänglichen Energieskala von einigen GeV vor Augen führt. Die Physik war damals in drei Kommunitäten aufgespalten, die sich ziemlich unabhängig voneinander mit der Untersuchung der starken, elektromagnetischen und schwachen Wechselwirkungen befaßt haben. Die schwache Wechselwirkung hat mit der V–A-Theorie 1957/8 eine solide Formulierung als Strom-Strom-Wechselwirkung erhalten und war im Begriff, durch die ersten Neutrinoexperimente bei BNL und CERN in einem neuen Energiebereich getestet zu werden. Die Struktur der Theorie legte die Hypothese eines intermediären Vektorbosons W nahe (siehe z.B. [6]). Im Gegensatz zum Photon müßte das W geladen und massiv sein. Im Zusammenhang mit dem Strom-Strom-Ansatz war außerdem – zusätzlich zu den bekannten geladenen – die Existenz neutraler Ströme nahegelegt.

Zur Zeit der Konferenz in Siena 1963 gab es zwei brennende Fragen: *Wo ist das W?* und *Wie sieht das Hochenergieverhalten der schwachen Wechselwirkung aus?* Die Neutrinoexperimente bei BNL und CERN sollten Aufschluß geben. *The W, if it exists*, war zu dieser Zeit ein geflügeltes Wort. Die Hoffnung, es wäre leicht und damit direkt im Prozeß $\nu_\mu N \to \mu^- + W^+ + Hadronen$ erzeugbar und durch seinen leptonischen Zerfall nachweisbar, erfüllte sich nicht. Was die zweite Frage betrifft, so waren sich die führenden Theoretiker einig, daß die erfolgreiche Beschreibung der schwachen Wechselwirkung durch eine effektive Theorie als Ausdruck einer noch aufzustellenden Theorie anzusehen ist, die im Limes niedriger Energien die bekannten Ergebnisse reproduziert. Ein untrügliches Zeichen, daß neuartige Phänomene postuliert werden müssen, war die Beobachtung des linearen Anstiegs des totalen νN-Wirkungsquerschnittes mit zunehmender Neutrinoenergie. Die Hypothese, daß die schwache Wechselwirkung durch ein massives geladenes W vermittelt würde, hätte zwar den erwünschten Dämpfungseffekt zur Folge, aber es war ebenso klar, daß dies nicht zur Beseitigung des divergenten Hochenergieverhaltens ausreichen würde. Deshalb wurden besonders zwei neuartige Phänomene postuliert, nämlich die Existenz schwacher neutraler Ströme und die Existenz schwerer Leptonen. Im ersten Falle sollte es ν-induzierte Prozesse geben, bei denen kein geladenes Lepton im Endzustand auftritt. Die alsbaldige Suche blieb wegen des in Neutrinoexperimenten stets vorhandenen Neutronenuntergrundes erfolglos. Die Suche nach schwachen Zerfällen als Ausdruck einer schwachen neutralen Wechselwirkung, beispielsweise $K \to \mu\mu$, führte zu extrem kleinen Verzweigungsverhältnissen. Für die Theoretiker gab dies Anlaß zu allerlei Spekulationen, etwa daß das neutrale Vektorboson nur an Hadronen, aber nicht an Leptonen, kopple. Die meisten Experimentatoren werteten die negativen Resultate als Nichtexistenz neutraler Ströme und wandten sich der Untersuchung der geladenen Ströme in den neuen Daten zu.

2 Gargamelle und die Entdeckung der schwachen neutralen Ströme

Die ersten Zukunftspläne für die Neutrinophysik erwuchsen aus den Erfahrungen der Experimente 1963–64. Schwache Wechselwirkung war synonym mit geringer Ereignisrate, also mußte ein Detektor mit 10mal größerem Volumen ins Auge gefaßt werden. Weiter war es wichtig, Hadronen zu erkennen, sie von Myonen zu unterscheiden und Elektronen von konvertierten Photonen zu unterscheiden. Das Projekt einer langgestreckten Blasenkammer, gefüllt mit einer geeigneten schweren Flüssigkeit, wurde vorgeschlagen und – nach seiner Genehmigung 1965 – in 5 Jahren realisiert [7]. Physikalisch war die tragende Idee die Suche nach dem intermediären Vektorboson. Ähnliche Projekte wurden gleichzeitig an mehreren Laboratorien erwogen und viele davon in die Tat umgesetzt, so die 12'-Blasenkammer in Argonne, die 15'-Blasenkammer im Fermilaboratorium (damals NAL), die europäische Blasenkammer BEBC [8], das Kalorimeter der HPWF-Kollaboration – und viele sollten noch folgen.

Ein so großes Projekt wie Gargamelle erforderte die Bildung einer großen Kollaboration. Sieben europäische Laboratorien bzw. Hochenergieinstitute schlossen sich zusammen: das III. Physikalische Institut der RWTH Aachen, das interuniversitäre Institut der freien Universität Brüssel, CERN, die Ecole Polytechnique Paris, das Istituto di Fisica dell'Università e dell'I.N.F.N. Milano, das Laboratoire de l'Accélérateur Linéaire Orsay und das University College London (siehe Abb. 5). 1968 wurde das Physikprogramm in einem zweitägigen Treffen in Mailand diskutiert. Es mag ironisch klingen, aber niemand hat die Suche nach neutralen Strömen auch nur erwähnt, geschweige denn als vordringliche Aufgabe angesehen. Die Diskussionen standen im Banne der soeben entdeckten Substruktur des Protons in einem *ep*-Experiment am SLAC. So fand sich auch, neben der Suche nach dem W, die Untersuchung der Substruktur mit den Mitteln der schwachen Wechselwirkung an oberster Stelle in der Prioritätenliste im Vorschlag für das erste Neutrinoexperiment mit Gargamelle. Die Suche nach neutralen Strömen rangierte an letzter Stelle. Im Dezember 1970 fanden die ersten Expansionen statt, dann folgte die Datennahme mit Neutrino- und Antineutrinostrahlen für viele Experimente von 1971–1978. Das Programm fand ein jähes Ende, als 1978 im Kammerkörper ein Riß auftrat.

Für die Auswertung der Filme wurden Scanregeln zur Einteilung der Ereignisse in verschiedene Kategorien aufgestellt. Dabei waren die Erfahrungen aus den früheren Experimenten in der NPA-Schwerflüssigkeitskammer wertvoll. Zwei der insgesamt fünf Kategorien seien erwähnt:

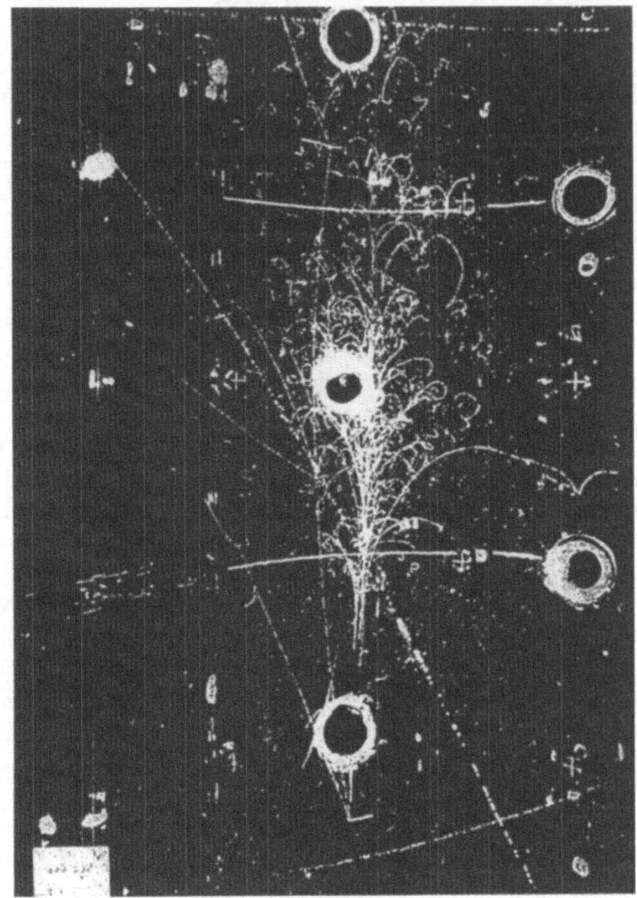

Abb. 1. NC-Kandidat beobachtet in Gargamelle

Kategorie A: Ereignisse mit μ-Kandidat

Kategorie B: Ereignisse mit identifizierten Hadronen[1]

Das Vorurteil war damals, daß eine Neutrinowechselwirkung immer ein Myon im Endzustand hat. Es gab keinen expliziten Nachweis eines Myons: ein Myon-*Kandidat* war als die Spur eines die Kammer verlassenden geladenen Teilchens definiert, folglich hatte man mit anderen geladenen Teilchen

[1] Im heutigen Jargon heißen die Ereignisse der Kategorie A *charged current* (CC) Kandidaten, die der Kategorie B *neutral current* (NC) Kandidaten. Diese damals neugeprägten Ausdrücke gelten heute als Standard.

Tabelle 1. Stand im Frühjahr 1973

Ereignistyp	ν Experiment	$\bar{\nu}$ Experiment
#Ereignisse ohne μ	102	64
#Ereignisse mit μ	428	148

zu rechnen, die ein μ vortäuschen. Im Gefolge der Neutrinos entstanden stets Neutronen, die in der Kammer wechselwirkten und ein Neutrinoereignis simulieren, wenn nämlich ein geladenes Pion erzeugt wurde, das sich in der Kammer nicht durch eine starke Wechselwirkung identifizierte. Die Kategorie B diente genau dazu, diesen Untergrund zu quantifizieren, indem man diejenigen Ereignisse registrierte, bei denen alle Teilchen im Endzustand als Hadronen identifiziert sind. Dieser Umstand erwies sich dann als unschätzbarer Vorteil bei der Suche nach neutralen Strömen, denn *falls* es ν-induzierte Ereignisse *ohne* μ im Endzustand geben sollte, so müßten sie implizit in der Kategorie B enthalten sein.

Ein gutes Jahr nach der ersten Datennahme und Auswertung stieg das Interesse an den neutralen Strömen schlagartig. Einerseits hat 't Hooft 1971 nachgewiesen, daß das 1967 von Weinberg vorgeschlagene Modell renormierbar ist und damit die elektromagnetische und die schwache Wechselwirkung in einer umfassenden lokalen Eichtheorie vereinigt sein würden, *falls es schwache neutrale Ströme* gäbe. Das war so sehr attraktiv, daß auf einmal die Existenz oder Abwesenheit neutraler Ströme zu einer alles entscheidenden Frage wurde, und Gargamelle kam die Aufgabe zu, diese Entscheidung experimentell herbeizuführen. Zum anderen ergab sich im Frühjahr 1972 eine Überraschung, als die Gruppe um A. Pullia [9] in Mailand feststellte, daß die Ereignisse der Kategorie B, also die Ereignisse ohne Myon, nicht die exponentiell abfallende Vertexverteilung (in Kammerrichtung) zeigten, wie von neutroninduzierten Wechselwirkungen erwartet, sondern eher flach verteilt waren, so wie es von neutrino-induzierten Wechselwirkungen erwartet werden sollte. Von da ab widmete sich eine kleine Gruppe der Suche nach energetischen Ereignissen ohne μ (NC-Kandidaten), deren Charakteristik dem Hadronendzustand der gewöhnlichen Neutrinoereignisse mit μ (CC-Kandidaten) entspricht. Ein monatelanges Meßprogramm setzte ein, das im Winter 1972–73 abgeschlossen wurde. Das wichtigste Kriterium war, daß das Hadronsystem wenigstens 1 GeV hatte. Abbildung 1 zeigt ein prominentes Beispiel; man kann gut überprüfen, daß alle Spuren als Hadronen gekennzeichnet sind. Gleichzeitig wurde ein Kontrollsample aus CC-Kandidaten vermessen, das hinsichtlich des Hadronendzustandes dieselben Kriterien erfüllte wie die NC-Kandidaten. Das Ergebnis ist in Tabelle 1 zusammengestellt. Ihre Eigenschaften sind in Abb. 2 mit denen der CC-Kandidaten verglichen. Zwei Argumente sprechen dafür, daß die NC-Kandidaten dominant ν-artig sind: (i) ähneln

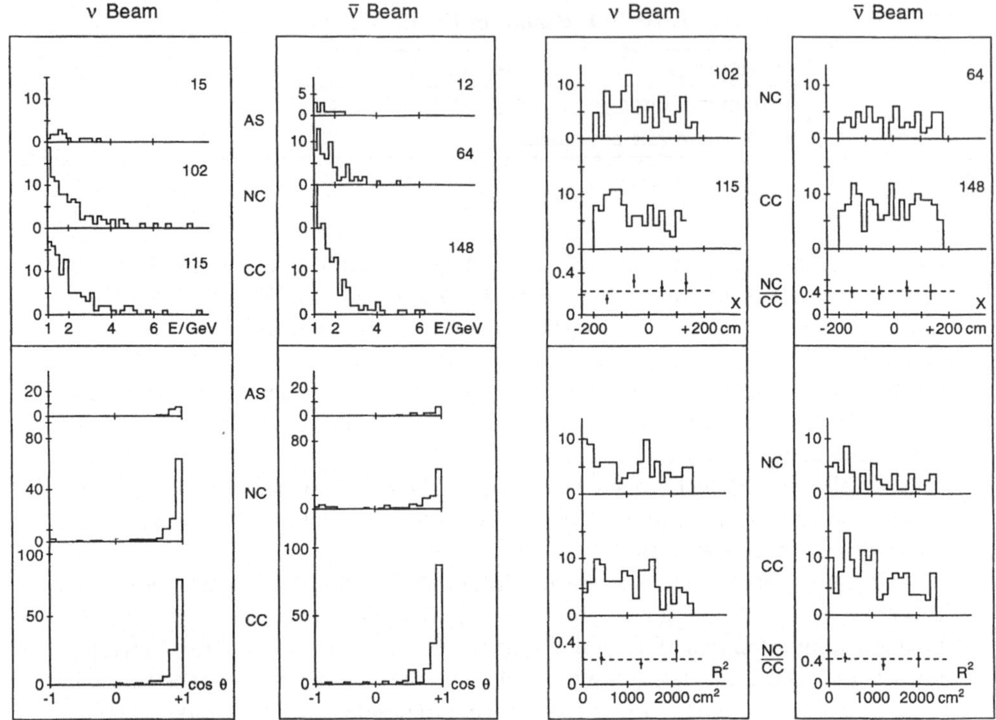

Abb. 2. Geometrische und kinematische Verteilungen der NC- und CC-Kandidaten; X und R bezeichnen die Vertexposition in der Kammer in Strahlrichtung und radial; E und Θ bezeichnen die Energie und die Richtung des Hadronsystems

sich alle vier Verteilungen in Abb. 2 für NC- wie CC-Kandidaten und (ii) ist die Vertexverteilung (X) nicht exponentiell abfallend, wie zu erwarten wäre, wenn die Ereignisse hauptsächlich durch Wechselwirkungen von Neutronen (in ν-Strahlrichtung) entstanden wären. Die Wechselwirkungslänge von Neutronen in der Kammerflüssigkeit beträgt ca. 70 cm und ist klein gegen die linearen Abmessungen des sichtbaren Kammervolumens von 460 cm.

Die Euphorie, einen neuen Effekt an der Hand zu haben, erreichte im März 1973 ihren Höhepunkt. Da war das berühmte Aachen-Ereignis (siehe Abb. 3), das aus einem isolierten, eindeutig identifizierten Elektron (eine der Spezialitäten der Schwerflüssigkeitskammern) in Strahlrichtung bestand und damit Kandidat für den Prozeß $\bar{\nu}_\mu e \to \bar{\nu}_\mu e$ war [10]. Zum anderen gab es im hadronischen Kanal eine unerwartet hohe Anzahl von Ereignissen ohne μ (siehe Tabelle 1). Die Argumente dafür, daß die hadronischen NC-Kandidaten do-

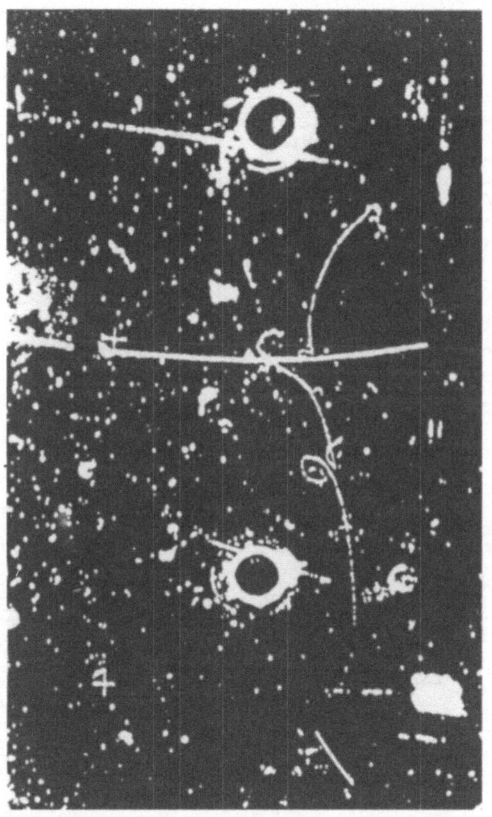

Abb. 3. Kandidat für die elastische Streuung eines $\bar{\nu}_\mu$ an einem Elektron der Kammerflüssigkeit

minant ν-induziert seien, erweckten den Anschein der Gültigkeit. Doch der Anschein erwies sich als trügerisch. Zwei Gegenargumente [12], [14] stellten alles in Frage. In keiner Überlegung wurde berücksichtigt, daß Neutronen in der Eisenabschirmung (siehe Abb. 4) eine *Kaskade* machen. Die Konsequenz ist, daß der Neutronuntergrund dann nicht proportional zur Hadronwechselwirkungslänge λ_i ist, sondern zur Länge der Kaskade (λ_C) , die je nach Energie des Neutrons ein Vielfaches von λ_i sein kann. Ferner ist nicht bedacht worden, daß der ν-Strahl eine radiale Ausdehnung hat und folglich Neutronen von den vielen ν-Wechselwirkungen entlang des Kammerkörpers und des Magneten seitlich unter großen Winkeln ins Kammerinnere eintreten können, welche ebenfalls zu einer flachen Vertexverteilung führen. Damit waren die ursprünglichen Argumente zugunsten eines ν-induzierten Effektes nur

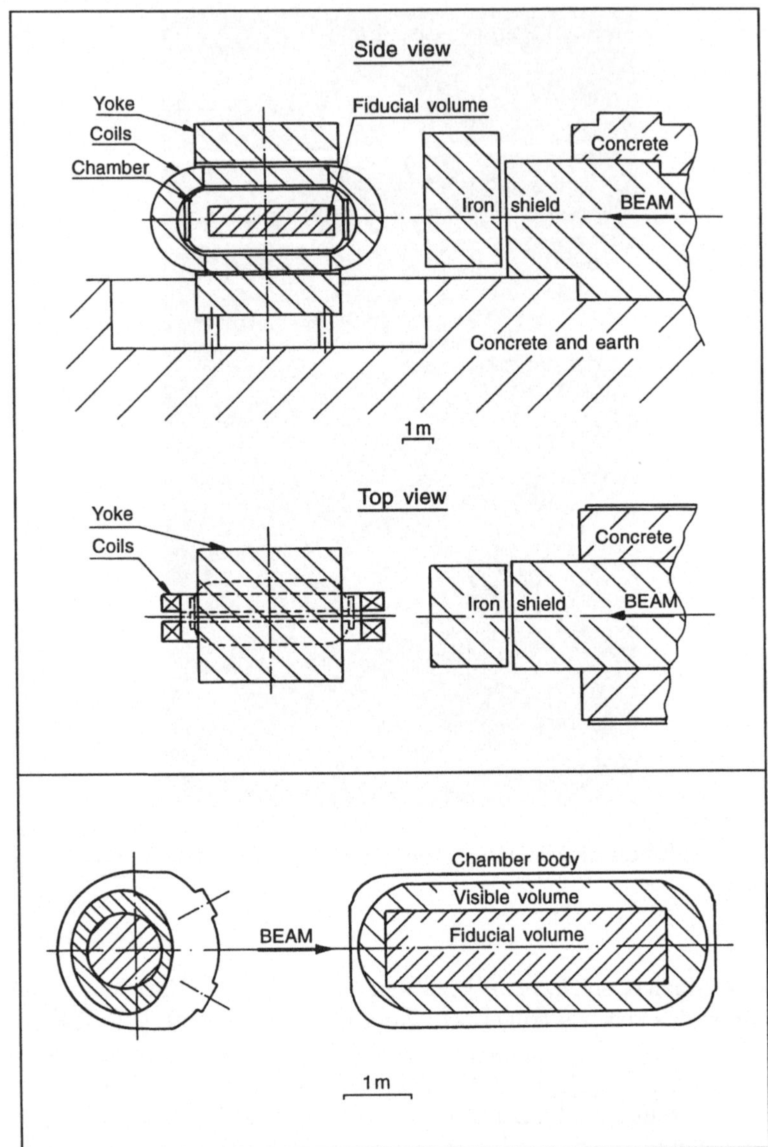

Abb. 4. Experimentelle Anordnung in Grund- und Seitenriß

unter einer Bedingung aufrecht zu erhalten, nämlich wenn der quantitative Nachweis erbracht wird, daß

$$\# \text{ neutron-induzierter Untergrund} \ll \# \text{ NC-Kandidaten}$$

Dieser Nachweis [12] wurde in den Monaten von März bis Juli 1973 erbracht, indem eine komplette Simulation des Experimentes, d.h. der Geometrie und der Materieverteilung, des ν-Flusses in Abhängigkeit von Energie und Radius und der Dynamik der Hadronen (Neutronkaskade) in jedem ν-Ereignis, ausgeführt wurde. Dies war eine umfangreiche Aufgabe, wenn man bedenkt, daß es damals kein GEANT, kein LEPTO, kein JETSET und kein GHEISHA gab! Die eigentliche Schwierigkeit bestand in der Bewältigung der Neutronkaskade. Von ihrer Behandlung würde alles abhängen. Nach intensiven Überlegungen wurde der Durchbruch erzielt, als nämlich klar wurde, daß die Kaskade nur jeweils von einem Nukleon getragen wird, während die Mesonkomponente inaktiv blieb. Damit lag ein lineares Problem vor, und die Kaskadenentwicklung konnte durch einen einzigen Parameter beschrieben werden. Für jeden Kaskadenschritt gilt: $E_{n+1} = \xi \cdot E_n$. Die Kaskade bricht ab, wenn im letzten Schritt die festgesetzte Mindestenergie von 1 GeV unterschritten wird. Die Elastizität ξ wurde aus publizierten Nukleon-Nukleon und Nukleon-Kern-Daten bestimmt und in das Programm eingesetzt. Das Programm war Anfang Juli vollständig und erlaubte eindeutige Vorhersagen, da keine freien Parameter im Spiel waren. Es war so konzipiert, daß alle wichtigen Ingredienzien leicht variiert werden konnten. Nunmehr war es ein Leichtes, durch einen klassischen Widerspruchsbeweis zu zeigen, daß die Hypothese *alle NC-Kandidaten sind Untergrund von Neutronen* mit den Daten selbst unverträglich ist und deshalb zu verwerfen ist, selbst wenn man extreme Annahmen über die Eigenschaften der Neutronkaskade zuläßt. Damit war der Weg zur Publikation frei, und dies geschah Ende Juli 1973 [17] (siehe Abb. 5).

Trotz der hieb- und stichfesten Beweisführung kam es zu einem dramatischen Nachspiel. Die HPWF-Kollaboration hat am NAL ν-Strahl mit ca. 10mal höherer Energie ebenfalls nach neutralen Strömen gesucht, hat erst einen Effekt gefunden, in einem zweiten Lauf aber den Effekt nicht mehr reproduzieren können. Der Verdacht kam auf, das Gargamelle-Experiment könne falsch sein und wohl deswegen, weil die Untergrundbestimmung möglicherweise eben doch falsch gewesen sei. Es gab genug Leute innerhalb und außerhalb der Kollaboration, die anmerkten, daß bisher alle Kaskadenrechnungen notorisch falsch gewesen wären, also vermutlich auch diese. Obwohl jedes Einzelargument überzeugend abgewehrt werden konnte, so war es doch aussichtlos, gegen pauschale Vorurteile anzukämpfen. Schließlich wurde ein Experiment ausgeführt, um eigens den Aspekt der Nukleonkaskade (siehe Abb. 6) zu überprüfen. Dazu wurden in Gargamelle (mit derselben Flüssigkeit gefüllt) Protonen fester Energie pulsweise eingeschossen mit dem Ziel, als Funktion der bekannten Protonenergie die direkt beobachtbare Kaskadenlänge zu messen und mit der im voraus gemachten theoretischen Vorhersa-

Volume 46B, number 1 PHYSICS LETTERS 3 September 1973

OBSERVATION OF NEUTRINO-LIKE INTERACTIONS WITHOUT MUON OR ELECTRON IN THE GARGAMELLE NEUTRINO EXPERIMENT

F.J. HASERT, S. KABE, W. KRENZ, J. Von KROGH, D. LANSKE, J. MORFIN, K. SCHULTZE and H. WEERTS
III. Physikalisches Institut der Technischen Hochschule, Aachen, Germany

G.H. BERTRAND-COREMANS, J. SACTON, W. Van DONINCK and P. VILAIN*1
Interuniversity Institute for High Energies, U.L.B., V.U.B. Brussels, Belgium

U. CAMERINI*2, D.C. CUNDY, R. BALDI, I. DANILCHENKO*3, W.F. FRY*2, D. HAIDT, S. NATALI*4, P. MUSSET, B. OSCULATI, R. PALMER*4, J.B.M. PATTISON, D.H. PERKINS*6, A. PULLIA, A. ROUSSET, W. VENUS*7 and H. WACHSMUTH
CERN, Geneva, Switzerland

V. BRISSON, B. DEGRANGE, M. HAGUENAUER, L. KLUBERG, U. NGUYEN-KHAC and P. PETIAU
Laboratoire de Physique Nucléaire des Hautes Energies, Ecole Polytechnique, Paris, France

E. BELOTTI, S. BONETTI, D. CAVALLI, C. CONTA*8. E. FIORINI and M. ROLLIER
Istituto di Fisica dell'Università, Milano and I.N.F.N. Milano, Italy

B. AUBERT, D. BLUM, L.M. CHOUNET, P. HEUSSE, A. LAGARRIGUE, A.M. LUTZ, A. ORKIN-LECOURTOIS and J.P. VIALLE
Laboratoire de l'Accélérateur Linéaire, Orsay, France

F.W. BULLOCK, M.J. ESTEN, T.W. JONES, J. McKENZIE, A.G. MICHETTE*9 G. MYATT* and W.G. SCOTT*6,*9
University College, London, England

Received 25 July 1973

Events induced by neutral particles and producing hadrons, but no muon or electron, have been observed in the CERN neutrino experiment. These events behave as expected if they arise from neutral current induced processes. The rates relative to the corresponding charged current processes are evaluated.

Abb. 5. Titelblatt des Entdeckungspapieres

ge unter Benutzung desselben Programmes zu vergleichen. Die Übereinstimmung war so überzeugend, daß auch der härteste Gegner schweigen mußte. Im Frühjahr 1974 waren schwache neutrale Ströme in vier Experimenten unabhängig nachgewiesen worden. Zusätzlich zu Gargamelle, das mittlerweile den Effekt mit doppelter Statistik erhärtete, fanden nun auch HPWF und zwei neue Experimente CITF und ANL den Effekt.

Ein neues Kapitel war aufgeschlagen. In einem großangelegten weltweiten Forschungsprogramm wurden die Eigenschaften des neuen Effektes untersucht. Die Auswirkungen auf andere Gebiete ließen nicht lange auf sich warten. Nun war voraussagbar, unter welchen Bedingungen die Vorhersagen

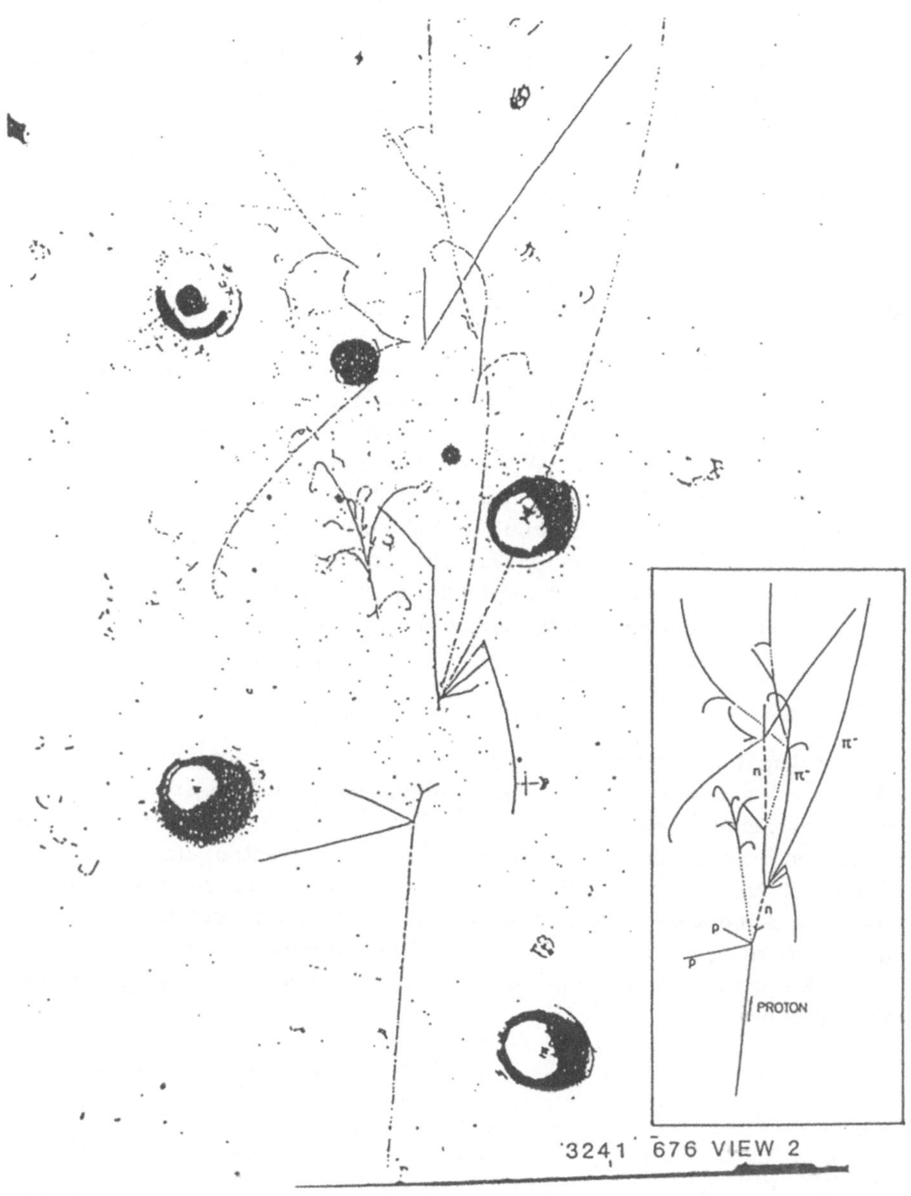

Abb. 6. Mehrstufige Kaskade, die von einem Proton mit 6.1 GeV kinetischer Energie in Gargamelle beobachtet wurde

der Quantenelektrodynamik ihre Gültigkeit verlieren. Die Beobachtung der (γ, Z)-Interferenz im *ed*-Experiment bei SLAC und in den PETRA-Experimenten war eine wichtige Bestätigung der Glashow-Salam-Weinberg-Theorie, aus der sich nach und nach das Standardmodell der elektroschwachen Wechselwirkung entwickelt hat.

Für weitere Details sei auf die Einzelbeiträge zu den beiden Konferenzen in Santa Monica [11] und Paris [13] 1993, die der Entdeckung der schwachen neutralen Ströme gewidmet waren, hingewiesen.

3 Der Schlüssel zur *W*-Masse

Die experimentellen Beiträge zur Neutrinokonferenz in Aachen 1976 haben denjenigen theoretischen Modellen für schwache neutrale Ströme den Vorzug gegeben, die Paritätsverletzung vorhersagten. Damit fiel dem Modell von Glashow-Salam-Weinberg (GSW) wegen seiner Einfachheit eine Vorzugsrolle zu. Daß dieses Modell auch die späteren, teilweise sehr präzisen Messungen beschreiben würde, hatte niemand, nicht einmal die Autoren selbst, erwartet.

Innerhalb des Modells von GSW erscheinen elektromagnetische und schwache Phänomene miteinander verknüpft. Es war somit erstmals möglich, die Masse des intermediären Vektorbosons W vorherzusagen:

$$M_W^2 = \frac{\pi\alpha}{\sqrt{2}G}\frac{1}{sin^2\Theta_W} = \frac{(37.3\ \mathrm{GeV})^2}{sin^2\Theta_W} .$$

Mit dem damaligen Wert des schwachen Winkels Θ_W ergaben sich für die W-Masse Werte um 70 GeV. Cline, Rubbia und McIntyre [16] konnten den wichtigen Schluß ziehen, daß die Beobachtung des W in Experimenten an laufenden Beschleunigern, insbesondere in ν-Experimenten, aussichtslos war. Der meistversprechende Vorschlag, W's zu erzeugen und zu vermessen, bestand im Bau eines Proton-Antiproton-Speicherrings, der einige Jahre später im CERN realisiert ($Sp\bar{p}S$) worden ist. Der Grundprozeß im Partonmodell ist die Resonanzproduktion $u\bar{d} \to W^+$ mit nachfolgendem Zerfall des W. Der Produktionsquerschnitt ist

$$\hat{\sigma}(u\bar{d} \to W^+) = 2\pi\frac{GM_W^2}{\sqrt{2}}\delta(M_W^2 - \hat{s})$$

und führt nach geeigneter Behandlung der δ-Funktion für $\sqrt{s} = 2 \cdot 270$ GeV (CERN-SPS) zu $\sigma_W \approx 2$ nb und $\sigma_Z \approx 0.9$ nb.

4 Das $p\bar{p}$-Projekt und die Beobachtung der schwachen Vektorbosonen

Von der brillianten Idee eines $p\bar{p}$-Experimentes bis zur Realisierung eines $p\bar{p}$-Speicherrings und eines geeigneten Detektors waren einige grundsätzliche

Tabelle 2. W-Suche

Experiment	$\int \mathcal{L}dt$	$\# W \to e\nu$	Untergrund	Masse
UA1	18	6	$\ll 1$	81 ± 5 GeV
UA2	19	4	< 0.4	80^{+10}_{-6} GeV

Schwierigkeiten zu überwinden. Das CERN-SPS sollte in einen $p\bar{p}$-Speicherring umgewandelt werden derart, daß Protonen und Antiprotonen in ein- und derselben Strahlröhre in zueinander entgegengesetzter Richtung umlaufend gespeichert und auf 270 GeV beschleunigt werden können. Zunächst mußte eine hinreichend intensive Antiprotonquelle gebaut werden. Dann mußte der Phasenraum des $\bar{p}$-Strahles um viele Zehnerpotenzen komprimiert werden. Das dazu eingesetzte Prinzip beruht auf der stochastischen Kühlung und wurde in dem Experiment ICE (initial cooling experiment) 1978 erfolgreich erprobt. Danach wurde das $p\bar{p}$-Projekt genehmigt und innerhalb von nur 3 Jahren fertiggestellt. Im Juli 1981 konnten die ersten Kollisionen gefeiert werden.

Den beiden Kollaborationen UA1 und UA2 gelang 1983 die erstmalige Beobachtung des intermediären Vektorbosons W im Kanal $e\nu$ [18]. Die Signatur bestand in einem isolierten Elektron hohen Transversalimpulses, der wegen des gleichzeitig emittierten Neutrinos nicht kompensiert ist. Es war also entscheidend, den Detektor so zu konzipieren, daß man mit *missing momentum* Physik machen konnte, und das bedeutete gute Kalorimetrie und Hermetizität[2]. Mit den Daten von 1982 (28 nb^{-1}) blieben nach Anwendung der Isolations- und Transversalimpulsschnitte eine handvoll Ereignisse, von denen 6 bei UA1 und 4 bei UA2 dem gesuchten Prozeß zugeschrieben wurden. Das Resultat ist in Tabelle 2 zusammengestellt. Abbildung 7 zeigt die Titelseiten der erstmaligen Beobachtung des geladenen schwachen Vektorbosons. Abbildung 8 zeigt zwei charakteristische Ereignisse der UA1-Kollaboration.

Es ist bemerkenswert, daß genau 30 Jahre, nachdem die Frage auf der Konferenz in Siena gestellt wurde, das W nach der damals vorgeschlagenen Weise am HERA ep-Speicherring beobachtet wurde, wie Abb. 9 zeigt [20].

Mit zunehmender Statistik konnte auch die zweite wichtige Frage, nach der Existenz des schwachen neutralen Vektorbosons Z, gestellt werden. Die beiden Kollaborationen UA1 und UA2 [19] haben nach dem Prozeß $p\bar{p} \to e^+e^- +$ Hadronen gesucht und Ereignisse mit hohem Transversalimpuls ausgewählt. Wegen der Präsenz von zwei Elektronen hohen Transversalimpulses ist die Analyse wesentlich einfacher als beim W im leptonischen Zerfallskanal. Nach Anwendung von Isolationskriterien und Schnitten im Transversalimpuls

[2] Nachweismöglichkeiten über den gesamten Raumwinkelbereich bis an den Rand des Strahlrohres

Volume 122B, number 1 PHYSICS LETTERS 24 February 1983

EXPERIMENTAL OBSERVATION OF ISOLATED LARGE TRANSVERSE ENERGY ELECTRONS WITH ASSOCIATED MISSING ENERGY AT $\sqrt{s}$ = 540 GeV

UA1 Collaboration, CERN, Geneva, Switzerland

G. ARNISON[j], A. ASTBURY[j], B. AUBERT[b], C. BACCI[i], G. BAUER[l], A. BÉZAGUET[d], R. BÖCK[d], T.J.V. BOWCOCK[f], M. CALVETTI[d], T. CARROLL[d], P. CATZ[b], P. CENNINI[d], S. CENTRO[d], F. CERADINI[d], S. CITTOLIN[d], D. CLINE[l], C. COCHET[k], J. COLAS[b], M. CORDEN[c], D. DALLMAN[d], M. DeBEER[k], M. DELLA NEGRA[b], M. DEMOULIN[d], D. DENEGRI[k], A. Di CIACCIO[i], D. DiBITONTO[d], L. DOBRZYNSKI[g], J.D. DOWELL[c], M. EDWARDS[c], K. EGGERT[a], E. EISENHANDLER[f], N. ELLIS[d], P. ERHARD[a], H. FAISSNER[a], G. FONTAINE[g], R. FREY[h], R. FRÜHWIRTH[l], J. GARVEY[c], S. GEER[g], C. GHESQUIÈRE[g], P. GHEZ[b], K.L. GIBONI[a], W.R. GIBSON[f], Y. GIRAUD-HÉRAUD[g], A. GIVERNAUD[k], A. GONIDEC[b], G. GRAYER[j], P. GUTIERREZ[h], T. HANSL-KOZANECKA[a], W.J. HAYNES[j], L.O. HERTZBERGER[2], C. HODGES[h], D. HOFFMANN[a], H. HOFFMANN[d], D.J. HOLTHUIZEN[2], R.J. HOMER[c], A. HONMA[f], W. JANK[d], G. JORAT[d], P.I.P. KALMUS[f], V. KARIMÄKI[e], R. KEELER[f], I. KENYON[c], A. KERNAN[h], R. KINNUNEN[e], H. KOWALSKI[d], W. KOZANECKI[h], D. KRYN[d], F. LACAVA[d], J.-P. LAUGIER[k], J.-P. LEES[b], H. LEHMANN[a], K. LEUCHS[a], A. LÉVÊQUE[k], D. LINGLIN[b], E. LOCCI[k], M. LORET[k], J.-J. MALOSSE[k], T. MARKIEWICZ[d], G. MAURIN[d], T. McMAHON[c], J.-P. MENDIBURU[g], M.-N. MINARD[b], M. MORICCA[i], H. MUIRHEAD[d], F. MULLER[d], A.K. NANDI[j], L. NAUMANN[d], A. NORTON[d], A. ORKIN-LECOURTOIS[g], L. PAOLUZI[i], G. PETRUCCI[d], G. PIANO MORTARI[i], M. PIMIÄ[e], A. PLACCI[d], E. RADERMACHER[a], J. RANSDELL[h], H. REITHLER[a], J.-P. REVOL[d], J. RICH[k], M. RIJSSENBEEK[d], C. ROBERTS[j], J. ROHLF[d], P. ROSSI[d], C. RUBBIA[d], B. SADOULET[d], G. SAJOT[g], G. SALVI[f], G. SALVINI[i], J. SASS[k], J. SAUDRAIX[k], A. SAVOY-NAVARRO[k], D. SCHINZEL[f], W. SCOTT[j], T.P. SHAH[j], M. SPIRO[k], J. STRAUSS[l], K. SUMOROK[c], F. SZONCSO[l], D. SMITH[h], C. TAO[d], G. THOMPSON[f], J. TIMMER[d], E. TSCHESLOG[a], J. TUOMINIEMI[e], S. Van der MEER[d], J.-P. VIALLE[d], J. VRANA[g], V. VUILLEMIN[d], H.D. WAHL[l], P. WATKINS[c], J. WILSON[c], Y.G. XIE[d], M. YVERT[b] and E. ZURFLUH[d]

Aachen [a]–Annecy (LAPP) [b]–Birmingham [c]–CERN [d]–Helsinki [e]–Queen Mary College, London [f]–Paris (Coll. de France) [g]–Riverside [h]–Rome [i]–Rutherford Appleton Lab. [j]–Saclay (CEN) [k]–Vienna [l] Collaboration

Received 23 January 1983

We report the results of two searches made on data recorded at the CERN SPS Proton–Antiproton Collider: one for isolated large-E_T electrons, the other for large-E_T neutrinos using the technique of missing transverse energy. Both searches converge to the same events, which have the signature of a two-body decay of a particle of mass ~80 GeV/c^2. The topology as well as the number of events fits well the hypothesis that they are produced by the process $\bar{p} + p \to W^{\pm} + X$, with $W^{\pm} \to e^{\pm} + \nu$; where $W^{\pm}$ is the Intermediate Vector Boson postulated by the unified theory of weak and electromagnetic interactions.

Volume 122B, number 5,6 PHYSICS LETTERS 17 March 1983

OBSERVATION OF SINGLE ISOLATED ELECTRONS OF HIGH TRANSVERSE MOMENTUM IN EVENTS WITH MISSING TRANSVERSE ENERGY AT THE CERN $\bar{p}p$ COLLIDER

The UA2 Collaboration

M. BANNER[f], R. BATTISTON[1,2], Ph. BLOCH[f], F. BONAUDI[b], K. BORER[a], M. BORGHINI[b], J.-C. CHOLLET[d], A.G. CLARK[b], C. CONTA[e], P. DARRIULAT[b], L. Di LELLA[b], J. DINES-HANSEN[c], P.-A. DORSAZ[b], L. FAYARD[d], M. FRATERNALI[e], D. FROIDEVAUX[b], J.-M. GAILLARD[d], O. GILDEMEISTER[b], V.G. GOGGI[e], H. GROTE[b], B. HAHN[a], H. HÄNNI[a], J.R. HANSEN[b], P. HANSEN[c], T. HIMEL[b], V. HUNGERBÜHLER[b], P. JENNI[b], O. KOFOED-HANSEN[c], E. LANÇON[f], M. LIVAN[b,e], S. LOUCATOS[f], B. MADSEN[c], P. MANI[a], B. MANSOULIÉ[f], G.C. MANTOVANI[1], L. MAPELLI[b], B. MERKEL[d], M. MERMIKIDES[b], R. MØLLERUD[c], B. NILSSON[c], C. ONIONS[b], G. PARROUR[b,d], F. PASTORE[b,e], H. PLOTHOW-BESCH[b,d], M. POLVEREL[f], J.-P. REPELLIN[d], A. ROTHENBERG[b], A. ROUSSARIE[f], G. SAUVAGE[d], J. SCHACHER[a], J.L. SIEGRIST[b], H.M. STEINER[b,3], G. STIMPFL[b], F. STOCKER[a], J. TEIGER[f], V. VERCESI[e], A. WEIDBERG[b], H. ZACCONE[f] and W. ZELLER[a]

[a] *Laboratorium für Hochenergie physik, Universität Bern, Sidlerstrasse 5, Bern, Switzerland*
[b] *CERN, 1211 Geneva 23, Switzerland*
[c] *Niels Bohr Institute, Blegdamsvej 17, Copenhagen, Denmark*
[d] *Laboratoire de l'Accélérateur Linéaire, Université de Paris-Sud, Orsay, France*
[e] *Dipartimento di Fisica Nucleare e Teorica, Università di Pavia and INFN, Sezione di Pavia, Via Bassi 6, Pavia, Italy*
[f] *Centre d'Etudes nucléaires de Saclay, France*

Received 15 February 1983

We report the results of a search for single isolated electrons of high transverse momentum at the CERN $\bar{p}p$ collider. Above 15 GeV/c, four events are found having large missing transverse energy along a direction opposite in azimuth to that of the high-p_T electron. Both the configuration of the events and their number are consistent with the expectations from the process $\bar{p} + p \to W^{\pm}$ + anything, with $W \to e + \nu$, where $W^{\pm}$ is the charged Intermediate Vector Boson postulated by the unified electroweak theory.

Abb. 7. Titelblatt der ersten W-Beobachtung durch UA1 und UA2

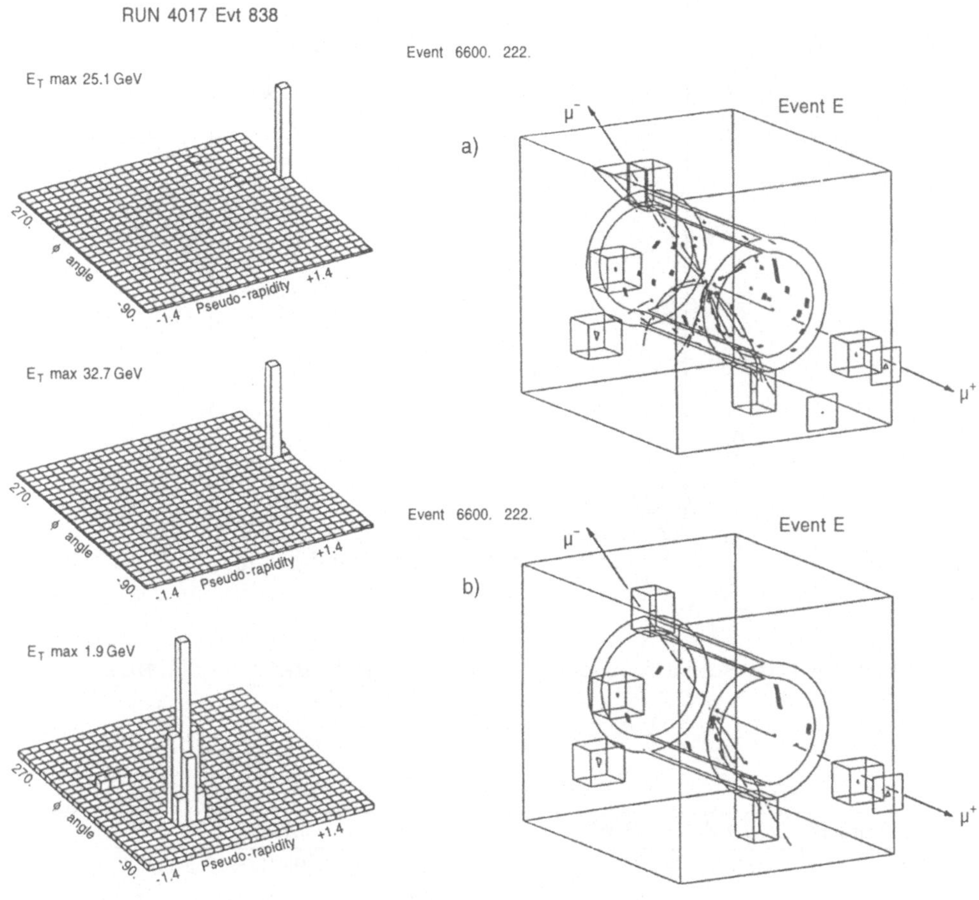

Abb. 8. Zwei im UA1-Detektor registrierte Ereignisse: links ein isoliertes Elektron (W-Zerfall in e und ν), rechts ein Z-Zerfall in ein μ-Paar

des Elektrons blieben 4 bzw. 3 Ereignisse und 1 $e^+e^-\gamma$-Ereignis übrig (siehe Tabelle 3). Abbildung 10 zeigt das Ereignis A in der UA2-Analyse.

Eine gute Übersicht über das Gebiet kann in [15] gefunden werden.

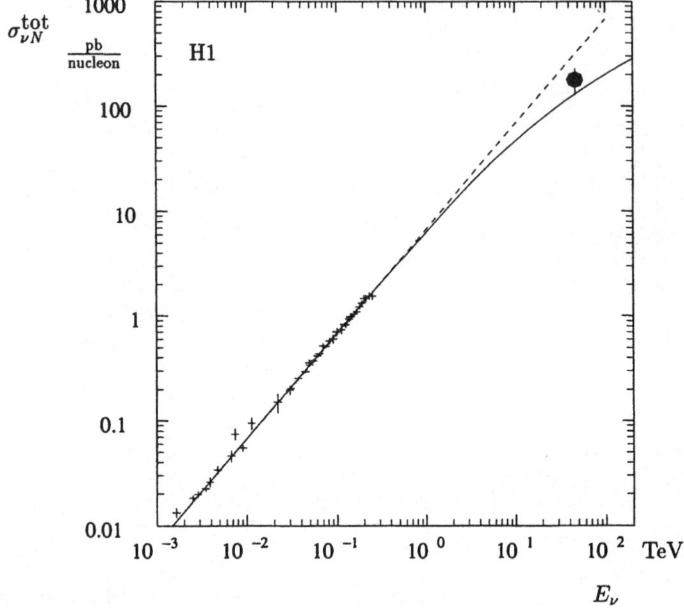

Abb. 9. Die erste Beobachtung des W-Propagators im Prozeß $ep \to \nu$ + Hadronen

Tabelle 3. Z-Suche

Experiment	$\int \mathcal{L}dt$	$\# W \to e\nu$	Untergrund	Masse
UA1	55	4	$\ll 1$	95.2 ± 2.5 GeV
UA2	131	3+1	< 0.03	$91.9 \pm 1.3 \pm 1.4$ GeV

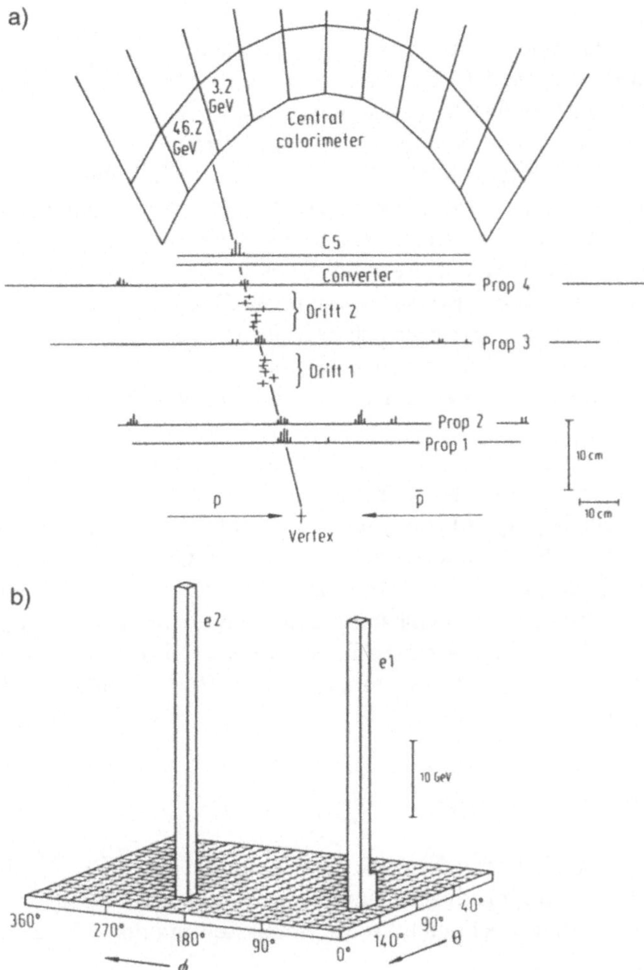

Abb. 10. Das erste Ereignis in der UA2-Analyse

5 Ausblick

Die Entdeckung der schwachen neutralen Ströme war das entscheidende Ingrediens für die einheitliche Beschreibung schwacher und elektromagnetischer Phänomene und war der Ausgangspunkt einer überaus fruchtbaren, konzertierten experimentellen und theoretischen Aktion. Interessanterweise sollte das $p\bar{p}$-Projekt als Experiment mit dem erklärten Ziel, das W und Z zu finden, realisiert werden. Doch schließlich wurde daraus eine *Facility*, ein vielfach genutztes Gerät. Der Fortschritt des neuen Gebietes war getragen von neuentwickelten Universaldetektoren, begleitet von der Bildung immer größerer Kollaborationen, und der Konstruktion neuer Beschleuniger und Speicherringe. Mit dem Nachweis der schwachen Vektorbosonen W, Z tritt die Hochenergiephysik in eine qualitativ neue Phase, in der ihre Wechselwirkung untereinander – und damit der nichtabelsche Charakter der Theorie – auf dem Prüfstand steht.

Die Entdeckung der schwachen neutralen Ströme wird wohl zu den herausragenden und bleibenden Errungenschaften dieses Jahrhunderts zählen. Sie hat der Hochenergiephysik eine neue und unerwartet einfache Gestalt gebracht und darüber hinaus auch in anderen Gebieten eine Schlüsselrolle erhalten. In der Astrophysik ergaben sich ganz neue Möglichkeiten zum Verständnis der Supernovaexplosionen. Die schwachen neutralen Ströme und ihre spontane Symmetriebrechung haben auch der Biologie neue Impulse gegeben in der Frage, warum es in der Natur Biomoleküle mit bestimmter Händigkeit gibt.

Danksagung

Es ist eine Freude, Herrn Prof. S. Bethke und Herrn Dr. D. Rein für die ehrenvolle Einladung zu dieser gelungenen Veranstaltung zu danken. Herrn Dr. E. Radermacher möchte ich für die Bereitstellung der UA1-Bilder danken.

Literatur

1. G. Herten, dieses Buch, S.130
2. P. Zerwas, dieses Buch, S. 64
3. D. Haidt and H. Pietschmann, Landolt-Börnstein New Series I/10, Springer (1988)
4. K. Hagiwara, D. Haidt, C.S. Kim, S. Matsumoto, Z. Phys. **C64** (1995) 559
5. D. Haidt: siehe Artikel in Ref. [11] p. 187
6. J. Schwinger, Ann. Phys. **2** (1957) 407
7. A. Rousset: siehe Artikel in Ref. [13] p. 17
8. Bubbles 40, Proceedings of the Conference on the Bubble Chamber and its Contributions to Particle Physics, Geneva 14–16 July 1993, Nucl. Phys. B (Proc. Suppl.) **36** (1994) JULY 1994, ed. by G.G. Harigel, D.C. Colley, D.C. Cundy

9. A. Pullia: siehe Artikel in Ref. [13] p. 55
10. D.C. Cundy: siehe Artikel in Ref. [13] p. 43
11. AIP Conference Proceedings 300, Discovery of Weak neutral Currents: the weak interaction before and after, Santa Monica, CA, February 1993
12. W.F. Fry and D. Haidt, Calculation of the neutron-induced background in the Gargamelle neutral current search, CERN Yellow Report 75-1 (1975)
13. Proceedings of the International Conference, Neutral Currents 20 years later, Paris, July 6–9, 1993, World Scientific 1994
14. D. Haidt: siehe Artikel in Ref. [13] p. 69
15. E. Radermacher: The discovery of the intermediate vector bosons $W^{\pm}$, Z at the CERN collider, Prog. Part. Nucl. Phys. 14 (1985) 231–328
16. D. Cline, C. Rubbia und P. Mc Intyre, Proceedings of the Neutrino Conference, Aachen, 1976, p. 683
17. F.J. Hasert et al.: Phys. Lett. **46B** (1973) 138
18. UA1 Collaboration – G. Arnison et al.: Phys. Lett. **122B** (1983) 103
    UA2 Collaboration – M. Banner et al.: Phys. Lett. **122B** (1983) 476
19. UA1 Collaboration – G. Arnison et al.: Phys. Lett. **126B** (1983) 398
    UA2 Collaboration – P. Bagnaia et al.: Phys. Lett. **129B** (1983) 130
20. H1 Collaboration, T. Ahmed et al.: Phys. Lett. **324B** (1994) 241

MARK J-Detektor am DESY-Speicherring PETRA

Foto: DESY, Hamburg

Die großen Entdeckungen bei PETRA

Heinz Georg Sander

Institut für Physik der Universität Mainz

1 Einleitung

In der experimentellen Elementarteilchenphysik spielt die Untersuchung der Elektron-Positron-Wechselwirkung bei hohen Energien eine herausragende Rolle. Dies erklärt sich sowohl aus theoretischen Überlegungen (sauberer Anfangszustand, einfache Reaktionsmechanismen) als auch aus der Entwicklung moderner Beschleunigeranlagen, den e^+e^- Speicherringen. Im wesentlichen treten bei der Elektron-Positron-Wechselwirkung folgende Prozesse auf:

a) Die e^+e^- Annihilation in ein virtuelles Photon γ, das direkt anschließend in ein Fermion-Antifermion-Paar zerfällt (Abb. 1a). Da das Photon an die elektrische Ladung des Fermions f koppelt, sind die Produktionsraten für alle in der Natur vorkommenden geladenen fundamentalen Fermionen in gleicher Größenordnung. Einzige Voraussetzung ist, daß die Schwerpunktsenergie $\sqrt{s}$ des Beschleunigers größer ist als die doppelte Fermionmasse: $\sqrt{s} > 2m_{\mathrm{f}}$.

b) Resonanzen R, die in e^+e^-Paare zerfallen können, werden in der e^+e^- Annihilation produziert (Abb. 1b), wenn die Schwerpunktsenergie mit der Masse der Resonanz übereinstimmt: $\sqrt{s} = m_{\mathrm{R}}$. Berühmte Beispiele hierfür sind die J/Ψ-Resonanz bei 3.1 GeV und die Z^0-Resonanz bei 91 GeV.

c) QED-Prozesse wie $e^+e^- \to \gamma\gamma$ (Abb. 1c) ermöglichen Tests der Quantenelektrodynamik mit hoher Präzision. Eine innere Struktur des Elektrons würde sich hier bemerkbar machen.

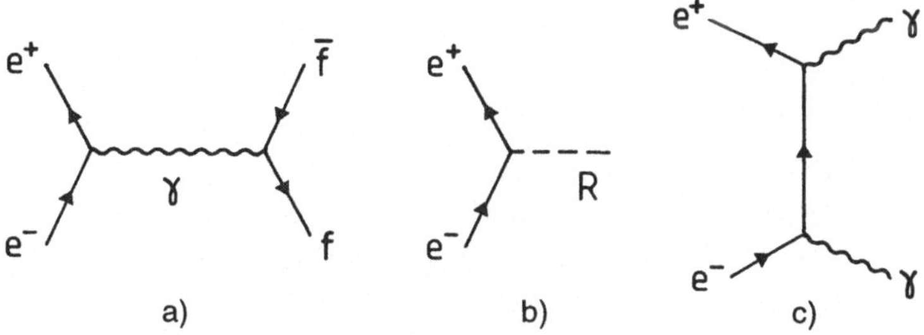

Abb. 1. Feynmandiagramme wichtiger e^+e^- Prozesse

d) Ferner treten Streuprozesse höherer Ordnung, wie z.B. die Zweiphotonreaktionen (s. Abschnitt 6 dieses Beitrags), auf.

2 e^+e^- Speicherringe

Zur Untersuchung von e^+e^- Annihilationen bei hohen Energien wird ein spezieller Beschleunigertyp verwendet, ein e^+e^- Speicherring. Dort werden die Teilchen in einem ringförmigen Beschleuniger gespeichert und laufen dann für mehrere Stunden mit konstanter Energie um. Elektronpakete und Positronpakete zirkulieren dabei in entgegengesetzter Richtung im selben Strahlrohr und werden an einigen Wechselwirkungspunkten, wo die Teilchendetektoren stehen, zur Kollision gebracht. Das Schwerpunktsystem der Reaktion ruht im Laborsystem. Die Schwerpunktsenergie $\sqrt{s}$ ist gleich der doppelten Strahlenergie. Um dieselbe Schwerpunktsenergie mit ruhendem Target zu erreichen, müßte ein Positronstrahl der Energie $E = s/2m_e$ auf ruhende Elektronen geschossen werden. Für die PETRA-Energie $\sqrt{s}$=36 GeV beispielsweise ergibt dies $E = 1.2 \cdot 10^6$ GeV, was viele Größenordnungen jenseits des technisch Machbaren liegt.

Die Vorgänger des PETRA-Speicherrings sind in Tabelle 1 aufgeführt. Bei den ersten Maschinen ist das grundlegende Konzept erprobt worden. Wegen der niedrigen Energien beschränkten sich die physikalischen Ergebnisse auf die Überprüfung der Quantenelektrodynamik. Bei den nachfolgenden Anlagen stand dann die Produktion von Hadronen im Vordergrund. Besonders erfolgreich war der SPEAR-Speicherring in Stanford mit der Entdeckung des

Tabelle 1. e^+e^- Speicherringe vor PETRA

Name	Ort	Beginn	E_{max} (GeV)
AdA	Frascati	1961	0.25
Princeton-Stanford	Stanford	1962	0.55
ACO	Orsay	1966	0.55
VEPP-2	Novosibirsk	1966	0.55
ADONE	Frascati	1969	1.55
BYPASS	Cambridge(USA)	1970	3.5
VEPP-3	Novosibirsk	1970	3.5
SPEAR	Stanford	1972	3.9
DORIS	Hamburg	1974	5.0
VEPP-2M	Novosibirsk	1975	0.67
DCI	Orsay	1976	1.8

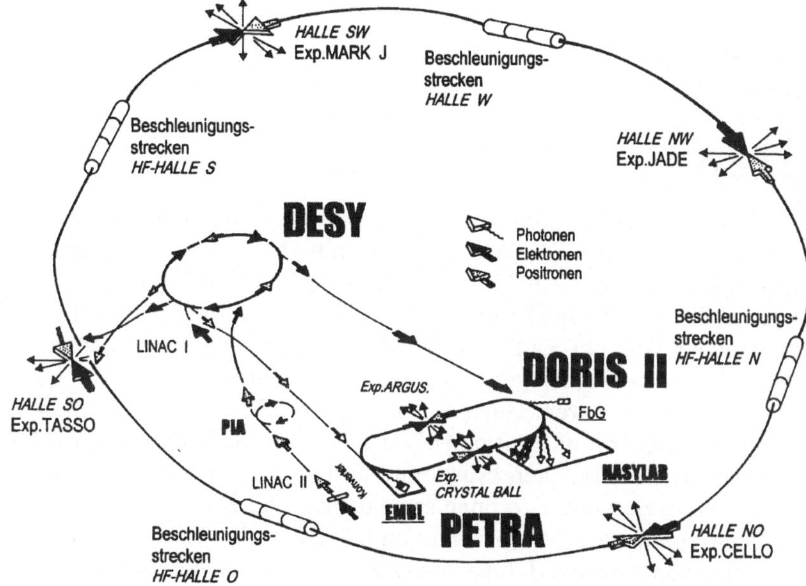

Abb. 2. Der Beschleunigerkomplex von DESY im Jahre 1984

charm-Quarks (B. Richter, Nobelpreis 1976) und des τ-Leptons (M. Perl, Nobelpreis 1995).

Eine beträchtliche Energieerhöhung brachte dann der PETRA-Speicherring am Deutschen Elektronen Synchrotron (DESY) in Hamburg. Nach weniger als 3 Jahren Bauzeit wurden im September 1978 erste Kollisionen beobachtet. Die Datennahme für e^+e^- Reaktionen bei Schwerpunktsenergien zwischen 13 GeV und 46 GeV dauerte bis 1986. Heute dient der PETRA-Ring bei der Injektion für den HERA-Beschleuniger.

Abbildung 2 zeigt den Beschleunigerkomplex von DESY im Zustand von 1984. Der 400 MeV-Linearbeschleuniger LINAC II diente als Quelle für Elektronen und Positronen. Die Positronen wurden erst im Akkumulatorring PIA gesammelt. Im DESY-Synchrotron wurden die Elektronen- und Positronenpakete auf 7 GeV beschleunigt und in entgegengesetzten Richtungen in den PETRA-Ring eingeschossen. Dort erfolgte die Beschleunigung auf die Endenergie.

An vier Stellen des 2.3 km langen Rings befanden sich Wechselwirkungspunkte mit den Teilchendetektoren TASSO, MARK-J, JADE und CELLO. Während der ersten Experimentierphase stand in der NO-Halle der PLUTO-Detektor, der schon vorher am DORIS-Speicherring eingesetzt worden war.

3 Die Detektoren an PETRA

Im folgenden werden die drei PETRA-Detektoren kurz vorgestellt, an denen Physiker aus Aachen beteiligt waren.

3.1 TASSO

Abbildung 3 zeigt einen Querschnitt durch den TASSO-Detektor („Two Arm Spectrometer Solenoid“). Die Teilchenstrahlen liefen in einem Vakuumrohr in der Mitte des Detektors. Zur Vermessung der geladenen Reaktionsprodukte dienten Szintillationszähler, Proportionalkammer und eine große zylindrische Driftkammer von 122 cm Radius und 323 cm Länge. Die Driftkammer hatte insgesamt 15 Anodendrahtlagen, von denen 6 in einem Winkel von $\pm 4°$ zur Strahlachse gespannt waren. Nach außen folgte ein Flugzeitzählersystem aus 48 Szintillationszählern, das mit einer Zeitauflösung von 350 ps die Geschwindigkeit der geladenen Teilchen bestimmte und so eine Teilchentrennung zwischen Pionen, Kaonen und Protonen ermöglichte. Der Zentraldetektor befand sich in einem homogenen Magnetfeld von 0.5 Tesla, das von einer normalleitenden Spule von 440 cm Länge erzeugt wurde. Aus der Krümmung der Teilchenspuren im Magnetfeld konnte der Teilchenimpuls mit einer Genauigkeit von $2\% \cdot p$ (p in GeV) vermessen werden. Zur Messung der produzierten

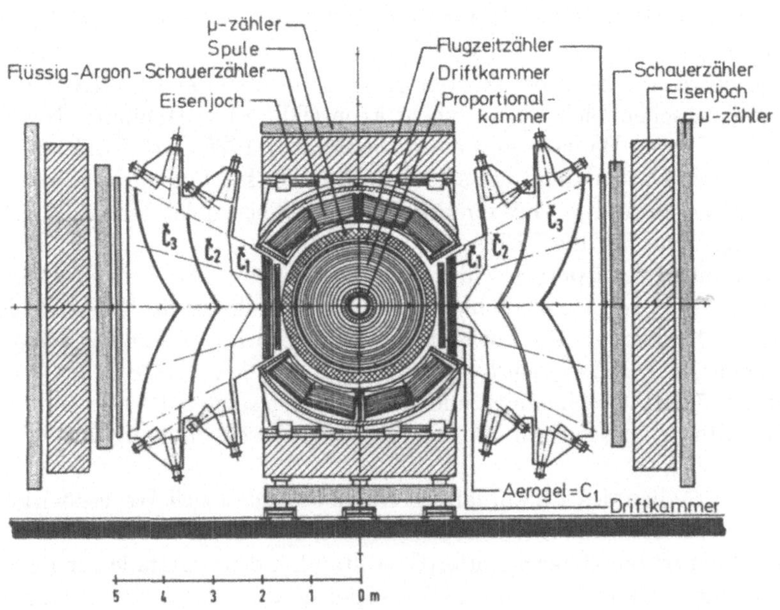

Abb. 3. Querschnitt durch den TASSO-Detektor

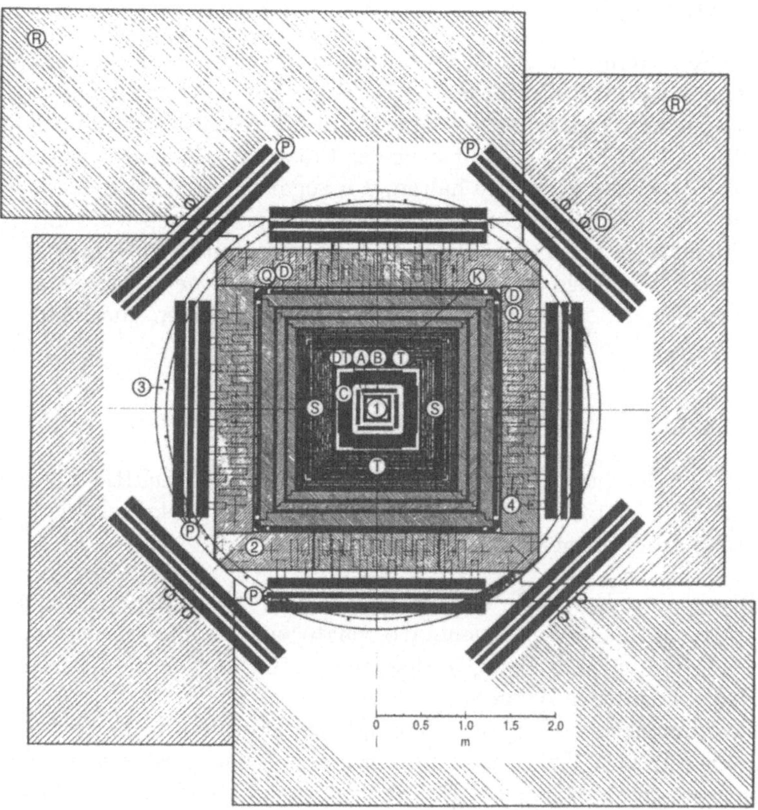

A B C Schauer-Zähler
D Trigger-Zähler
DT Driftröhren
Q Mittlere Driftkammern
P R Äußere Driftkammern
S T Innere Driftkammern

1 Strahlrohr
2 Eisenjoch
3 Aluminium-Ring
4 Multiplier

Abb. 4. Querschnitt durch den MARK-J Detektor

Photonen und zur Identifizierung der Elektronen diente ein Flüssig-Argon-Schauerzähler, der 57% des vollen Raumwinkels überdeckte.

Charakteristisch für den TASSO-Detektor waren zwei identische Hadronarme außerhalb des Magnetfeldes, die symmetrisch zum Wechselwirkungspunkt aufgestellt waren. Sie ermöglichten in einem beschränkten Raumwinkelbereich eine hervorragende Teilchenidentifizierung durch drei Lagen von Schwellen-Cherenkovzählern, Flugzeitzählern und Schauerzählern. Myonkammern hinter Eisenabsorbern schlossen den Detektor nach außen hin ab.

3.2 MARK-J

In vielen Aspekten war der MARK-J-Detektor (Abb. 4) komplementär zu den anderen PETRA-Detektoren. Er war ursprünglich konzipiert, um die Vorwärts-Rückwärts-Ladungsasymmetrie in der Myon-Paarproduktion (vgl. Abschnitt 7 dieses Beitrags) mit höchster Präzision zu messen. Um mögliche systematische Fehler gering zu halten, war sogar vorgesehen, den ganzen Detektor um 180° drehen zu können. Die Impulse der Myonen wurden mit Hilfe von Driftkammern vor und hinter dem magnetisierten Eisen gemessen. Dafür gab es kein Magnetfeld im Innendetektor, und die Energiemessung der hadronischen Endzustände basierte auf elektromagnetischen und hadronischen Kalorimetern mit Szintillatorauslese.

3.3 PLUTO

Der PLUTO-Detektor (Abb. 5) war schon vorher am DORIS-Speicherring eingesetzt und hatte dort wichtige Resultate zur Υ-Spektroskopie geliefert. Seine Hauptkomponenten waren:

1. der magnetische Innendetektor zum Nachweis geladener Teilchen. Ein kleiner supraleitender Solenoid erzeugte ein zur Strahlachse paralleles Magnetfeld von 1.5 Tesla, in dem sich 14 Lagen von zylindrischen Proportionalkammern befanden.
2. elektromagnetische Schauerzähler mit Blei-Szintillator-Sandwich-Aufbau, in denen in 96% des Raumwinkels Photonen nachgewiesen wurden.
3. der Myondetektor, der bei PETRA um den äußeren Hadronabsorber erweitert wurde.
4. als Besonderheit ein Kleinwinkelspektrometer für die Zweiphotonphysik (vgl. Abschnitt 6 dieses Beitrags) zum Nachweis von Elektronen im Winkelbereich zwischen 25 mrad und 250 mrad relativ zur Strahlrichtung.

4 Physik bei PETRA

Mit der Inbetriebnahme von PETRA Ende 1978 wurde ein völlig neuer Energiebereich von 13 GeV bis 46 GeV der Forschung zugänglich gemacht. Von Seiten der Theorie gab es nur wenig klare Vorhersagen. Die vorhergehenden Generationen von e^+e^- Speicherringen (SPEAR und DORIS) hatte die Entdeckung der charm- und bottom-Quarks und des τ-Leptons gebracht. Deshalb war es naheliegend, nach weiteren Quarks und Leptonen zu suchen. Das top-Quark als Partner des bottom-Quarks wurde aus Symmetriegründen erwartet. Seine Masse war unbekannt, doch konnte man folgendermaßen spekulieren: Das ϕ-Meson als gebundener $s\bar{s}$-Zustand hat eine Masse von ca. 1 GeV, das J/Ψ-Meson als $c\bar{c}$-Zustand ca. 3 GeV und das Υ-Meson als $b\bar{b}$-Teilchen

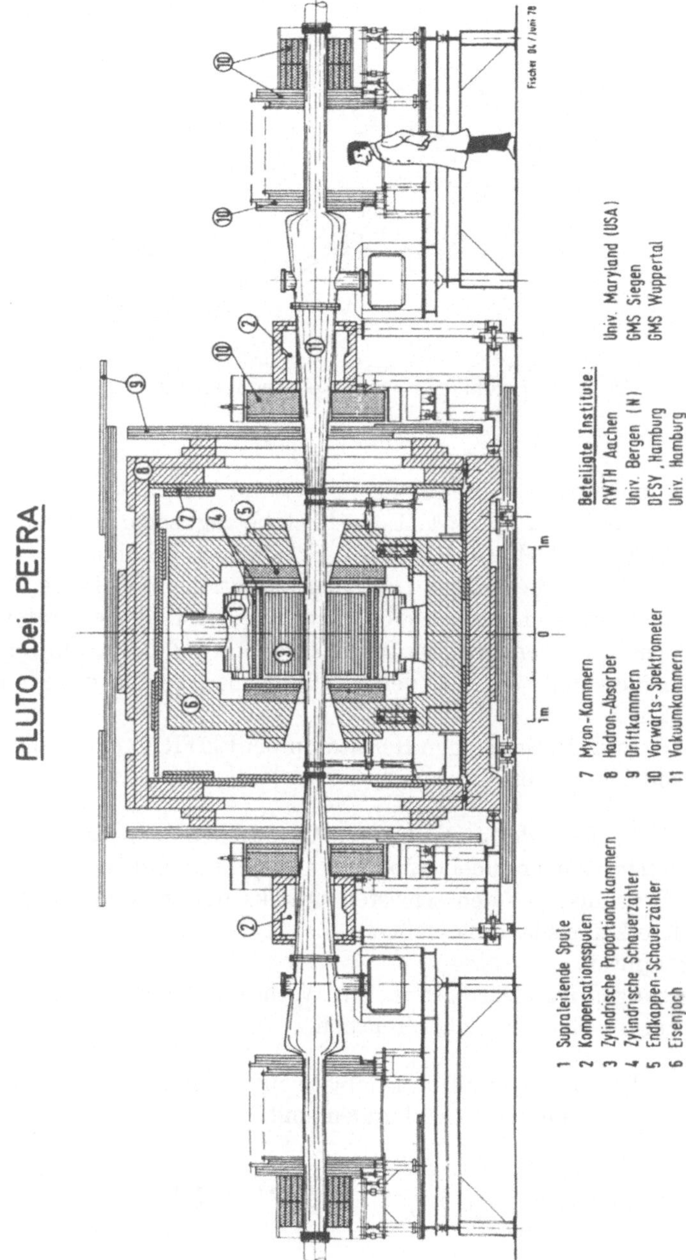

Abb. 5. Der PLUTO-Detektor an PETRA

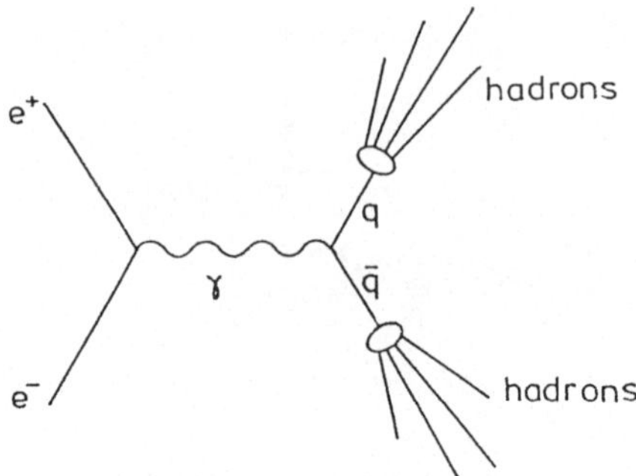

Abb. 6. Produktion von Zweijetereignissen

ca. 9 GeV. Die naive Erwartung für das Toponium von ca. 27 GeV lag genau im Energiebereich von PETRA. Tatsächlich beträgt seine Masse aber ca. 350 GeV, wie erst seit 1994 aus den FNAL-Ergebnissen bekannt ist.

Daß es über die drei bekannten Leptonengenerationen (Elektron, Myon, τ-Lepton) hinaus weitere Leptonen gibt, kann seit den LEP-Resultaten von 1989 ausgeschlossen werden. Aus der Zerfallsbreite des Z-Bosons in unsichtbare Zerfallskanäle konnte die Zahl der leichten Neutrinoarten zu genau drei bestimmt werden.

Was wirklich an herausragenden Resultaten bei PETRA gefunden wurde, zeigt die folgende Übersicht:

1. Experimentelle Tests der perturbativen Quantenchromodynamik (QCD)
2. Untersuchungen zur Fragmentation von Quarks und Gluonen
3. Wichtige Ergebnisse zu den schweren Quarks und schweren Leptonen, insbesondere Lebensdauermessungen
4. Zweiphotonphysik
5. Erste Messungen zur elektroschwachen Wechselwirkung
6. Grenzen auf die Existenz neuer Teilchen.

Die folgende Diskussion greift drei Gebiete auf, die mit den drei Aachener Gruppen bei PETRA besonders verbunden sind.

5 Entdeckung der Gluonjets bei PETRA

5.1 Vorgeschichte

Die Experimente bei PETRA haben wesentlich dazu beigetragen, daß die Quantenchromodynamik als fundamentale Theorie der starken Wechselwirkung etabliert ist. Als nicht-abelsche Feldtheorie von Quarks und Gluonen ist die QCD in den Jahren 1972/73 entwickelt worden von Fritzsch, Gell-Mann,

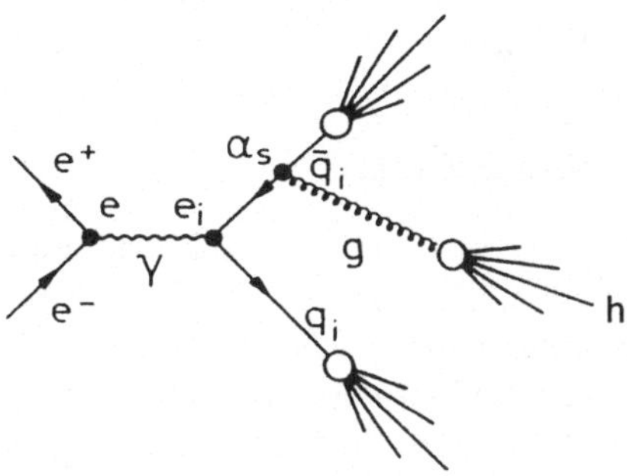

Abb. 7. Produktion von Dreijetereignissen

Leutwyler, Gross, Wilczek, Politzer und anderen [1]. In den grundlegenden Arbeiten „Gluons in e^+e^- Annihilation" von Ellis,Gaillard und Ross 1976 [2] und „Jets from Quantum Chromo Dynamics" von Sterman und Weinberg 1977 [3] ist diese Theorie auf die e^+e^- Vernichtung in Hadronen angewandt worden. In der Zwischenzeit war am SPEAR-Speicherring die Zweijetstruktur in den Ereignissen $e^+e^- \rightarrow Hadronen$ entdeckt worden [4], die gedeutet wurde als Fragmentation der primär erzeugten Quark-Antiquark-Paare in Bündel von Hadronen. Monte-Carlo-Modelle, die diesen Phasenübergang von Partonen in Jets beschreiben, stellten wesentliche Hilfsmittel bei der Analyse der PETRA-Daten dar. Basierend auf dem 1978 publizierten Quarkfragmentationsmodell von Field und Feynman [5] sind 1979 (parallel zur ersten Datennahme bei PETRA) Monte-Carlo-Generatoren entwickelt worden für Ereignisse $e^+e^- \rightarrow$ 3Jets [6] b.z.w. $e^+e^- \rightarrow$ 4Jets [7]. Das LUND-Fragmentationsmodell folgte wenig später [8].

Erste experimentelle Hinweise auf Gluonjets kamen vom PLUTO-Experiment bei DORIS im Jahre 1978 [9]. Es konnte gezeigt werden, daß die Struktur der hadronischen Ereignisse bei 9.46 GeV kompatibel ist mit einem Zerfall der Υ-Resonanz in 3 Gluonen mit anschließender Gluonfragmentation. Aber die Energie war zu gering, um wirkliche Gluonjets zu sehen.

Die QCD-Erwartungen an die Struktur hadronischer Ereignisse bei PETRA sind in Abb. 6 und 7 dargestellt. Außerhalb evtl. vorhandener Resonanzen sollte die Zweijetstruktur dominieren, die aus dem Zerfall des virtuellen Photons in ein Quark-Antiquark-Paar mit anschließender Fragmentation resultierte. Zusätzlich sollte aber auch mit einer Wahrscheinlichkeit, die durch die QCD-Kopplungskonstante α_s bestimmt ist, ein energiereiches Gluon unter einem größeren Winkel vom Quark abgestrahlt werden, was nach Fragmentation zu einer Dreijetstruktur führt. Experimentelle Signatur hierfür sollte sein:

1. die Aufweitung einer Ereignishemisphäre,
2. eine planare Ereignisstruktur

3. und schließlich bei genügend hoher Energie drei deutlich getrennte Jets mit der von der QCD vorhergesagten Energie- und Winkelverteilung.

5.2 Die Messungen bei PETRA

Es ist bemerkenswert, wie schnell nach der Inbetriebnahme von PETRA die Gluonjets gefunden wurden. Bei einem Maschinentest im November 1978 wurde in PLUTO das erste hadronische Ereignis gesehen. Von Januar bis April 1979 fand dann reguläre Datennahme bei Schwerpunktsenergien unter 17 GeV statt. In allen Detektoren wurden typische Zweijetereignisse (Abb. 8) beobachtet. Ende April 1979 war mehr Hochfrequenzleistung im Speicherring installiert, und die Schwerpunktsenergie stieg auf 27 GeV. Die Bildschirme zeigten neben den dominierenden Zweijetstrukturen auch Ereignisse mit diffusen Jets und manchmal sogar ausgeprägte Dreijetstrukturen (Abb. 9). Ob es sich hierbei um statistische Fluktuationen von Zweijets oder um Evidenz für Gluonjets handelte, mußte die nachfolgende Datenanalyse erweisen. Vorläufige Ergebnisse wurden auf den Sommerkonferenzen 1979 [10] berichtet, und in den Monaten August bis Dezember folgten erste Publikationen von TASSO [11], MARK-J [12], PLUTO [13] und JADE [14].

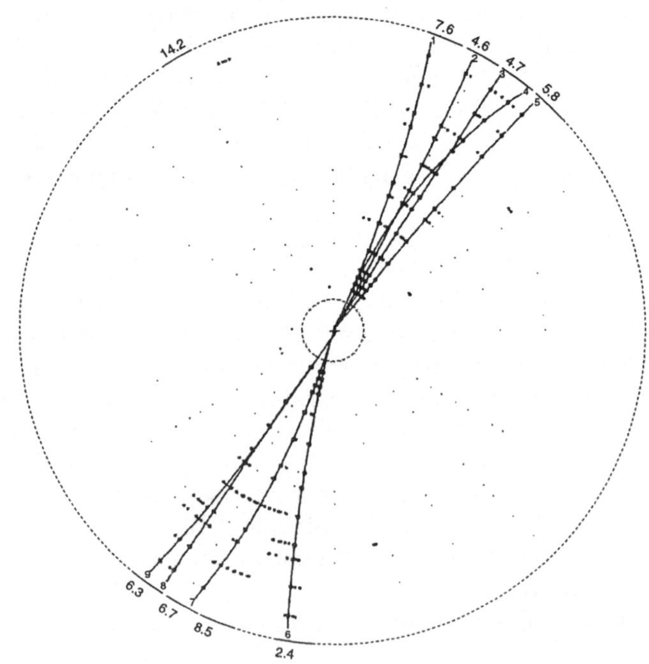

Abb. 8. Zweijetereignis im TASSO-Detektor

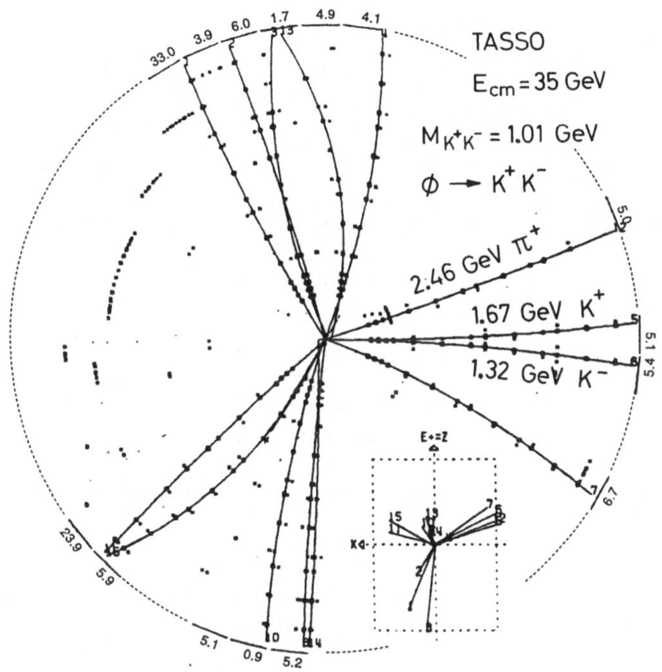

Abb. 9. Dreijetereignis im TASSO-Detektor

Im folgenden wird anhand einiger charakteristischer Verteilungen die Evidenz für Gluonjets bei PETRA vorgestellt. Abbildung 10 zeigt die Zunahme des Transversalimpulses $p_\perp$ der erzeugten Hadronen relativ zur Ereignisachse mit steigender Schwerpunktsenergie $\sqrt{s}$. Der Mittelwert von $p_\perp^2$ steigt ungefähr linear mit $\sqrt{s}$, was der QCD-Erwartung („$q\bar{q}g$") entspricht. Eine reine Zweijetbeschreibung mit Feynman-Field- Fragmentation („$q\bar{q}$") hingegen ergibt nahezu konstante Werte für $< p_\perp^2 >$. Wenn das Ereignis in zwei Hemisphären aufgeteilt wird, findet man die Zunahme von $< p_\perp^2 >$ bevorzugt auf der Seite des breiteren Jets („fat jet" in Abb. 11). Alternative Erklärungsversuche wie die Zunahme der intrinsischen Jetbreite mit steigender Energie oder die Produktion neuer Quarks würden zu einer mehr symmetrischen Verbreiterung der Jets führen, während die Gluonabstrahlung in der Regel nur an einem Quark stattfindet.

Zur Beschreibung der Struktur der hadronischen Ereignisse ist bei PETRA eine Vielzahl von Ereignisformvariablen entwickelt worden, die zum Teil nur noch von historischem Interesse sind. Um den Überschuß an planaren Ereignissen zu quantifizieren, wurden die Größen Sphericity $S = 3 < p_\perp^2 > / 2 < p^2 >$ und Aplanarity $A = 3 < p_{\perp,out}^2 > / 2 < p^2 >$ in einem Dalitzplot

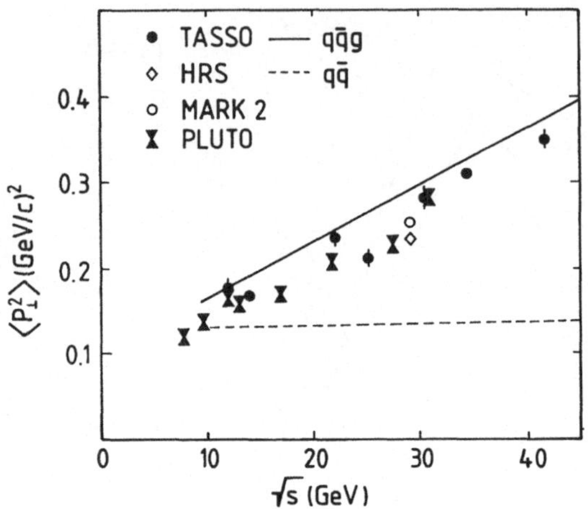

Abb. 10. $< p_{\perp}^2 >$ als Funktion der Schwerpunktsenergie [15]

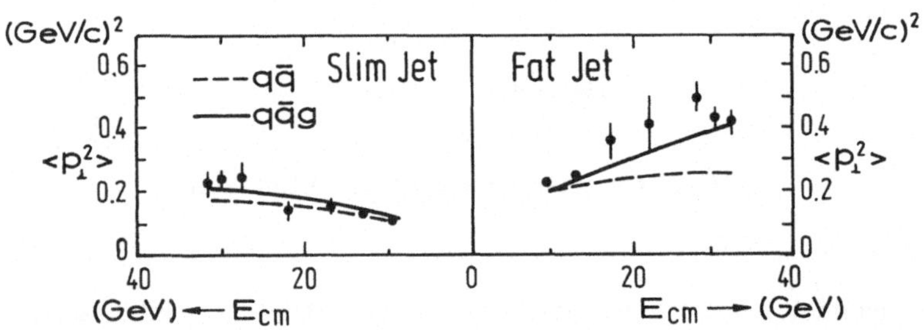

Abb. 11. PLUTO-Messung von $< p_{\perp}^2 >$ für beide Hemisphären [13]

dargestellt (Abb. 12). Hierbei beschreibt $p_{\perp,out}$ die Impulskomponente aus der Ereignisebene heraus. Die Daten enthalten wesentlich mehr Ereignisse mit großer Sphericity und kleiner Aplanarity, also flache Ereignisse, als das reine Zweijetmodell.

Die Meßgröße Oblateness $O = \sum E_{\perp,in}/\sum E - \sum E_{\perp,out}/\sum E$ hängt linear von den Teilchenenergien ab. Hierbei wird relativ zur Ereignisachse der transversale Energiefluß in der Ereignisebene gemessen und davon der Energiefluß aus der Ereignisebene heraus subtrahiert. Abbildung 13 zeigt die Zunahme an planaren Ereignissen mit steigender Schwerpunktsenergie. Selbst ein Anstieg der intrinsischen Jetbreite von 325 MeV auf 425 MeV vermag die Daten nicht zu beschreiben.

Mit zunehmender Datenmenge war es möglich, die Dreijetstruktur auf statistischer Basis zu demonstrieren. Abbildung 14 zeigt für planare Ereignisse

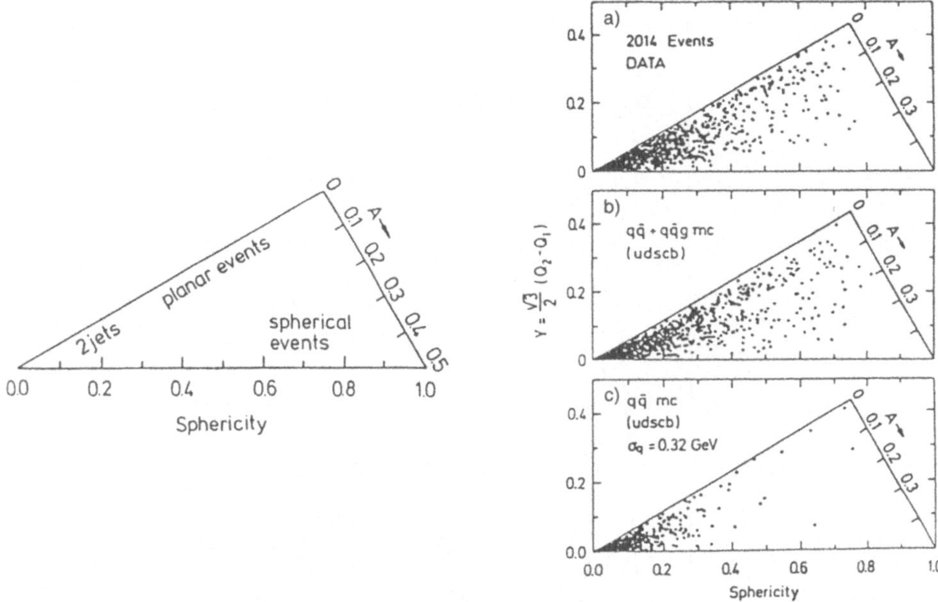

Abb. 12. Dalitzplot von Sphericity und Aplanarity: Vergleich der TASSO-Daten mit Simulationsrechnungen

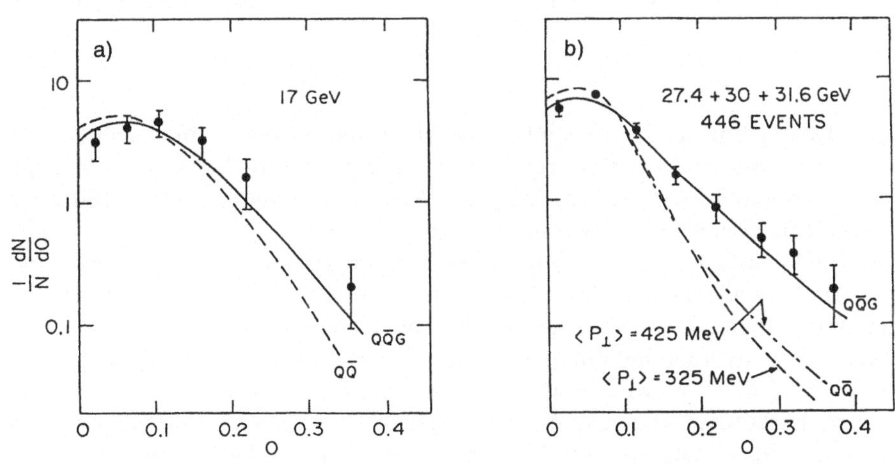

Abb. 13. MARK-J Messung der Oblateness bei 17 GeV und 30 GeV [12]

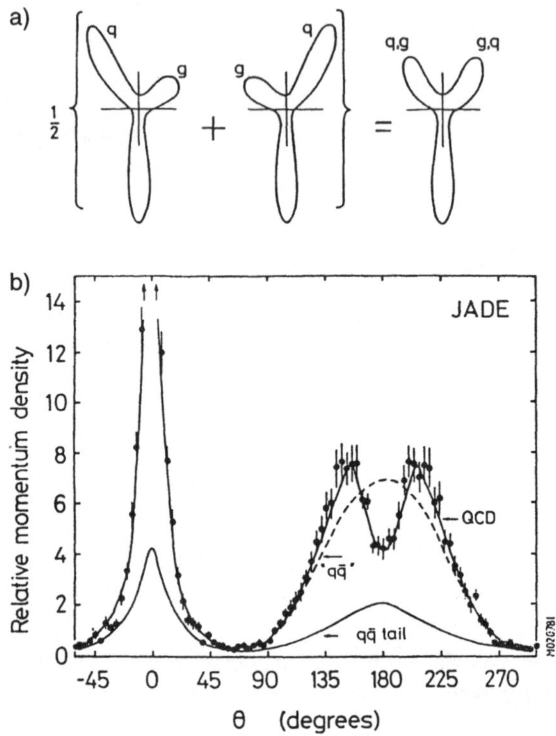

Abb. 14. JADE-Messung des Energieflusses in der Ereignisebene für planare Ereignisse [16]

den Energiefluß in der Ereignisebene als Funktion des Azimuthwinkels Θ. Die Ereignisse sind so orientiert, daß der energiereichste Jet bei $\Theta = 0°$ liegt. Man findet auf der gegenüberliegenden Seite ein Minimum bei $\Theta = 180°$, was bei reinen Zweijetereignissen nicht vorhanden ist.

Die identifizierten Dreijetereignisse wurden verwendet, um die Reaktionsdynamik zu analysieren. Die Simulationsrechnungen zeigen, daß bis auf kleine Korrekturen die rekonstruierten Jets mit den primären Partonen (Quarks und Gluonen) übereinstimmen. So ist z.B. der Ellis-Karliner-Winkel $\tilde{\Theta}$, der in Abb. 15 definiert wird, empfindlich auf den Spin des Gluons. Die TASSO-Daten in Abb. 16 zeigen eine hervorragende Übereinstimmung mit der Vektornatur des Gluons, während hypothetische skalare Gluonen ausgeschlossen sind.

Unter den vielen QCD-Studien bei PETRA spielte die Messung der starken Kopplungskonstanten α_s eine besondere Rolle. Diese Größe, die die Abstrahlungswahrscheinlichkeit von Gluonen festlegt, ist ein freier Parameter

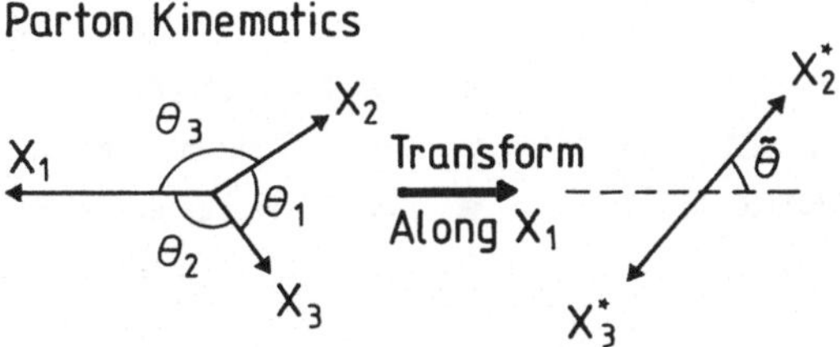

Abb. 15. Definition des Ellis-Karliner-Winkels [17]

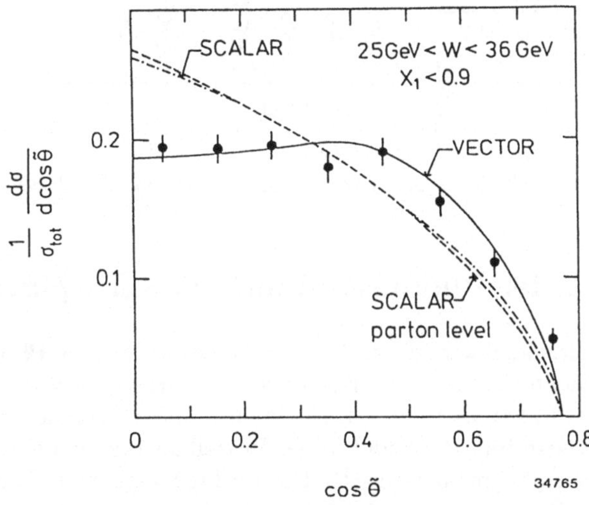

Abb. 16. TASSO-Messung des Ellis-Karliner-Winkels [18]

der QCD; ihre Energieabhängigkeit ist allerdings eindeutig von der Theorie festgelegt. Die Kopplungskonstante α_s wurde bei PETRA sowohl aus dem Verhältnis R des hadronischen zum myonischen Wirkungsquerschnitt als auch aus verschiedenen Ereignisformvariablen wie z.B. der Asymmetrie der Energie-Energie-Korrelation (AEEC) bestimmt. Die erste Methode ist statistisch limitiert, aber systematisch sehr sauber, während die zweite nicht unerhebliche theoretische Unsicherheiten hat. Einen Überblick über die α_s-Messungen aus hadronischen Endzuständen in der e^+e^- Annihilation aus der Zeit vor 1990 gibt Abb. 17 [19]. Der Mittelwert von $\alpha_s(35\text{GeV}) = 0.14 \pm 0.02$ paßt sehr gut zu den neueren Messungen bei LEP [20].

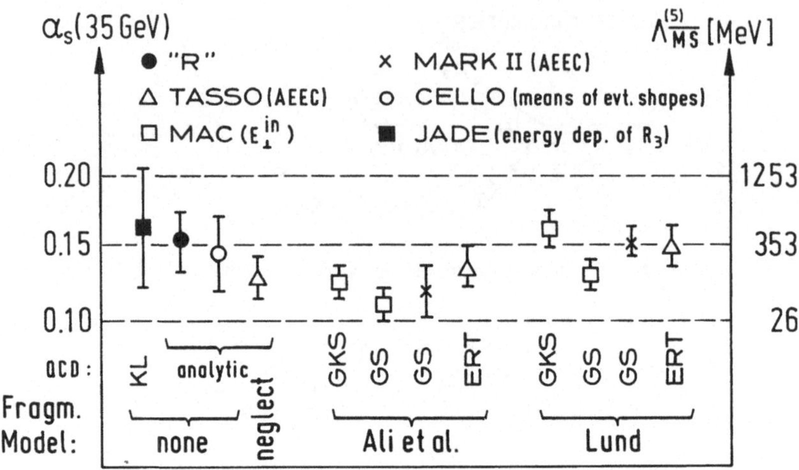

Abb. 17. Messungen von α_s in den Jahren 1987-1989

6 Messung der Photonstrukturfunktion $F_2^\gamma(x, Q^2)$

In e^+e^- Speicherringen wird zusätzlich zur Annihilation auch Photon-Photon-Streuung beobachtet (Abb. 18). Hierbei wechselwirken die virtuellen Photonenwolken, die die kollidierenden Elektronen und Positronen umgeben. Anders als bei der Annihilation findet dieser Prozeß bevorzugt bei kleinen Energien und kleinen Streuwinkeln statt. Bei PETRA sind viele Ergebnisse zur Zweiphotonphysik gewonnen worden:

1. der totale Wirkungsquerschnitt für $\gamma + \gamma \rightarrow Hadronen$
2. Resonanzproduktion
3. exklusive Endzustände
4. harte Streuprozesse
5. und die Photonstrukturfunktion.

Der PLUTO-Detektor bei PETRA war wegen des Vorwärtsspektrometers besonders geeignet, die Photonstrukturfunktion zu messen. Die Reaktionskinematik ist in Abb. 19 angegeben. Es handelt sich um die harte Streuung (großes Q^2) eines Elektrons an einem fast reellen Photon ($q_2^2 \approx 0$). Dabei wird ein hadronisches System der Masse W produziert.

Der differentielle Wirkungsquerschnitt für diese Reaktion wird beschrieben mit Hilfe der Strukturfunktion $F_2^\gamma(x, Q^2)$, wobei die Skalenvariable $x = Q^2/(Q^2 + W^2)$ beträgt. Im Quarkmodell hat F_2^γ eine einfache Interpretation (Abb. 20): das reelle Photon enthält Quarks und Antiquarks, an die das virtuelle Photon gemäß der elektrischen Ladung e_q ankoppelt. Die Skalenvariable

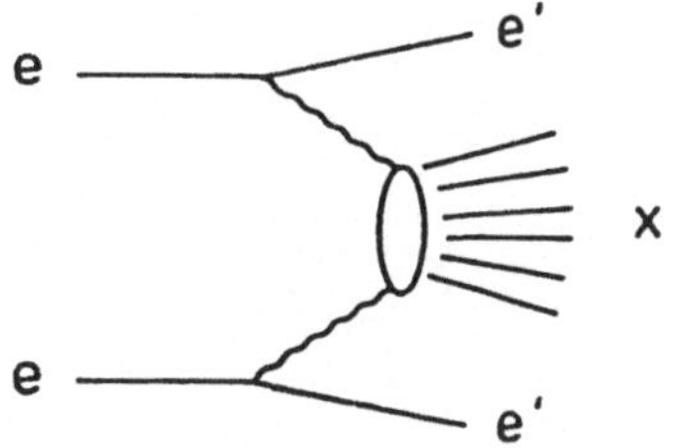

Abb. 18. Der Zweiphotonprozeß

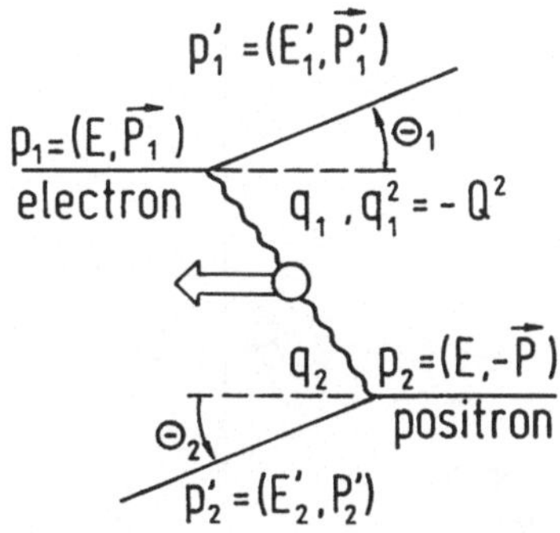

Abb. 19. Kinematik zur Photonstrukturfunktion

x gibt den Impulsbruchteil des Quarks im Photon an. Für die Photonstrukturfunktion ergibt sich

$$F_2^\gamma(x, Q^2) = x \sum_{\mathrm{q}} e_{\mathrm{q}}^2 \cdot f_{\mathrm{q}}(x, Q^2)$$

mit der Verteilungsfunktion f_{q} für die Quarkimpulse. Diese kann im Quarkmodell berechnet werden

$$F_2^\gamma(x, Q^2) = \frac{3\alpha x}{\pi} \sum_{\mathrm{q}} e_{\mathrm{q}}^4 \cdot [x^2 + (1-x)^2] \ln \frac{Q^2}{\Lambda^2}$$

mit einem Abschneideparameter Λ.

Dieses Ergebnis erfährt QCD-Korrekturen durch Gluonabstrahlung (Abb. 21), und zusätzlich wird ein Beitrag durch die hadronische Komponente im Photon wie im Vektordominanzmodell erwartet.

Die PLUTO-Ergebnisse [21] sind in Abb. 22 zusammengefaßt. Die Datenpunkte zeigen die x-Abhängigkeit von F_2^γ für den Impulsübertrag $Q^2 = 5.3\mathrm{GeV}^2$. Die durchgezogene Kurve ist die Summe von drei Beiträgen:

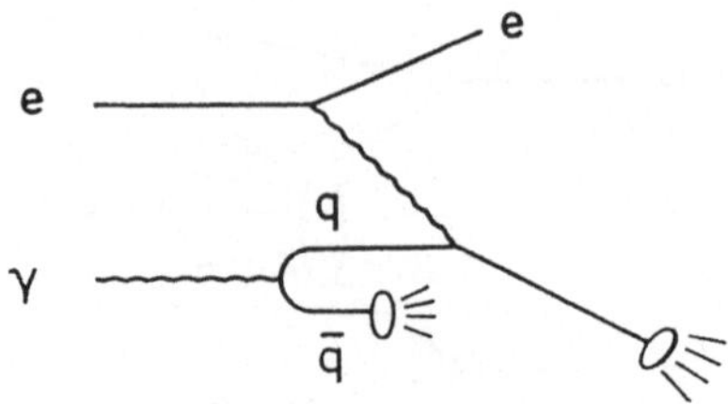

Abb. 20. Deutung der Photonstrukturfunktion im Quarkmodell

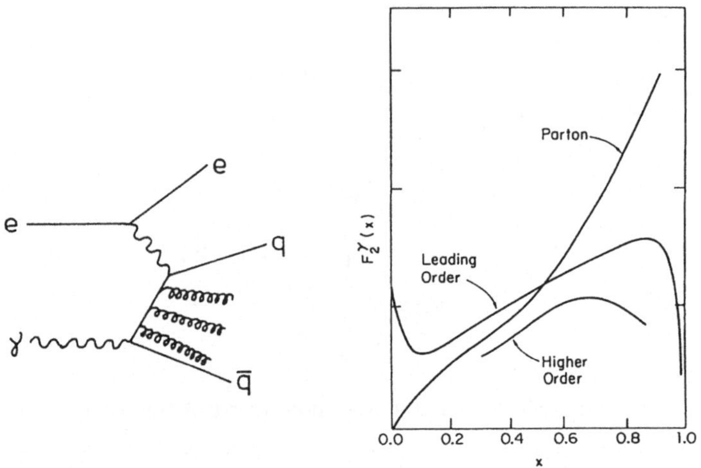

Abb. 21. QCD-Korrekturen zur Photonstrukturfunktion

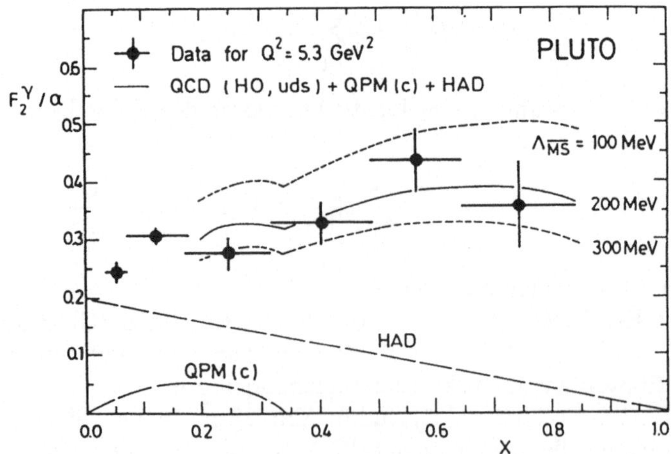

Abb. 22. PLUTO-Messungen der Photonstrukturfunktion

der QCD-Rechnung höherer Ordnung für die leichten Quarks uds, der Quark-Parton-Vorhersage für das charm-Quark und einer Abschätzung der hadronischen Komponente des Photons. Gute Übereinstimmung besteht für Werte der QCD-Skala $\Lambda_{\overline{MS}}$ von ca. 200 MeV. Bei PETRA ist die Photonstrukturfunktion $F_2^\gamma(x, Q^2)$ über einen weiten Q^2-Bereich gemessen worden [22]. Bessere Daten gibt es bis heute nicht.

7 Messung der Vorwärts-Rückwärts-Asymmetrie $A_{\mu\mu}$

Die maximale Schwerpunktsenergie $\sqrt{s}$ von PETRA von 46.8 GeV reichte bei weitem nicht aus, das Z^0-Boson mit einer Masse von 91.2 GeV zu produzieren. Dieses ist 1983 am Proton-Antiproton-Speicherring des CERN erstmals als freies Teilchen nachgewiesen worden (C. Rubbia, S. Van der Meer, Nobelpreis 1984). Bei PETRA machte sich seine Existenz indirekt bemerkbar durch die elektroschwache Interferenz in der Reaktion $e^+e^- \to \mu^+\mu^-$. Bei kleinen Energien wird dieser Prozeß durch die Quantenelektrodynamik (QED) beschrieben als Austausch eines virtuellen Photons, das an die elektrischen Ladungen koppelt (Abb. 23). Mit der Feinstrukturkonstanten $\alpha = e^2/4\pi$ ergibt sich der totale Wirkungsquerschnitt zu

$$\sigma_{\text{QED}} = \frac{4\pi\alpha^2}{3s}$$

und die Winkelverteilung

$$\frac{d\sigma_{\text{QED}}}{d\cos\Theta} = \frac{3}{8}\sigma_{\text{QED}} \cdot (1 + \cos^2\Theta) ,$$

wobei Θ der Winkel zwischen dem Positron und dem positiven Myon ist. Die QED-Winkelverteilung ist symmetrisch um $\Theta = 90°$. Das elektroschwache Standardmodell enthält zusätzlich den Z^0-Austausch (Abb. 24), wobei die schwachen Kopplungen der Leptonen an das Z^0-Boson in eindeutiger Weise durch den schwachen Mischungswinkel Θ_W bestimmt sind:
$g_V = -1/2 + 2\sin^2(\Theta_W)$ und $g_A = -1/2$.

Damit modifiziert sich der totale Wirkungsquerschnitt $\sigma_{\text{EW}} = R_{\mu\mu} \times \sigma_{\text{QED}}$ mit

$$R_{\mu\mu} = 1 - 2\chi g_V^{\text{e}} g_V^{\mu} + \chi^2({g_V^{\text{e}}}^2 + {g_A^{\text{e}}}^2)({g_V^{\mu}}^2 + {g_A^{\mu}}^2) .$$

Bei Vernachlässigung der Z^0-Breite ist die Energieabhängigkeit gegeben durch

$$\chi = \frac{1}{4\sin^2(\Theta_W)\cos^2(\Theta_W)} \frac{s}{m_{\text{Z}}^2 - s} .$$

Abbildung 25 zeigt $R_{\mu\mu}$ in Abhängigkeit von der Schwerpunktsenergie $\sqrt{s}$. Die große Überhöhung bei 91 GeV kommt den LEP-Experimenten zugute,

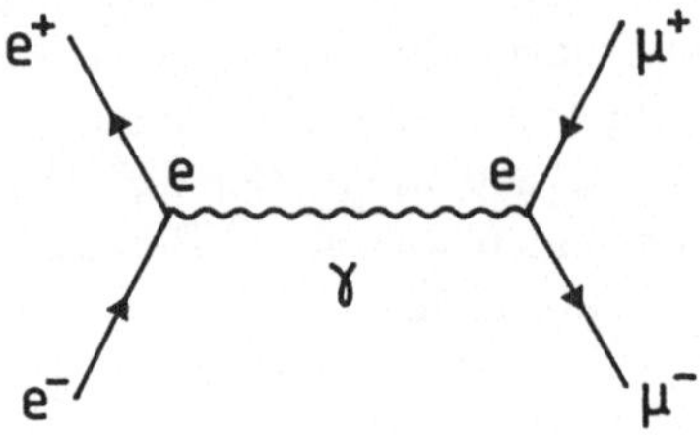

Abb. 23. QED-Diagramm zu $e^+e^- \to \mu^+\mu^-$

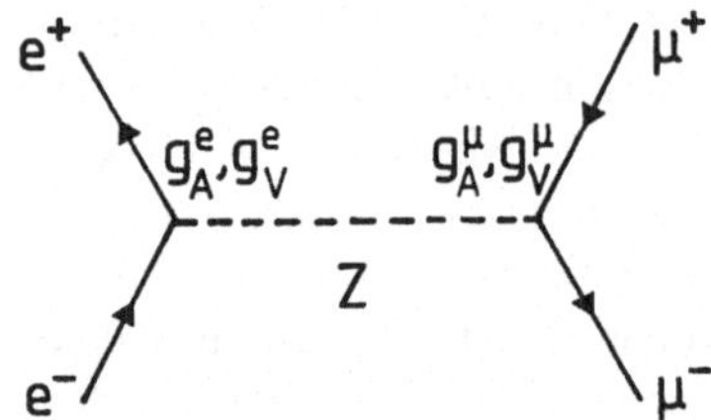

Abb. 24. Z^0-Diagramm zu $e^+e^- \to \mu^+\mu^-$

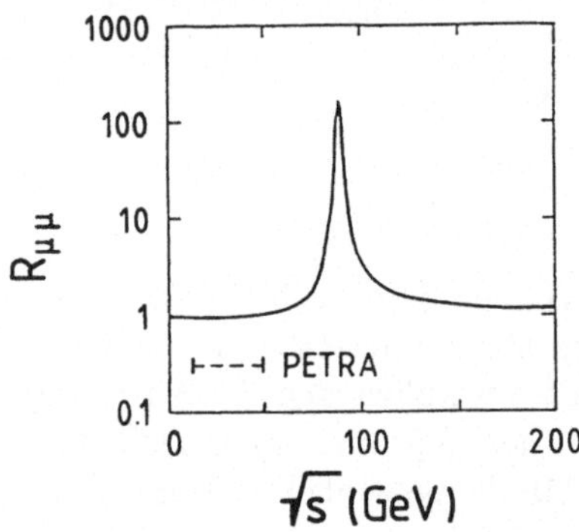

Abb. 25. Abhängigkeit von $R_{\mu\mu}$ von der Schwerpunktsenergie

im Energiebereich von PETRA allerdings war praktisch kein Effekt zu erwarten. Wie Abb. 26 [23] zeigt, vermögen in der Tat die experimentellen Ergebnisse der PETRA- und PEP-Kollaborationen nicht zwischen der reinen QED-Vorhersage (durchgezogene Linie) und dem elektroschwachen Modell (gestrichelte Kurve) zu unterscheiden.

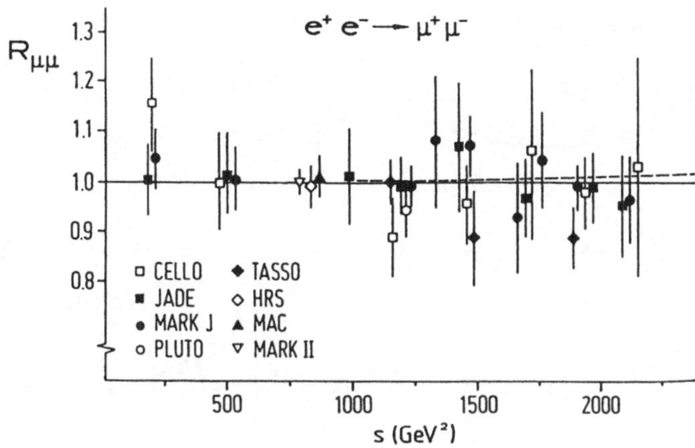

Abb. 26. Messungen von $R_{\mu\mu}$

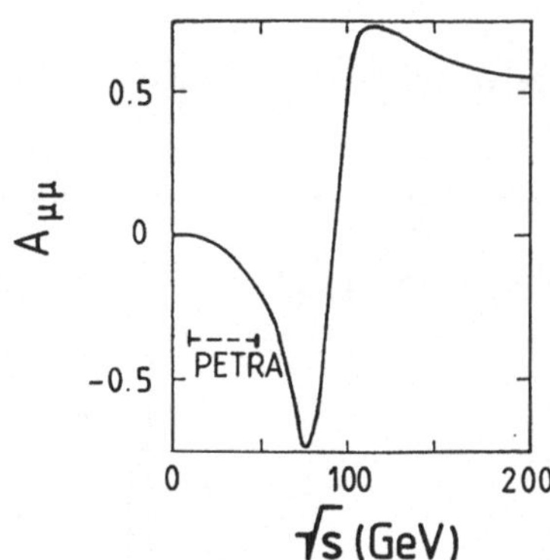

Abb. 27. Abhängigkeit von $A_{\mu\mu}$ von der Schwerpunktsenergie

Die elektroschwache Interferenz modifiziert ebenfalls die Winkelverteilung der Myonen:

$$\frac{d\sigma_{\mathrm{EW}}}{d\cos\Theta} = \frac{3}{8}\sigma_{\mathrm{QED}} \cdot [R_{\mu\mu} \cdot (1 + \cos^2\Theta) + B \cdot \cos\Theta]$$

mit

$$B = -4\chi g_A^{\mathrm{e}} g_A^{\mu} + 8\chi^2 g_V^{\mathrm{e}} g_V^{\mu} g_A^{\mathrm{e}} g_A^{\mu} \,.$$

Es entsteht eine Asymmetrie $A_{\mu\mu}$ zwischen den Streuprozessen in Vorwärtsrichtung $N(\Theta < 90°)$ und Rückwärtsrichtung $N(\Theta > 90°)$:

$$A_{\mu\mu} = \frac{N(\Theta < 90°) - N(\Theta > 90°)}{N(\Theta < 90°) + N(\Theta > 90°)} = \frac{3}{8}\frac{B}{R_{\mu\mu}} \,.$$

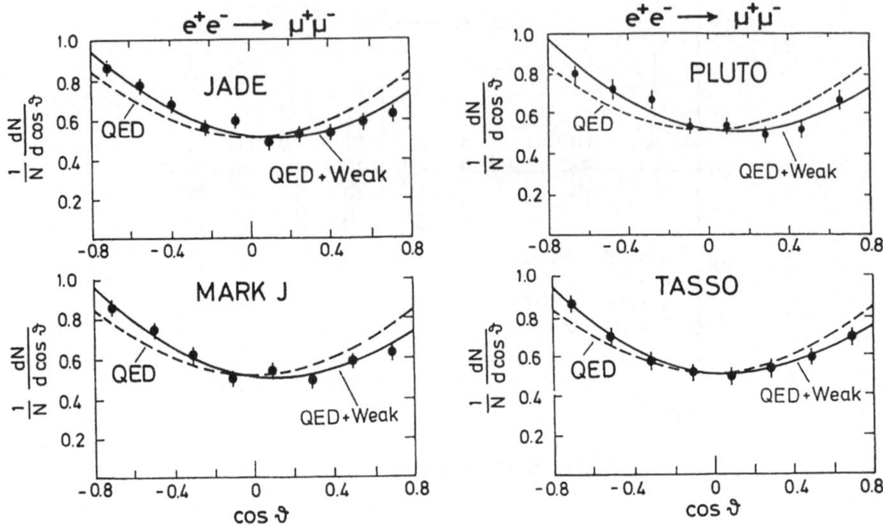

Abb. 28. Gemessene Winkelverteilungen der Reaktion $e^+e^- \to \mu^+\mu^-$ bei 34.5 GeV

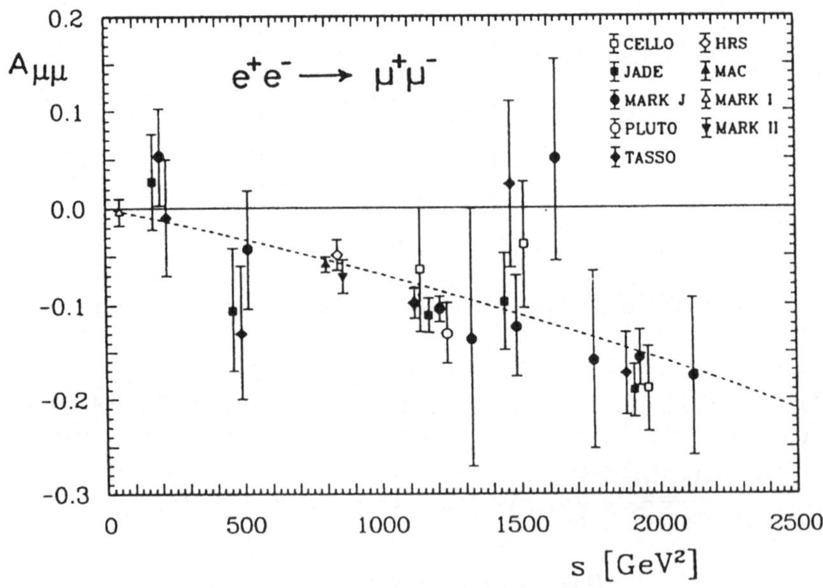

Abb. 29. Messungen von $A_{\mu\mu}$

Wie Abb. 27 zeigt, ist die Asymmetrie direkt auf der Z^0-Resonanz sehr klein, im PETRA–Energiebereich hingegen deutlich negativ. Diese Vorwärts-Rückwärts-Asymmetrie ist von allen PETRA-Experimenten gefunden worden. In Abb. 28 [23]sind die Ergebnisse der Jahre 1982/83 bei der Schwerpunktsenergie von 34.5 GeV als Datenpunkte dargestellt, die gestrichelte Kurven sind die reinen $(1 + \cos^2 \Theta)$-Vorhersagen der QED und die durchgezogenen Kurven stellen beste Anpassungen an die Daten in der Form $a(1 + \cos^2 \Theta) + b \cos \Theta$ dar. Eine Zusammenfassung der gemessenen Asymmetrien im PETRA-Energiebereich findet sich in Abb. 29 [23]. Die durchgezogene Linie $A_{\mu\mu} = 0$ ist klar ausgeschlossen, während die elektroschwache Vorhersage mit $m_Z = 91.9$ GeV die Daten gut beschreibt. Dieses Beispiel demonstriert sehr schön die in der Elementarteilchenphysik weit verbreitete Technik, mittels Präzisionsexperimenten bei niedrigen Energien Aufschluß über Teilchen zu gewinnen, die eigentlich erst bei sehr viel höheren Energien produziert werden können.

8 Zusammenfassung

Die Entdeckungen bei PETRA wurden anhand von drei ausgewählten Beispielen vorgestellt. Physiker aus Aachen waren an diesen Messungen führend beteiligt. Die Experimente an PETRA haben Pionierarbeit geleistet in der e^+e^- Physik und den Weg bereitet für die heutigen Präzisionsexperimente an LEP und für zukünftige Entdeckungen am Linear Collider.

Literatur

1. H. Fritzsch, M. Gell-Mann and H. Leutwyler, Phys.Lett. **B47** (1973), 363
   D.J. Gross and F. Wilczek, Phys.Rev. **D8** (1973), 3633
   H.D. Politzer, Phys.Rev.Lett. **30** (1973), 1346
2. J. Ellis, M.K. Gaillard and G.G. Ross, Nucl.Phys. **B111** (1976), 253
3. G. Sterman and S. Weinberg, Phys.Rev.Lett. **39** (1977), 1436
4. G. Hanson et al., Phys.Rev.Lett. **35** (1975), 1609
5. R.D. Field and R.P. Feynman, Nucl.Phys. **B136** (1978), 1
6. P. Hoyer et al., Nucl.Phys. **B161** (1979), 349
7. A. Ali et al., Phys.Lett. **B93** (1980), 155
8. T. Sjöstrand, Comput.Phys.Commun. **28** (1983), 229
9. Ch. Berger et al.,Phys.Lett. **B82** (1979), 449
10. B.H. Wiik, Proceedings of the International Neutrino Conference, Bergen (1979), 113
    P. Söding, Proceedings of the EPS Conference on High Energy Physics, Geneva (1979),271
11. R. Brandelik et al., Phys.Lett. **B86** (1979), 243
12. D.P. Barber et al., Phys.Rev.Lett. **43** (1979), 830
13. Ch. Berger et al., Phys.Lett. **B86** (1979), 418
14. W. Bartel et al., Phys.Lett. **B91** (1980), 142

15. P. Mättig, CERN Preprint CERN-EP/88-59
16. R. Marshall, Rutherford Report RL-81-087
17. J. Ellis and I. Karliner, Nucl.Phys. **B148** (1979), 141
18. R. Brandelik et al., Phys.Lett. **B97** (1980), 453
19. S. Bethke, Proceedings of the Workshop on the Standard Model at Present and Future Accelerators, Budapest (1989)
20. M. Schmelling, Physica Scripta **51** (1995), 683
21. Ch. Berger et al., Phys.Lett. **B142** (1984), 111
22. H. Kolanoski and P. Zerwas, High Energy Electron-Positron Physics, World Scientific (1988), 695
23. F.A. Berends and A. Böhm, High Energy Electron-Positron Physics, World Scientific (1988), 27

Der L3-Detektor am CERN-Speicherring LEP

Foto: Peter Berges, MIT

Präzise Tests des Standardmodells bei LEP

Gregor Herten

Fakultät für Physik, Universität Freiburg, D-79104 Freiburg

Zusammenfassung Die in die Beschleuniger LEP und SLC gesetzten Erwartungen für präzise Tests des Standardmodells haben sich erfüllt. Die Analyse vieler, genauer Messungen ergibt enge Grenzen für Erweiterungen des Standardmodells. Alle LEP-Messungen stimmen gut mit den Vorhersagen überein. Die aus den Daten bestimmte top-Quarkmasse ist in sehr guter Übereinstimmung mit den direkten Messungen am Tevatron. Zusammen mit diesen Messungen ergibt sich eine erste obere Grenze auf die Higgs-Masse.

1 Einleitung

Der Anlaß für den Kolloquiumstag ist das 125jährige Bestehen der RWTH Aachen. In verschiedenen Vorträgen wurden die Beiträge dieser Hochschule zur Teilchenphysik gewürdigt. Die RWTH kann mit Stolz auf diese Leistungen zurückblicken. Aachener Wissenschaftler haben entscheidenden Anteil an der Entwicklung der modernen Standardtheorie der Teilchenphysik. Erinnert sei hier nur an die Entwicklung von Teilchenbeschleunigern, die frühen Experimente mit Neutrinostrahlen, Untersuchung der CP-Verletzung, Entdeckung der neutralen Ströme, Nachweis des Gluons, Nachweis der elektroschwachen Interferenz bei PETRA, Entdeckung der W- und Z-Bosonen und präzise Tests des Standardmodells bei LEP. Den letzten Beitrag in dieser Erfolgsreihe möchte ich hier ausführlicher behandeln, wobei ich mich auf den elektroschwachen Sektor des Standardmodells beschränken möchte.

Die Standardtheorie der Teilchenphysik beschreibt die elementaren Bausteine der Materie und gibt ihre Wechselwirkungen miteinander aufgrund der elektromagnetischen, schwachen und starken Kraft an. Man unterscheidet drei Arten von Elementarteilchen: Fermionen (Spin 1/2), Eichbosonen (Spin 1) und das noch nicht entdeckte Higgs-Boson mit Spin 0. Der Spin des Teilchens bestimmt seine Funktion, wie in Tabelle 1 ersichtlich ist.

Die Fermionen sind die Bausteine der Materie. Sie lassen sich in zwei Klassen unterteilen, Leptonen (Elektron, Myon, Tau) und Quarks (die Bestandteile der hadronischen Materie). Sowohl bei Leptonen als auch bei Quarks findet man drei Familien von Fermionen, die sichnur durch ihre Massen unterscheiden.

Demgegenüber vermitteln die Eichbosonen Kräfte zwischen den Teilchen. Die Wechselwirkung zwischen Elementarteilchen wird durch Austausch von Eichbosonen beschrieben. Dabei lassen sich die Eigenschaften der elektromagnetischen, schwachen und starken Kraft auf die Eigenschaften der Eichbosonen zurückführen. Das Photon überträgt elektromagnetische Kräfte, die

Tabelle 1. Die Elementarteilchen im Standardmodell

Higgs-Boson	Fermionen	Eichbosonen
H	Leptonen $\begin{pmatrix} \nu_e \\ e \end{pmatrix} \begin{pmatrix} \nu_\mu \\ \mu \end{pmatrix} \begin{pmatrix} \nu_\tau \\ \tau \end{pmatrix}$ Quarks $\begin{pmatrix} u \\ d \end{pmatrix} \begin{pmatrix} c \\ s \end{pmatrix} \begin{pmatrix} t \\ b \end{pmatrix}$	γ (Photon) g (Gluonen) W Z
Spin 0	*Spin* $\frac{1}{2}$	*Spin* 1
Massen-erzeugung	Bausteine der Materie	Kräfte

W- und Z-Bosonen sind verantwortlich für die schwachen Kräfte, und die Gluonen bewirken eine starke Wechselwirkung zwischen Quarks.

Im Standardmodell gibt es nur ein einziges elementares Teilchen mit Spin 0, das Higgs-Boson. Es wird benötigt, um eine konsistente Eichtheorie aufzustellen, die massive Fermionen und Bosonen enthält. Teilchenmassen werden im Standardmodell so erzeugt, daß Fermionen und Bosonen mit einem Hintergrundfeld, dem Higgs-Feld, wechselwirken.

Bisher konnte das Higgs-Boson in keinem Experiment nachgewiesen werden, obwohl schon lange danach gesucht wird. Von den LEP-Daten wissen wir, daß es mit 95% C.L. schwerer als 65.2 GeV sein muß [1]. Die besten Aussichten, dieses Teilchen zu finden, bestehen bei den nächsten Meßreihen am LEP und am zukünftigen Proton-Proton-Collider LHC im CERN. Mit den LHC-Experimenten wird man definitiv feststellen können, ob das im Standardmodell vorhergesagte Higgs-Teilchen wirklich existiert.
Die Vorhersagen des Standardmodells konnten in vielen Reaktionen eindrucksvoll bestätigt werden. Besonders genaue Tests wurden in rein elektromagnetischen Prozessen durchgeführt. Bisher waren Tests der schwachen und starken Wechselwirkung, die empfindlich genug sind, um Korrekturen höherer Ordnung zu prüfen, nicht möglich. Mit dem *Large Electron Positron Collider* LEP bieten sich neue Möglichkeiten, präzise Messungen vorzunehmen. Die an die LEP-Experimente gestellten Aufgaben lassen sich folgendermaßen zusammenfassen:

1) Genaue Messungen der Massen und Lebensdauern der W- und Z-Bosonen.
2) Messung der Stärke der Wechselwirkung von W- und Z-Bosonen mit anderen Elementarteilchen.

3) Messung der starken Kopplungskonstante und Tests der Quantenchromodynamik.
4) Suche nach dem Higgs-Boson und anderen neuen Teilchen.

Um diese Aufgaben zu erreichen, werden hohe Anforderungen an die Luminosität und Energieschärfe des Beschleunigers und an die Meßgenauigkeit der Experimente gestellt. Präzise Tests sind nur möglich, wenn parallel zum experimentellen Programm entsprechend genaue Rechnungen durchgeführt werden, die Effekte höherer Ordnung berücksichtigen.

2 LEP und SLC

2.1 Die Beschleuniger

Der LEP-Beschleuniger besteht aus einem ringförmigen, 27 km langen Vakuumrohr, in dem Elektronen und Positronen gegenläufig kreisen. Die Elektronen und Positronen sind dabei in je 8 nadelförmigen Bündeln mit etwa 10^{12} Teilchen konzentriert. Elektron- und Positronbündel durchdringen sich an vier Wechselwirkungspunkten ca. 100 000mal pro Sekunde. Dabei kommt es etwa einmal pro Sekunde zur Erzeugung eines Z-Bosons durch Vernichtung eines Elektrons und eines Positrons. Die Reaktionsrate ist gegeben durch die Luminosität $\mathcal{L}$ des Beschleunigers und den Wirkungsquerschnitt der Annihilation von e^+ und e^-, der in Abb. 1 für die Produktion von Hadronen, sowie Myon- und Photonpaaren dargestellt ist. Wie man sieht, haben die Wirkungsquerschnitte für Hadronen und Myonen ein hohes, lokales Maximum bei einer Schwerpunktsenergie von $\sqrt{s} \approx m_Z$. Die bisherigen Messungen bei LEP wurden in diesem Energiebereich durchgeführt, um eine hohe Ereignisrate zu erzielen.

Die Luminosität ist im wesentlichen gegeben durch die Anzahl der umlaufenden Elektronen und Positronen, sowie durch die Größe der Bündel. Mit LEP 1 konnte eine spezifische Luminosität von $1.7 \cdot 10^{31}$ cm^{-2} s^{-1} erreicht werden. Damit wurde die ursprünglich angestrebte Luminosität sogar übertroffen. Seit der Inbetriebnahme von LEP im Sommer 1989 konnte sie ständig gesteigert werden. Zwischen 1990 und 1994 wuchs die integrierte Luminosität jedes Jahr um einen Faktor 10. Für präzise Tests der elektroschwachen Wechselwirkung benötigt man eine genaue Kalibration der Strahlenergie. Hierbei konnten in den letzten Jahren bei LEP erhebliche Fortschritte gemacht werden. Mit einem neuen Verfahren [2], das auf der Resonanten Depolarisation beruht, kann die Energie der Strahlen mit einer intrinsischen Genauigkeit von 0.2 MeV bestimmt werden.

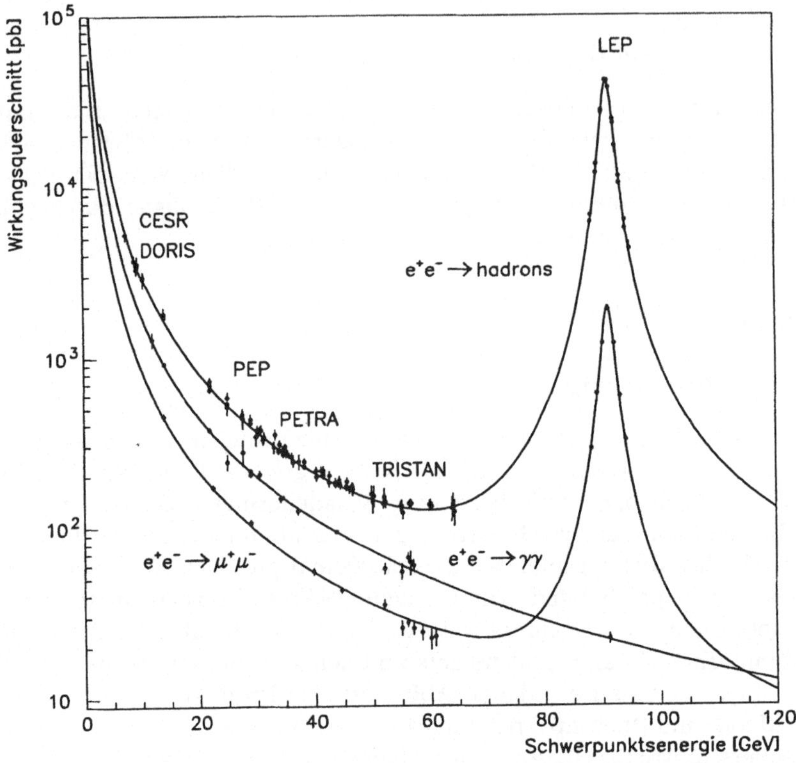

Abb. 1. Wirkungsquerschnitt für die Produktion von Hadronen, Myonen und Photonen in der Elektron-Positron-Vernichtung als Funktion der Schwerpunktsenergie

2.2 Die Detektoren

An den vier Wechselwirkungspunkten wurden die großen Experimente Aleph, Delphi, L3 und Opal errichtet. Sie sind in unterirdischen Experimentierhallen aufgebaut und haben eine typische Größe von 10 m $\times$ 10 m $\times$ 10 m. Alle Detektoren haben das gemeinsame Ziel, die produzierten Teilchen zu identifizieren und ihre Energie und ihren Impuls genau zu vermessen. Dazu verwenden sie große Solenoide mit einem magnetischen Feld, das parallel zur Strahlachse ausgerichtet ist, sowie Vertexdetektoren, Spurkammern und Kalorimeter.

Das Strahlrohr mit typisch 5.4 cm Durchmesser wird von Vertexdetektoren umschlossen, die aus Siliziumstreifendetektoren bestehen. Damit läßt sich der Ort sehr genau rekonstrukieren, an dem eine Teilchenreaktion stattgefunden hat. Der Vertexdetektor wird von einer Spurkammer umgeben, die zur Impulsbestimmung geladener Teilchen dient. Weiter außen folgen das Kalorimeter und die Myonkammern. Obwohl sich alle vier Experimente in ihrem Aufbau ähneln, zeichnet sich jedes durch Besonderheiten aus.

Aleph, Delphi und Opal gleichen sich aufgrund der großen, inneren Spurkammer und in ihren guten Meßeigenschaften für geladene und neutrale Teilchen. Bei Opal wurden eher konventionelle Technologien verwendet. Aleph erreicht mit einer Time-Projection-Chamber TPC die beste Impulsauflösung (1% bei p=10 GeV/c). Delphi erzielt mit einer TPC und einem Ring-Imaging-Cherenkov-Detektor die genaueste Teilchenidentifikation. Der L3-Detektor mit seinem elektromagnetischen Kalorimeter aus Wismutgermanat und den präzisen Myonkammern zeichnet sich durch eine besonders gute Impuls- und Energieauflösung für Elektronen, Photonen und Myonen aus.

Die LEP-Experimente haben ihr ursprüngliches Ziel in Nachweiswahrscheinlichkeit, Impuls- und Energieauflösung sowie bei der Teilchenidentifikation erreicht und sogar teilweise übertroffen. Dies ist ein hervorragendes Ergebnis, wenn man bedenkt, wieviele neue Techniken für den Bau dieser Experimente entwickelt werden mußten. Alle Detektoren wurden nachträglich mit verbesserten Vertexdetektoren aus Siliziumstreifenzählern ausgestattet. Damit konnten vor allem im Studium schwerer Quarks deutliche Fortschritte erzielt werden. Eine weitere Verbesserung der Detektoren erfolgte im Bereich der Luminositätszähler. Durch genauere Winkel- und Energiemessung der Bhabha-Streuung liegt der experimentelle Fehler der Luminositätsbestimmung nun unterhalb des theoretischen Fehlers von $\sim 0.16\%$.

Am *Stanford Linear Collider* SLC werden ebenfalls Messungen in diesem Energiebereich durchgeführt. Im Gegensatz zu LEP kreisen die Elektron- und Positronbündel hier aber nicht kontinuierlich in einem Speicherring, sondern werden in einem LINAC beschleunigt und nur einmal zur Kollision gebracht. Die Wiederholungsrate für Elektron-Positron-Stöße ist daher viel niedriger als bei LEP. Die LEP-Experimente haben somit den Vorteil einer deutlich höheren Luminosität. Demgegenüber erlaubt die einmalige Kollision beim SLC die Verwendung eines kleineren Strahlrohres. Daher hat das SLD-Experiment am SLC eine bessere Vertexauflösung als die CERN-Experimente. Für präzise Tests des Standardmodells hat das SLAC-Experiment einen weiteren, wichtigen Vorteil: beim SLC können Messungen mit polarisierten Elektronstrahlen durchgeführt werden. Damit gelingt es SLD, ähnlich präzise Tests des Standardmodells durchzuführen, obwohl LEP-Detektoren etwa 100mal mehr Ereignisse aufgenommen haben. Die bei LEP und SLC registrierten Datenmengen sind in Tabelle 2 zusammengestellt.

3 Messungen

3.1 Meßgrößen

Präzise Tests des Standardmodells sind nur mit genauen Messungen möglich. Als geeignete Meßgrößen erweisen sich zum einen totale Wirkungsquerschnitte für die Fermion-Antifermion-Produktion sowie Vorwärts-Rückwärts-Asym-

Tabelle 2. Die registrierten Datenmengen der LEP- und SLC-Experimente

Jahr	Aleph, Delphi, L3, Opal	
	$\sqrt{s}$	Ereignisse
1989 - 1994	m_Z	$12.4 \cdot 10^6\ q\bar{q}$
		$1.3 \cdot 10^6\ \ell^+\ell^-$
1993	m_Z, $m_Z \pm$ 2 GeV	$2.6 \cdot 10^6\ q\bar{q}$
1994	m_Z	$6.0 \cdot 10^6\ q\bar{q}$
Jahr	**SLD**	
	$\sqrt{s}$	Ereignisse
1992 - 1995	m_Z	$150 \cdot 10^3\ q\bar{q}$
1994 - 1995	m_Z	$92 \cdot 10^3\ q\bar{q}$
		mit 80% Polarisation

metrien in der Verteilung des Produktionswinkels. Den totalen Wirkungsquerschnitt für die $f\bar{f}$-Erzeugung bei der Schwerpunktsenergie $\sqrt{s}$ erhält man mit

$$\sigma_f(s) = \frac{N_f - N_B}{\varepsilon \int \mathcal{L}\, dt} \ . \tag{1}$$

Dabei sind N_f und N_B die gemessenen Signal- bzw. Untergrundereignisse, ε die Nachweiswahrscheinlichkeit und $\int \mathcal{L}\, dt$ die integrierte Luminosität bei dieser Energie. Die Vorwärts-Rückwärts-Asymmetrie ist dann gegeben durch

$$A_{FB}^f = \frac{\sigma_f(\theta < \pi/2) - \sigma_f(\theta > \pi/2)}{\sigma_f(\theta < \pi/2) + \sigma_f(\theta > \pi/2)} \ , \tag{2}$$

wobei θ der Winkel zwischen dem Elektronenstrahl und der Flugrichtung des produzierten Fermions ist.

Wirkungsquerschnitte und Asymmetrien können von den LEP-Detektoren sehr genau gemessen werden. Entscheidend ist hierbei die vollständige Überdeckung des Raumwinkels, die hohe Nachweiswahrscheinlichkeit sowie die präzise Bestimmung der Luminosität $\mathcal{L}$. Der relative systematische Fehler bei der Messung der Wirkungsquerschnitte beträgt typisch 0.2% für $e^+e^- \rightarrow q\bar{q}$, 0.4% für $e^+e^- \rightarrow e^+e^-$, 0.5% für $e^+e^- \rightarrow \mu^+\mu^-$ und 1% für $e^+e^- \rightarrow \tau^+\tau^-$. Asymmetrien können mit systematischen Fehlern von ≈ 0.002 bestimmt werden.

3.2 Parameter im Standardmodell

Diese Meßgrößen lassen sich durch einfache Umformungen aus wichtigen Größen des Standardmodells, wie z.B. der Masse des Z-Bosons, m_Z, der Zerfallsbreite, Γ_Z, und den partiellen Zerfallsbreiten für $f\bar{f}$-Paare, Γ_f, berechnen

$$\sigma_f(s) = \sigma_f(m_Z)\frac{s\Gamma_Z^2}{(s-m_Z^2)^2 + s^2\Gamma_Z^2/m_Z^2}, \tag{3}$$

$$\sigma_f(m_Z) = 12\pi\Gamma_e\Gamma_f/m_Z^2\Gamma_Z^2 \quad \text{und} \tag{4}$$

$$\Gamma_Z = 3\Gamma_{\ell\bar{\ell}} + 3\Gamma_{\nu\bar{\nu}} + \sum \Gamma_{q\bar{q}} \quad . \tag{5}$$

Der Einfachheit halber werden hier Interferenzeffekte, Photonbeiträge und Strahlungskorrekturen vernachlässigt. Für genaue Tests des Standardmodells müssen sie natürlich berücksichtigt werden, insbesondere ist eine detaillierte Berechnung der Strahlungskorrekturen von entscheidender Bedeutung.

Diese Meßgrößen erlauben über folgende Beziehungen

$$\Gamma_f = \frac{G_\mu m_Z^3}{6\pi\sqrt{2}}\left(v_f^2 + a_f^2\right) N_{col} , \tag{6}$$

$$A_{FB}^f \equiv \frac{3}{4} A_e\, A_f \quad \text{für} \sqrt{s} = m_Z , \tag{7}$$

$$A_f = 2\frac{v_f\, a_f}{v_f^2 + a_f^2} , \tag{8}$$

$$\frac{v_f}{a_f} = 1 - 4|Q_f|\sin^2\theta_{eff}^f \tag{9}$$

eine Bestimmung des effektiven schwachen Mischungswinkels θ_{eff}^f. Dabei sind v_f und a_f die vektoriellen, bzw. axialvektoriellen Kopplungen des Fermions an das Z-Boson, und Q_f die elektrische Ladung des Fermions.

Ein Test des Standardmodells besteht somit darin, θ_{eff}^f in vielen Reaktionen zu bestimmen und zu prüfen, ob alle Messungen übereinstimmen. Dieser Test wird dadurch erschwert, daß einige Parameter des Standardmodells (die top-Quarkmasse m_t und die Higgs-Masse m_H, die in die theoretischen Vorhersagen für die Größen σ_f und A_f eingehen) nicht oder nur schlecht bekannt sind. Dies äußert sich in einer Unsicherheit der im Standardmodell vorhergesagten Wirkungsquerschnitte und Asymmetrien und somit in einem großen Fehler in θ_{eff}^f. Andererseits kann man unter der Annahme, daß θ_{eff}^f in allen Reaktionen denselben Wert annehmen soll, die Größen m_t oder m_H bestimmen. Im folgenden sollen beide Verfahren erläutert werden.

4 Ergebnisse

4.1 Wirkungsquerschnitte und Vorwärts-Rückwärts-Asymmetrien

Bei der Interpretation der Messungen im Rahmen des Standardmodells müssen mehrere Korrekturen durchgeführt werden, um Detektoreffekte und Strahlungskorrekturen zu berücksichtigen. Um die statistische Signifikanz zu erhöhen, werden die Daten aller Experimente gemittelt. Dabei ist es wichtig, sich

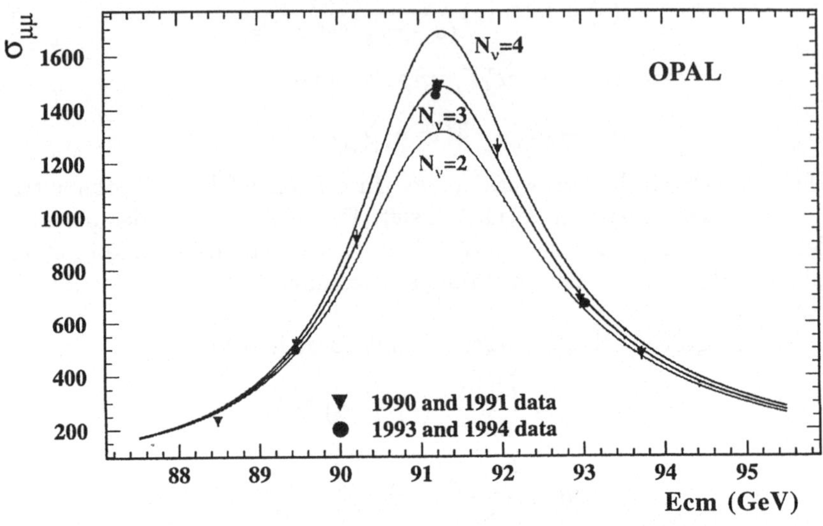

Abb. 2. Der von Opal gemessene Wirkungsquerschnitt in der Reaktion $e^+e^- \to \mu^+\mu^-$. Zwei oder vier leichte Neutrinofamilien werden von den Daten ausgeschlossen

auf eine gemeinsame Prozedur der Datenkorrektur zu einigen. Deshalb haben sich Mitglieder aller LEP-Experimente in der *LEP Electroweak Working Group* zusammengeschlossen und eine konsistente Mittelung der Daten vorgenommen. Die vorläufigen Ergebnisse der Arbeitsgruppe wurden kürzlich vorgestellt [3]. Alle Resultate, die in diesem Vortrag benutzt werden, stammen von dieser gemeinsamen Analyse aller LEP-Experimente. Literaturhinweise zu den einzelnen Messungen sind dort zusammengestellt.

Als Beispiel für eine Wirkungsquerschnittmessung zeigt Abb. 2 den von Opal gemessenen totalen Wirkungsquerschnitt für die Produktion von Myonpaaren $\sigma_{\mu\mu}$ als Funktion der Schwerpunktsenergie. Zum Vergleich sind die Vorhersagen des Standardmodells für 2, 3 und 4 leichte Neutrinofamilien angegeben. $N_\nu = 2$ oder $N_\nu = 4$ werden von den Daten ausgeschlossen. Diese Erkenntnis war das erste wichtige Ergebnis bei LEP. Es legt den Schluß nahe, daß es keine vierte Familie von Leptonen und Quarks gibt. In der Zwischenzeit wurden die Messungen deutlich verbessert [3]. Unter Benutzung aller Daten erhält man für die Anzahl der Neutrinofamilien

$$N_\nu = 2.991 \pm 0.016.$$

Als Beispiel für eine Asymmetriemessung zeigt Abb. 3 den von Delphi gemessenen differentiellen Wirkungsquerschnitt $d\sigma/d\cos\theta$ in der Reaktion $e^+e^- \to \mu^+\mu^-(\gamma)$. Aus der Differenz der Wirkungsquerschnitte in Vorwärts-

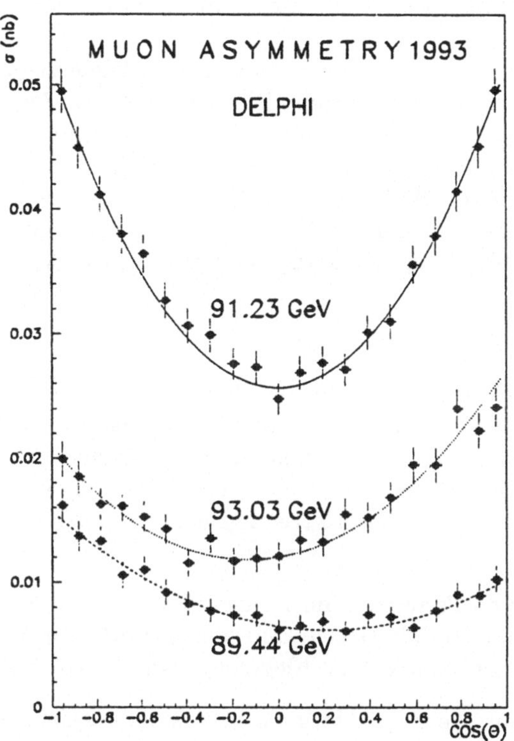

Abb. 3. Der von Delphi gemessene differentielle Wirkungsquerschnitt in der Reaktion $e^+e^- \to \mu^+\mu^-$. Die Asymmetrie der Winkelverteilung hängt stark von der Schwerpunktsenergie ab

Tabelle 3. Die gemittelten Meßergebnisse der LEP-Experimente

Größe	LEP-Experimente
m_Z	91.1884 ± 0.0022 GeV
Γ_Z	2.4963 ± 0.0032 GeV
$\sigma_{\text{had}}(m_Z)$	41.488 ± 0.078 GeV
$R_\ell = \sigma_{\text{had}}(m_Z)/\sigma_\ell(m_Z)$	20.788 ± 0.032
$A_{FB}^\ell(m_Z)$	0.0172 ± 0.0012

und Rückwärtsrichtung kann man mit (2) die Vorwärts-Rückwärts-Asymmetrie A^{μ}_{FB} messen.

Mit diesen Wirkungsquerschnitt- und Asymmetriemessungen können nun wichtige Parameter des Standardmodells bestimmt werden. Die Ergebnisse sind in Tabelle 3 als Mittelwert aller LEP-Experimente zusammengestellt. Dabei bedeutet $\sigma_{had}(m_Z)$, bzw. $\sigma_{\ell}(m_Z)$, den totalen Wirkungsquerschnitt für die Produktion von Hadronen, bzw. Leptonen, bei $\sqrt{s} = m_Z$. Die Größe $A^{\ell}_{FB}(m_Z)$ ist die bei der gleichen Schwerpunktsenergie gemessene Vorwärts-Rückwärts-Asymmetrie für die Myon- und τ-Paarproduktion.

4.2 Polarisationsasymmetrien

Die Paritätsverletzung in geladenen Strömen wurde bereits 1957 von C.S. Wu [4] beobachtet. Das Standardmodell sagt paritätsverletzende Effekte auch bei neutralen Strömen voraus. Sie sind zuerst am SLAC in der Streuung von polarisierten Elektronen am Deuteron nachgewiesen worden [5]. Bei LEP und SLC äußern sich paritätsverletzende Effekte in der Reaktion $e^+e^- \to f\overline{f}$ auf zwei Arten:

1) Polarisation von Fermionen im Endzustand
2) Asymmetrie im Produktionswirkungsquerschnitt beim Vergleich von rechts- und linkshändig polarisierten Elektron- oder Positronstrahlen.

Bei LEP kann nur die erste Methode verwendet werden, da die Elektron- und Positronstrahlen nicht polarisiert sind. Die Fermionpolarisation im Endzustand wurde bisher nur in der Reaktion $e^+e^- \to \tau^+\tau^-$ beobachtet.

Aus den Zerfallsprodukten des τ-Leptons kann der Polarisationsgrad P_τ nach folgender Formel gemessen werden:

$$P_\tau = \left(\frac{\sigma^\tau_r - \sigma^\tau_l}{\sigma^\tau_r + \sigma^\tau_l} \right) . \tag{10}$$

Dabei sind σ^τ_l und σ^τ_r die Wirkungsquerschnitte der Reaktion $e^+e^- \to \tau^+\tau^-$ mit negativer bzw. positiver Helizität der τ-Leptonen. $\sigma^\tau_{tot} = \sigma^\tau_r + \sigma^\tau_l$ ist der totale Wirkungsquerschnitt. Ein negativer Wert für P_τ bedeutet, daß die produzierten τ^- vorwiegend mit negativer Helizität erzeugt werden.

Die zweite Methode, die einen longitudinal polarisierten Elektron- oder Positronstrahl erfordert, wird am SLC benutzt. Dort kann der einlaufende Elektronenstrahl links- oder rechtshändig polarisiert werden. Polarisierte Elektronen werden durch Beleuchten einer GaAs Photokathode mit zirkular polarisiertem Laserlicht erzeugt. Ein aufwendiges Spintransportsystem sorgt dafür, daß die Elektronpolarisation bis zum Wechselwirkungspunkt erhalten bleibt. Mit Hilfe eines Compton- und Møller-Polarimeters wird der Polarisationsgrad des Elektronstrahls gemessen. Die mittlere, gemessene Strahlpolarisation beträgt $< P_e >= 77.34 \pm 0.61\%$. Das Experiment SLD mißt dann die Links-Rechts-Asymmetrie A^f_{LR}, die definiert ist durch

Tabelle 4. Messungen des leptonischen Kopplungsparameters A_ℓ bei LEP und SLC

Messung	A_ℓ
A_{FB}^{ℓ} (LEP)	0.1514 ± 0.0053
P_τ (LEP)	0.1406 ± 0.0057
A_{LR} (SLD)	0.1551 ± 0.0040
Mittelwert LEP + SLC	0.1506 ± 0.0028

$$A_{LR}^{f} = \frac{1}{\sigma_{tot}^{f}} \left(\sigma_{L}^{f} - \sigma_{R}^{f} \right) , \tag{11}$$

wobei

$$\sigma_{L}^{f} = \sigma \left(e^{+}e^{-} \rightarrow f\overline{f} \right)_{L}$$

der totale Wirkungsquerschnitt für $f\overline{f}$– Produktion bei linkshändig polarisiertem e^-– Strahl ist. Entsprechend ist σ_R^f der Wirkungsquerschnitt für rechtshändig polarisierte Elektronen.

Der Vorteil der zweiten Methode liegt darin, daß alle Z-Zerfälle verwendet werden können und damit auch bei geringer Luminosität eine hohe statistische Signifikanz erzielt werden kann. Nur die $e^+e^- \rightarrow e^+e^-$ Ereignisse müssen verworfen werden, da durch den t-Kanal-Austausch eine große Vorwärts-Rückwärts-Asymmetrie auftritt.

Die Polarisationsasymmetrien können im Standardmodell für $s = m_Z^2$ bei Vernachlässigung von Photonkorrekturen in einfacher Weise berechnet werden:

$$P_\tau(m_Z) = -A_\tau , \tag{12}$$

$$A_{LR}(m_Z) = +A_e . \tag{13}$$

Dabei sind A_e und A_τ nach Formel (8) durch die vektorielle und axialvektorielle Kopplung der Leptonen an das Z-Boson bestimmt.

Unter der Annahme der Leptonuniversalität ergeben beide Messungen eine direkte Bestimmung des leptonischen Kopplungsparameters A_ℓ. Tabelle 4 gibt einen Überblick über die bisherigen Resultate unter Einbeziehung der unpolarisierten Vorwärts-Rückwärts-Asymmetrie, A_{FB}^{ℓ}, die nach (7) proportional zu A_ℓ^2 ist. Bei der Mittelung aller Resultate ergibt sich ein χ^2 pro Freiheitsgrad von 4.4/2. Dies entspricht einem C.L. von 11%.

4.3 Resultate mit schweren Quarks

Die Untersuchung von Z-Zerfällen in $c\bar{c}$- und $b\bar{b}$-Quarks stellt einen bedeutenden Schwerpunkt der Forschung bei LEP dar. Viele Aspekte des Standardmodells können in der Produktion und im Zerfall schwerer Quarks untersucht werden: z.B. elektroschwache Kopplungen, QCD Korrekturen, Fragmentation, Lebensdauer schwerer Hadronen, $B^0 - \overline{B^0}$Oszillationen. Ein wichtiges experimentelles Hilfsmittel zur Identifikation von schweren Hadronen sind die Silizium-Mikrovertex-Detektoren. Mit ihnen kann die lange Zerfallstrecke der B-Mesonen (einige mm) sehr genau vermessen werden. Dies erlaubt zum einen präzise Bestimmungen der Lebensdauern und ermöglicht zum anderen eine klare Identifikation von B-Hadronen mit hoher Effizienz ($\approx 30\%$). Weitere Methoden zur Identifizierung von Z-Zerfällen in $b\bar{b}$ basieren auf der Selektion von Ereignissen mit inklusiven Leptonen, die einen hohen Transversalimpuls zur Jetachse aufweisen. Z-Zerfälle in $c\bar{c}$ werden meist dadurch selektiert, daß man Ereignisse mit hochenergetischen D^*-Mesonen auswählt.

Für einen Präzisionstest des Standardmodells eignen sich in besonderer Weise folgende Meßgrößen:

- die Verhältnisse der $b\bar{b}$ und $c\bar{c}$ Zerfallsbreiten des Z zur gesamten hadronischen Zerfallsbreite: $R_b = \Gamma_{bb}/\Gamma_{had}$ und $R_c = \Gamma_{cc}/\Gamma_{had}$,
- die Vorwärts-Rückwärts-Asymmetrien A^b_{FB} und A^c_{FB}.

Die hohe Ereignisrate bei LEP erlaubt, Doppelt-Tagging-Methoden zu verwenden. Damit ist gemeint, daß die Zahl der Ereignisse N_1 mit einem „Lifetime-Tag", d.h. einem nachgewiesenen, sekundären Zerfallsvertex, und die Anzahl N_2 zweier „Lifetime-Tags", gezählt werden. Aus dem Verhältnis beider Zahlen kann die Rate der produzierten b-Quarks $R_b = \Gamma_{bb}/\Gamma_{had}$ mit geringen systematischen Fehlern gemessen werden, da sich die Nachweiswahrscheinlichkeit direkt aus den Daten bestimmen läßt.

Für die Messung der Vorwärts-Rückwärts-Asymmetrie der schweren Quarks müssen die Jets mit den primären Quarks von den Jets mit den primären Antiquarks unterschieden werden. Eine Methode ist die Bestimmung der Quarkladung aus der Ladung des im Zerfall produzierten Leptons oder D^* Mesons. Eine andere Methode nutzt eine impulsgewichtete Jetladung. In Tabelle 5 werden die gemittelten Messungen bei LEP zusammengestellt.

Die Messungen von R_b und R_c sind stark korrelliert. Beide Messungen weichen von der Standardmodellerwartung ab, wie in Abb. 4 deutlich wird. Dort liegt die Theorie außerhalb der 99.7% C.L. Contour. Bisher gibt es noch keine plausible Erklärung für diese Abweichung. (Vergl. jedoch: Postscriptum der Herausgeber am Ende des Artikels)

Tabelle 5. Resultate der Messungen mit schweren Quarks

Meßgröße	Meßwert
R_b	0.2219 ± 0.0017
R_c	0.1543 ± 0.0074
A^b_{FB}	0.0999 ± 0.0031
A^c_{FB}	0.0725 ± 0.0058

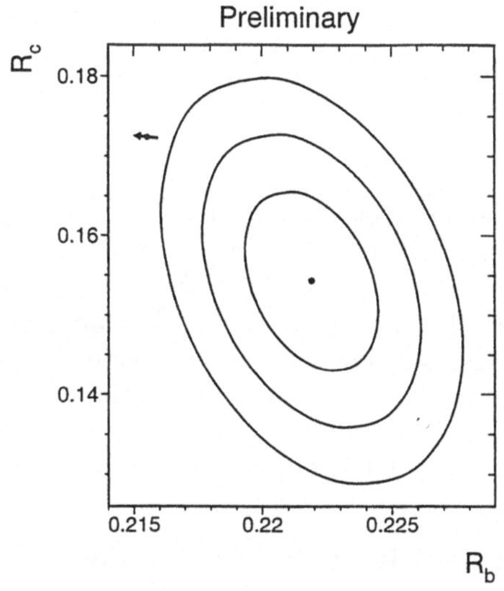

Abb. 4. Konturen in der $R_b - R_c$ Ebene für 68%, 95% und 99.7% C.L. Die Standardmodellvorhersage für $m_t = 180 \pm 12$ *GeV* ist ebenfalls eingezeichnet, wobei der Pfeil die Richtung der Vorhersage für eine anwachsende top-Masse angibt

5 Interpretation der Resultate

5.1 Bestimmung von $\sin^2\theta^{lept}_{eff}$

Alle Meßdaten werden nun verwendet, um die Gültigkeit des Standardmodells zu testen. Die Asymmetriemessungen können ohne besondere modellabhängige Annahmen auf eine einzige Größe, den effektiven elektroschwachen Mischungswinkel, zurückgeführt werden, der folgendermaßen definiert ist:

$$\sin^2\theta^{lept}_{eff} \equiv \frac{1}{4}\left(1 - \frac{v_\ell}{a_\ell}\right) \quad . \tag{14}$$

Tabelle 6. Bestimmung von $\sin^2\theta_{eff}^{lept}$ aus unterschiedlichen Messungen bei LEP und SLC. Die Mittelung ergibt ein χ^2 von 7.8 bei 6 Freiheitsgraden

Messung	$\sin^2\theta_{eff}^{lept}$
$A_{FB}^{\ell}\,(LEP)$	0.23096 ± 0.00068
A_τ (LEP)	0.23218 ± 0.00095
A_e (LEP)	0.2325 ± 0.0011
A_{FB}^{b} (LEP)	0.23209 ± 0.00055
LEP Mittelwert	0.23186 ± 0.00034
A_{LR} (SLC)	0.23049 ± 0.00050
Mittelwert LEP + SLC	0.23143 ± 0.00028

Die Messungen der Quarkasymmetrien A_{FB}^{b} und A_{FB}^{c} können ebenfalls ohne zusätzliche Annahmen im Mittelwert verwendet werden, da sie kaum von speziellen, hadronischen Korrekturen abhängen. Tabelle 6 gibt eine Zusammenstellung aller Messungen von $\sin^2\theta_{eff}^{lept}$. Dabei wurde auch die SLC-Messung der Links-Rechts-Polarisationsasymmetrie A_{LR} eingeschlossen. Der LEP-Mittelwert wurde aus den angegebenen Messungen gebildet, enthält aber auch die Vorwärts-Rückwärts-Asymmetrien A_{FB}^{c} für charm-Ereignisse und $< Q_{FB} >$, die aus der Jetladung bestimmte Asymmetrie.

5.2 Bestimmung der Masse des top-Quarks

Aus einem gemeinsamen Fit aller Messungen können Massenwerte für m_t und m_H bestimmt werden. Die führenden Strahlungskorrekturen hängen quadratisch von der Masse des top-Quarks ab und erlauben somit eine Bestimmung von m_t. Dagegen zeigen Terme, die von der Higgs-Masse abhängen, nur eine logarithmische Abhängigkeit. Mit den bisherigen Daten ergeben sich daher nur schwache Grenzen für m_H.

Die größte Unsicherheit bei der Bestimmung von m_t und m_H kommt von der Ungenauigkeit der Feinstrukturkonstante $\alpha(m_Z^2)$, vor allem durch Beiträge von leichten Quarks zur Vakuumpolarisation. Wir verwenden hier

$$\alpha(m_Z^2) = 1/(128.896 \pm 0.090) \tag{15}$$

Dies bewirkt einen Fehler von 4 GeV in der Vorhersage der top-Masse. Die Ergebnisse der Anpassungsrechnung mit m_t und der starken Kopplungskonstanten $\alpha_s(m_Z^2)$ als freie Parameter sind in Tabelle 7 angegeben.

Das Wahrscheinlichkeitsniveau für diese Fits beträgt 0.6% und 3.5%. Der größte Beitrag im χ^2 kommt von den Messungen R_b und R_c. Sie tragen

Tabelle 7. Resultate der Fits an LEP und SLD Daten mit m_t und $\alpha_s(m_Z^2)$ als freie Parameter. Der Zentralwert und der erste Fehler entsprechen einer angenommenen Higgs-Masse von $m_H = 300$ GeV. Der zweite Fehler gibt den Änderungsbereich des Zentralwertes an, wenn die Higgs-Masse von 60 GeV bis 1000 GeV variiert wird. Die angegebenen Werte für die W-Masse wurden aus den Fits abgeleitet

	LEP	LEP + SLD
m_t (GeV)	$170 \pm 10^{+17}_{-19}$	180^{+8+17}_{-9-20}
$\alpha_s(m_Z^2)$	$0.125 \pm 0.004 \pm 0.002$	$0.123 \pm 0.004 \pm 0.002$
χ^2/d.o.f.	18/9	28/12
m_W (GeV)	$80.295 \pm 0.057^{+0.011}_{-0.019}$	$80.359 \pm 0.051^{+0.013}_{-0.024}$

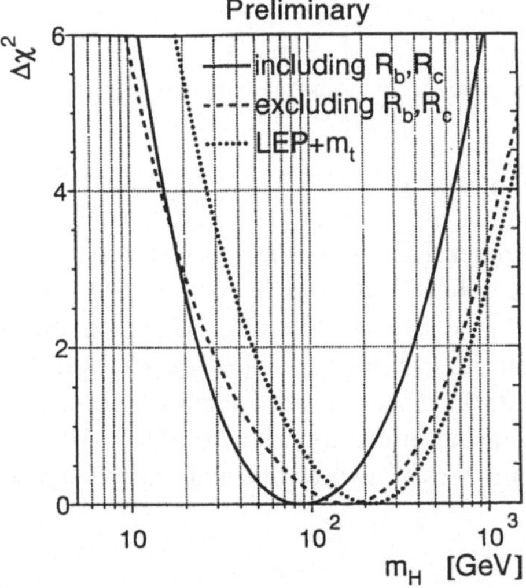

Abb. 5. $\Delta\chi^2 = \chi^2 - \chi^2_{min}$ als Funktion von m_H. Die durchgezogene Linie folgt aus einem Fit an alle Daten (LEP, SLC, $p\bar{p}$, νN). Bei der gestrichelten Kurve wurden die R_b und R_c Messungen nicht berücksichtigt. Die gepunktete Linie kennzeichnet den Fit an die LEP-Daten (einschließlich R_b und R_c). In allen Fällen wurden die direkten Messungen von m_t am Tevatron berücksichtigt

ungefähr 15 zum χ^2 bei. R_b und R_c sind nicht sehr empfindlich auf m_t und $\alpha_s(m_Z^2)$. Läßt man beide Messungen im Fit weg, so erhöht sich m_t nur um 4 GeV, und $\alpha_s(m_Z^2)$ bleibt unverändert.

Der berechnete Wert für m_t ist in sehr guter Übereinstimmung mit den direkten Messungen am Tevatron von CDF, $m_t = 176 \pm 8$ (stat) ± 10 (sys.)

GeV [6] und DØ, $m_t = 199^{+19}_{-21}$ (stat) ± 22 (sys) GeV [7]. Der Wert der starken Kopplungskonstante $\alpha(m_Z^2)$ stimmt gut mit Messungen der Topologie hadronischer Ereignisse bei LEP überein [8], $\alpha_s = 0.123 \pm 0.006$, und hat ähnliche Genauigkeit.

Man findet ebenso eine hervorragende Übereinstimmung des aus den LEP- und SLC-Messungen abgeleiteten Wertes für die W-Masse mit den direkten Messungen von UA2 [9], CDF [10] und DØ [11], die gemittelt den Wert $m_W = 80.26 \pm 0.16$ GeV ergeben. Die indirekte LEP-Messung ist genauer als die direkten Messungen der W-Masse.

Mit der bisherigen Präzision der Daten können erste Aussagen über die Higgs-Masse getroffen werden. Fixiert man die top-Masse auf den am Tevatron gemessenen Wert, $m_t = 180 \pm 12$ GeV, so erhält man eine erste, obere Grenze für die Masse des Higgs-Bosons, wie in Abb. 5 angedeutet. Dort ist die Differenz $\Delta\chi^2 = \chi^2 - \chi^2_{min}$ als Funktion von m_H aufgetragen. Das Minimum der χ^2-Kurve wird bei kleinen Higgs-Massen erreicht. Eine obere Grenze der Higgs-Masse mit 95% C.L. ergibt sich mit $\Delta\chi^2 = 2.7$ bei $m_H < 500$ GeV, bzw. 800 GeV (ohne R_b und R_c Messungen). Der erlaubte Massenbereich für m_H ist noch sehr groß. Es ist aber interessant zu sehen, daß die LEP- und SLC-Experimente bereits jetzt sensitiv auf die Higgs-Masse sind.

6 Zusammenfassung

Die in die Beschleuniger LEP und SLC gesetzten Erwartungen für präzise Tests des Standardmodells haben sich erfüllt. Die Analyse vieler, genauer Messungen bei LEP und SLC ergibt enge Grenzen für Abweichungen vom Standardmodell. Alle LEP-Messungen (außer R_b und R_c) stimmen gut mit den Vorhersagen überein. Die aus den Daten bestimmte top-Quarkmasse ist in sehr guter Übereinstimmung mit den direkten Messungen am Tevatron. Zusammen mit diesen Messungen ergibt sich eine erste obere Grenze auf die Higgs-Masse.

Postscriptum der Herausgeber, Februar 1997

Seit der Niederschrift des vorstehenden Artikels von G. Herten haben neuere Messungen und Datenanalysen bei LEP und Fermilab das ursprüngliche experimentelle Bild der Zerfallsparameter der schweren c- und b-Quarks modifiziert und weitgehende Übereinstimmung mit der theoretischen Erwartung hergestellt. So werden jetzt auch an dieser Stelle die Vorhersagen des Standardmodells durch das Experiment bestätigt. Für die Verzweigungsverhältnisse R_b und R_c und die Vorwärts-Rückwärts-Asymmetrie A^c_{FB} und A^b_{FB} ergibt sich im Vergleich zu Tabelle 5 des Artikels:

$$R_b = 0.2179 \pm 0.0012$$
$$R_c = 0.1715 \pm 0.0056$$

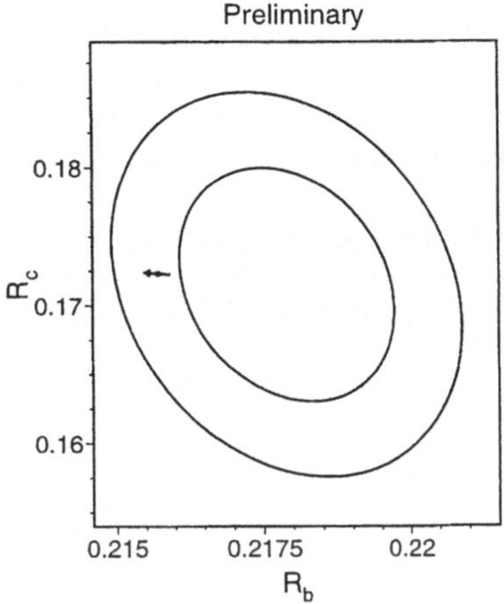

Abb. 6. Konturen in der R_b–R_c-Ebene, die unter Benutzung der neueren LEP-Daten abgeleitet wurden (vgl. Abb. 4), wobei nun der Punkt der theoretischen Erwartung (mit dem Pfeil in Richtung wachsender Werte für die top-Masse) deutlich innerhalb des 95% „Confidence Levels“ liegt

$$A_{FB}^{b} = 0.0979 \pm 0.0023$$

$$A_{FB}^{c} = 0.0733 \pm 0.0049$$

Diese Information wird anschaulich in Abb. 6, die der Referenz [12] entnommen ist.

Literatur

1. J.F. Grivaz, Plenarvortrag auf der EPS Konferenz, Brüssel, Juli 1995.
2. L. Arnaudon et al., Phys. Lett. **B307** (1993) 187; R. Assmann et al., Z.Phys. **C66** (1995) 567.
3. The LEP Collaborations, Aleph, Delphi, L3, Opal and the Electroweak Working Group, CERN-PPE/95-172.
4. C.S. Wu et al., Phys. Rev. **105** (1957) 1413.
5. C.Y. Prescott et al., Phys. Lett. **B77** (1978) 347, C.Y. Prescott et al., Phys. Lett. **B84** (1979) 524.
6. CDF Experiment, F. Abe et al., Phys. Rev. Lett. **74** (1995) 2626.
7. DØ Experiment, S. Abachi et al., Phys. Rev. Lett. **74** (1995) 2632.
8. S. Bethke, Proc. of the QCD '94 Conference, Montpellier, France, Nucl. Phys. B. (Proc. Suppl.) **39B,C** (1995) 198.
9. UA2 Experiment, J. Alitti *et al.*, Phys. Lett. **B276** (1992) 354.

10. CDF Experiment, F. Abe *et al.*, Phys. Rev. Lett. **65** (1990) 2243, Phys. Rev. **D43** (1991) 2070, Fermilab-pub-95/033-E, Fermilab-pub-95/035-1995.
11. DØ Experiment, vorläufige Resultate vorgestellt von C.K. Jung, Proc. XXVII International Conference on High Energy Physics, Glasgow, Scotland, 1994, Vol.II, Institute of Physics Publishing, Bristol, Philadelphia, und FERMILAB-PUB-95-044-E.
12. The LEP Collaboration, the LEP Electroweak Working Group and the SLD Heavy Flavour Group: „A combination of Preliminary Electroweak Measurements and Constraints on the Standard Model", CERN-PPE/96-183, Dez. 1996

Viel Volk: Mitglieder der internationalen H1-Kollaboration bei DESY
Foto: Heike Thum-Schmielau, DESY, Hamburg

Zukünftige Projekte: Teilchenphysik in Internationalen Kollaborationen

David H. Saxon

Dept. of Physics and Astronomy
University of Glasgow, Scotland

1 Die erste Periode: 1947–1974

Die moderne Ära der Teilchenphysik begann 1947 in Bristol und Manchester mit der Entdeckung des π-Mesons, der seltsamen Teilchen und der durch Myonen katalysierten Kernverschmelzung [1]. Die erste Arbeit, welche die starke Wechselwirkung eines Mesons beschreibt, hat nur einen einzigen Autor [2]. Doch sehr schnell gerieten die Vorzüge internationaler Kollaborationen ins Blickfeld. Binnen Jahresfrist trug ein amerikanischer Ballon (von Oppenheimer) eine britische Emulsion (aus Bristol) in die Stratosphäre, um die Spuren kosmischer Strahlung nachzuweisen.

Heisenbergs Unschärfeprinzip liefert den Schlüssel zu allem was folgte. Die Suche nach den letzten Bausteinen der Materie führt auf die Suche nach ausdehnungslosen, punktförmigen Objekten. Denn die Forderungen der Kausalität und der Relativität diktieren, daß alle Körper mit endlicher Ausdehnung die Möglichkeit zu innerer Bewegung haben müssen und folglich zusammengesetzt sind. Daher hält man ganz allgemein Ausschau nach Konstituenten, die kleiner sind als die Komposita, die man aus ihnen machen kann. Das Unschärfeprinzip sagt uns, daß man höhere Energien braucht, wenn man kleinere Abstände auflösen will. Hochenergetische Teilchen kommen in der kosmischen Strahlung vor, allerdings in völlig zufälliger Weise, so daß erhebliche Investitionen in Detektortechnologie nötig sind, um über das hinauszukommen, was man schon aus den ersten Beobachtungen lernen kann.

Daher erforderte der Fortschritt die Konstruktion von Hochenergie-Beschleunigern, und diese benötigten Kapital. Auf einer UNESCO-Konferenz in Florenz im Juni 1950 sprach I.I. Rabi von der „Dringlichkeit der Schaffung regionaler Zentren und Laboratorien, um die internationale Zusammenarbeit von Wissenschaftlern dort zu verstärken und fruchtbar zu machen, wo die Anstrengung eines einzelnen Landes zur Bewältigung der gestellten Aufgabe nicht mehr ausreichen". Dieses Treffen gab den Anstoß zur Gründung des CERN, der europäischen Organisation für nukleare Forschung, mit anfänglich 12 Mitgliedstaaten, deren Zahl sich heute auf 19 vermehrt hat. Im Juni 1952 war die Wahl für den Ort des Laboratoriums auf Genf gefallen, Kopenhagen, Paris und Arnheim schieden als Mitbewerber aus. Es geht das Gerücht, daß die niedrigen Unterhaltskosten in der Schweiz dabei eine gewichtige Rolle gespielt haben.

Bis zu den 60er Jahren gab es ungefähr 10 Beschleuniger nach neuestem Stand der Technik an nationalen und internationalen Laboratorien rund um die Welt. Die raffiniertesten Experimente arbeiteten mit Blasenkammern. Jede Kammer war ein teures Gerät, das ausgezeichnet detaillierte Bilder von Reaktionen eines Teilchenstrahls in der Kammerflüssigkeit erzeugte (gewöhnlich handelte es sich um flüssigen Wasserstoff), wenn sich diese gerade in einem überhitzten Zustand befand, so daß feine Schnüre von Blasen längs der Wegstrecken der geladenen Teilchen entstehen konnten. Durch Beobachtung dieser Pfade war es möglich, auf die Bewegung der Teilchen zu schließen so wie man das Vorbeiziehen eines Flugzeugs an den Kondensstreifen am Himmel erkennt. Indem man die Art und die Energie des einlaufenden Teilchens variiert, kann man sehr viele unterschiedliche Beobachtungen machen. Mit einer solchen Kammer ließen sich einige Millionen Fotos pro Jahr aufnehmen. Damit wurde ein ziemlich großes Spektrum von Forschungsaufgaben zugänglich, ganz ähnlich wie bei einer astronomischen Beobachtungsstation.

Man nahm also die Blasenkammerfilme mit nach Hause ins eigene Institut, um sie dort mit der Hilfe von geschickten jungen Damen durch Scannen und Messen auszuwerten. Gewöhnlich tat sich eine Gruppe von Laboratorien zusammen, um eine gemeinsame Fragestellung zu bearbeiten. Dadurch, daß sie sich die immer gleichen Vorgänge des Scannens und Messens untereinander aufteilten, konnten sie ihre Meßkapazität erhöhen und eine gemeinsame Datenbank aufbauen. Die Blasenkammerfotos wurden jeweils ein paar Tage oder Wochen lang aufgenommen und dann in der Kollaboration verteilt. Probleme mit optischen Verzerrungen und dergleichen, welche die Qualität der Resultate beeinträchtigten, waren allerdings verschieden bei Filmen, die zu verschiedenen Zeitpunkten aufgenommen wurden.

So übernahm jedes der beteiligten Laboratorien die Verantwortung für eine gewisse Menge von Filmrollen und maß Ereignisse aus, die nicht nur für sie selbst von Interesse waren, sondern auch Reaktionen betrafen, deren wissenschaftliche Bedeutung irgendwo anders aufgeklärt werden würde. Das nahm gewöhnlich mehr als 1 Jahr in Anspruch, und die technischen Probleme der Analyse waren da zu lösen, wo sie in dieser Zeit auftraten. Die gegenseitige Aufteilung der Entwicklung der benötigten Software-Werkzeuge brachte sowohl Gewinn wie auch Verlust an Effizienz: Einige Geschicklichkeit beim Organisieren einer gemeinsamen Anstrengung ist schon nötig, um solch ein Unternehmen zwischen mehreren Universitäten zu koordinieren, die auch noch über zwei oder drei Länder verteilt sind.

Die relativ kurze Zeit, die am Beschleuniger verbracht werden mußte, um die Filme zu gewinnen, die Leichtigkeit, diese dann zu verschicken und die einigermaßen standardisierte Auswertetechnik begünstigten die Zusammenarbeit und ermöglichten es, den intellektuellen Input von weit voneinander entfernten Gruppen zusammenzubringen, um die Qualität der Analyse zu erhöhen. Die gemeinsam getragene Verantwortung für die Qualität der Daten und das Zusammenwerfen der Daten für jede Analyse erzeugte die Gewohnheit, daß die Kollaboration ihre Arbeit als Ganzes veröffentlicht. Bevor einer seine Arbeit publizieren kann, muß er seine Kollaboranten von ihrer Richtigkeit überzeugen. Es mag ja auch Analysen über denselben Sachverhalt von anderen konkurrierenden Gruppen innerhalb der Kollaboration geben, und diese müssen in Übereinstimmung gebracht werden, bevor die Arbeit publik gemacht werden kann. Die interne Begutachtung hat mehr zur Qualitätssteigerung in diesem Bereich beigetragen als irgend ein anderes Verfahren. Sie legte auch den Grundstein für die tausend Mitglieder umfassenden Kollaborationen von heute. Natürlich ist auch die externe Konkurrenz anderer Kollaborationen äußerst wichtig – zur Sicherheit und als Ansporn.

Mein eigener Einstieg in dieses Gebiet, im Jahre 1966, geschah auf der Suche nach einem „Ein-Mann-Experiment“. Ich fürchtete mich vor den Gefahren der „big-science-Kultur“. Im Endeffekt brachte ich ein Blasenkammer-Experiment im wesentlichen aus eigener Kraft zu Ende, mit Rat und Hilfe meines Betreuers und eines „sabbatical visitors“, d. h. eines Gastwissenschaftlers, der gerade sein Freisemester hatte. Aber abgesehen von den apparativen Möglichkeiten in Oxford, wo ich mein Standbein hatte, machte ich doch Gebrauch von Laboratorien in 3 Ländern – von den Beschleunigern und Blasenkammern am Rutherford-Lab (England) und in Saclay (Frankreich) und von den Auswerte- und Computermöglichkeiten in Berkeley (USA). Neben Aufruhr und Krawall in zwei Ländern, die mir eine Erziehung zur Straßentauglichkeit angedeihen ließen, bewältigte ich solche Dinge wie die Erfindung von Magnetband-Formatierungen, die sowohl auf Computern mit 60bit-Wortlänge (in Berkeley) als auch auf solchen mit 36bit-Wortlängen (in Oxford) zu entziffern waren; 8bit-Worte (bytes) hatten ihren Auftritt noch vor sich.

Blasenkammern dominierten die Teilchenphysikforschung in den 60er Jahren. Aber zugleich wuchs ein anderer Arbeitstil heran, der sich mit Elektronik und Funkenkammern beschäftigte. Das erforderte eine andere Kultur. Teams mit bis zu einem Dutzend Wissenschaftlern arbeiteten zuweilen monatelang viele Stunden täglich am Beschleuniger, meisterten viele technische Probleme, um einen spezialisierten Detektor fertig zu kriegen, der mit Genauigkeit und mit bekannter *efficiency* einen speziellen Prozeß messen sollte, wahrscheinlich einen, der der „Blasenkämmerei“ nicht zugänglich war, weil er z.B. den Nachweis von Photonen oder Neutronen verlangte oder den Einsatz eines polarisierten Targets. Ich praktizierte dieses Handwerk zwischen 1974 und 1978. Es lehrt einen zu erkennen, wie sehr die Qualität des Nachweisinstrumentes die Reichweite und Nützlichkeit der Studien bestimmt, die man machen kann.

Die Experimentierkunst wird natürlich vorangetrieben durch die Wissenschaft, die man betreiben will. Jede Generation von Beschleunigungsmaschinen bringt Verbesserungen in der Energie oder in der Intensität mit sich, die neue Verfahrensweisen von den Experimentatoren fordern. Der Start von

Fermilab (eigentlich ein allmähliches Hochfahren von 1972 an) markiert eine Übergangsphase. Die experimentellen Gruppen waren noch klein, aber sie fingen an, die Herausforderungen durch die benötigten Fortschritte in der Technologie zu spüren. Ich selbst ging gemeinsam mit vier anderen europäischen Forschungsmitarbeitern für 1 Jahr zur Columbia-Universität in New York und dann zum Fermilab, wobei ich mich in solchen Künsten wie dem Entwurf von Kabelbäumen und Abschirmblöcken versuchte. Ich schloß mich einem Columbia-Fermilab-Experiment an, das von Leon Lederman geleitet wurde und nach W- und Z-Bosonen suchte.

Wir wußten damals nicht, wie schwer diese Teilchen sein könnten, aber wir planten, sie in Proton-Beryllium-Reaktionen bei der höchstmöglichen Energie und Intensität zu produzieren und sie anschließend anhand ihrer Zerfälle in Elektronen und Myonen zu identifizieren. Zum ersten Mal benutzten wir Magnete, Kalorimeter und Presampler („Vorsortierer"), um Elektronen und Myonen von Pionen zu unterscheiden, die zehntausendmal häufiger vorkommen [3]. Die Arbeit war innovativ und ebnete den Weg für vieles, was wir heute machen, aber unsere Anstrengungen richteten sich nur darauf, ein Spektrometer von bescheidener Öffnung zu bauen, und diese wurden zudem durch das schlechte Funktionieren des Beschleunigers gehemmt.

So hatten wir bis zum April 1974 die inklusiven Elektron- und Myonerzeugungsraten als Funktion des Transversalimpulses erfolgreich gemessen und waren nun dabei, einen zweiten Arm für das Spektrometer zu bauen, um Teilchen zu finden, die in ein Leptonpaar zerfielen.

Wir kamen zu spät. Die Hochenergiephysik wurde an einem einzigen Tag im November 1974 revolutioniert, – durch die Entdeckung des J/Ψ- Teilchens [4]. Dieses wurde auf zwei verschiedene Arten gefunden: in der hadronischen Produktion von Leptonpaaren in Brookhaven – nach einer Methode, die wir gerade am Fermilab entwickelt hatten [5] – und durch das Studium der Elektron-Positron-Annihilation am Stanford Linear Accelerator (SLAC) [6]. Die Fermilab-Gruppe erholte sich wieder von der Enttäuschung und drängte vorwärts zur Entdeckung des Υ-Teilchens [7]. Der Erfolg der Elektron-Positron-Annihilationsexperimente allerdings änderte nicht nur unsere Philosophie in der Physik, – innerhalb von wenigen Monaten wurde das Quarkmodell endgültig akzeptiert und zur Norm erhoben – sondern auch die experimentellen Techniken.

2 Collidermaschinen: Von 1974 bis zur Gegenwart

„Elektron-Positron-Annihilationen sind ziemlich armselige Produzenten von Mesonresonanzen, und es ist nicht wahrscheinlich, daß sie viel Neues zur Kenntnis ihrer Eigenschaften beisteuern können" [8]. Im April 1974 konnte man das noch ohne große Skrupel sagen. Bis zum November jedoch hatte die Natur diese Aussage spektakulär widerlegt, und seit über 20 Jahren beherrschen nun Elektron-Positron-Collider das Feld. Die erzeugten Bosonen – die

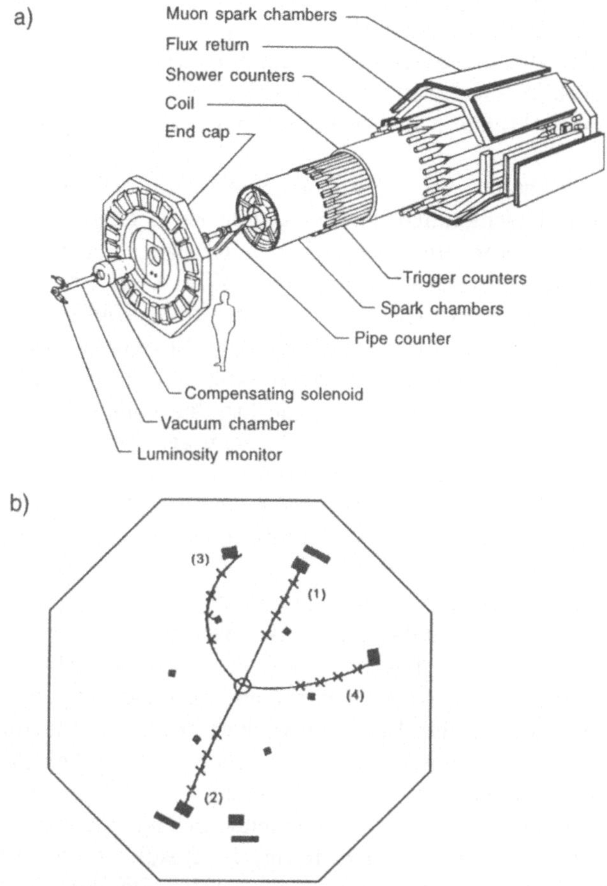

Abb. 1. SPEAR magnetischer Detektor, **(a)** schematische Ansicht, **(b)** ein Ereignis vom Typ $e^+e^- \to \Psi' \to \Psi\ \pi^+\ \pi^-; \Psi \to \mu^+\ \mu^-$. Nach dem Muster, das die Spuren zeichnen, wurde diese Reaktion scherzhaft als „Selbstporträt" des Ψ-Teilchens bezeichnet

Ψ- und Υ-Familien und das Z^0-Boson – sind mit einer Präzision studiert worden, die praktisch alles andere in den Schatten stellt, und das zeitgenössische Standardmodell wird durch unsere Kenntnis ihrer Eigenschaften dominiert.

Der magnetische Detektor bei SPEAR, der bei der Ψ-Entdeckung verwendet worden war, ist in Abb. 1 gezeigt. Man konnte keine Blasenkammer für kollidierende Teilchenstrahlen benutzen – das Target, der „duty-cycle", alles war falsch. Aber man versuchte, einen „4π-Detektor" zu bauen, der die Eigenschaft der Blasenkammer übernehmen konnte, alles zu registrieren, was bei einer Reaktion herausflog, in welche Richtung auch immer. Niemand hatte zuvor solch ein ehrgeiziges Ziel mit elektronischen Mitteln, d.h. mit Funkenkammer-Techniken angesteuert. Aber genau das war nötig, um Zugang zur „Colliding-beam-Physik" zu bekommen. Und um so etwas zu bauen, brauchte man wirklich eine „neue Art, Physik zu betreiben" (W. Chinowsky, 1974). – Das „Mega-Team", in diesem Fall neunundzwanzig Personen, war entstanden.

Spätestens 1977 wußte ich, daß meine Experimente mit polarisierten Targets am NIMROD-Beschleuniger in England zu Ende gingen, und ich mußte mich nach etwas anderem umsehen. Ich machte einen Schritt in die richtige Richtung, indem ich mich entschloß, bei PETRA zu arbeiten, dem neuen Hochenergie-Elektron-Positron-Ring, der gerade in Hamburg im Bau war und Ende 1978 laufen sollte. Die Lektionen der „November-Revolution" waren gut gelernt worden, und das bedeutete eine neue Stufe an Komplexität und an Organisation. Der Detektor überdeckte den vollen Raumwinkel (von 4π). Wie bei SPEAR nahm man alle Reaktionen gleichzeitig auf, in der gleichen demokratischen Weise wie bei einer Blasenkammer, nur mußte man jetzt schon alle 4 μs eine neue Kollision verarbeiten, während man vorher ungefähr 2 Sekunden Zeit dafür hatte. Das bedeutete, daß ein „event-trigger" besonders wichtig wurde.

Man mußte also außerordentlich schnell unerwünschte Kollisionen zurückweisen und erwünschte Kandidaten heraussieben, und man mußte das in einer zuverlässigen Weise tun, bei der alles voll verstanden ist, die *efficiency*, der Untergrund und die apparativen Parameter. Die elektronischen logischen Schaltungen waren bis zu dem Punkt entwickelt, wo komplexe Spurfindungs-Trigger gebaut werden konnten, die mit dieser Geschwindigkeit arbeiteten. Um dies aber überhaupt in sinnvoller Weise zum Laufen zu bringen, mußte man in der Lage sein, die Nachweiswahrscheinlichkeit zu messen, zu überwachen und zu verbessern. So war es nötig, die Resultate von Anfang an zu rekonstruieren. Die Bereitstellungszeit einer Analyse fiel von 18 Monaten auf einen Tag, als die Triggerexperten lauthals Rückkopplung in ihre laufende Arbeit einforderten. Die höhere Kollisionsenergie erforderte, daß jeder Teil des Detektors größer als bei SPEAR sein mußte.

Wie kann man das alles erreichen? Eine Kollaboration von machtvollen Instituten war gefragt, jedes davon mit einem Team von Experten, das sich auf spezielle Aspekte der Aufgabe spezialisiert. Bei der TASSO-Kollaboration begannen wir mit 87 Wissenschaftlern aus 9 Instituten in 3 Ländern; die Zahl der Institute und der Länder stieg später noch etwas an. Das war eine wunderbare Erfahrung – die Spannung, neue Wissenschaft nach allen Richtungen hin machen zu können, die stimulierende Wirkung, die von der Zusammenarbeit mit Enthusiasten von so vielen Plätzen ausgeht, und die Dringlichkeit des Wettbewerbs innerhalb und außerhalb der Kollaboration (ein Ansporn sowohl zur Steigerung der Geschwindigkeit als auch zur Erhöhung der Genauigkeit), all das kam zusammen, um das Niveau unserer Arbeit zu heben.

Ein Teilchenphysikexperiment ist ein langdauerndes Unterfangen, wenn auch vielleicht nicht so lang wie etwa die Zeitskalen, die bis zu dem Entwurf, der Konstruktion und dem Einsatz wissenschaftlicher Raumkapseln zu berücksichtigen sind. Es beginnt mit einer wissenschaftlichen Idee, vielleicht in einer Gruppe von Freunden. Die Entwicklung der Detektortechnik braucht dann über 5 Jahre, denn die Qualität des Instruments ist von höchster Wichtigkeit für die Arbeit, die damit geleistet werden kann. Bei HERA wurden die ersten Konferenzen über die Möglichkeit eines Elektron-Proton Colliders schon 1975 veranstaltet. Die Sache nahm dann richtig Fahrt auf (jedenfalls sieht es dieser Autor so) in Genua im Jahre 1984, und die ersten Resultate kamen 1992. Die volle Ausnutzung der Maschine wird schließlich über 10 Jahre dauern.

Teilchenphysikexperimente sind wie astronomische Observatorien; sie erlauben eine ganze Palette von Untersuchungen. Aber im Gegensatz zu den Observatorien verwendet jede Studie den gesamten Datensatz, der unter Umständen über mehrere Jahre hinweg zusammengetragen worden ist. Die gewünschten Daten werden durch die Methode des Triggerns und durch geeignete Schnitte bei der Datenanalyse ausgewählt. Daher müssen verschiedene Untersysteme, die verschiedene Aspekte jedes Ereignisses messen sollen, ohne Beeinträchtigung ihrer gegenseitigen Funktion miteinander arbeiten. So dürfen Halbleiter-Vertexdetektoren, welche die Lage der Teilchenspuren nahe am Entstehungsort vermessen, nur so wenig Material wie möglich haben, um die Vielfachstreuung und die Photonkonversion, welche die Messungen von Teilchenimpuls und Spurenmultiplizität verschlechtern würden, zu verringern.

Die raffinierteren Ergebnisse werden oft durch Kombination aus Ergebnissen verschiedener Detektorkomponenten erreicht. Ein Beispiel für ein im Jahre 1994 am LEP-Collider von CERN produziertes Z^0-Boson, das in Quark-Antiquark-Paare zerfällt, ist in Abb. 2 gezeigt. Zu sehen ist die Erzeugung eines B_s-Mesons, das aus einem $(\bar{b}s)$-Paar besteht. Das B_s-Meson zerfällt, nachdem es ungefähr 3 mm geflogen ist, in ein Ψ' und ein Φ. Das Ψ' zerfällt dann in ein $\mu^+\mu^-$-Paar, und das Φ-Meson in ein K^+K^--Paar. Die Haupt-Spurkammer („Time projection chamber“) wurde benutzt, um die Teilchenimpulse zu messen und die K-Mesonen (durch ihre Ionisationsverluste) zu identifizieren; die Vertexkammer diente dazu, Produktion und Zerfall des B_s-Mesons klar voneinander zu trennen. Das elektromagnetische Kalorimeter hat eventuell auftretende Elektronen zu erkennen, und der Durchgang von Teilchen durch das Hadronkalorimeter hindurch bis in die Myonkammern hinein identifiziert diese als μ^+ und μ^-.

Die ALEPH-Kollaboration, die diesen eleganten Detektor konstruierte und betrieb, begann im Jahr 1982 mit der Arbeit und umfaßt heute über 400 Physiker aus 32 Instituten in 10 Ländern. Nicht alle diese Länder sind Mitgliedstaaten von CERN. Außenstehende fragen oft, wie ein solcher Organismus überhaupt regiert werden kann. Das geht, und man braucht dazu nicht

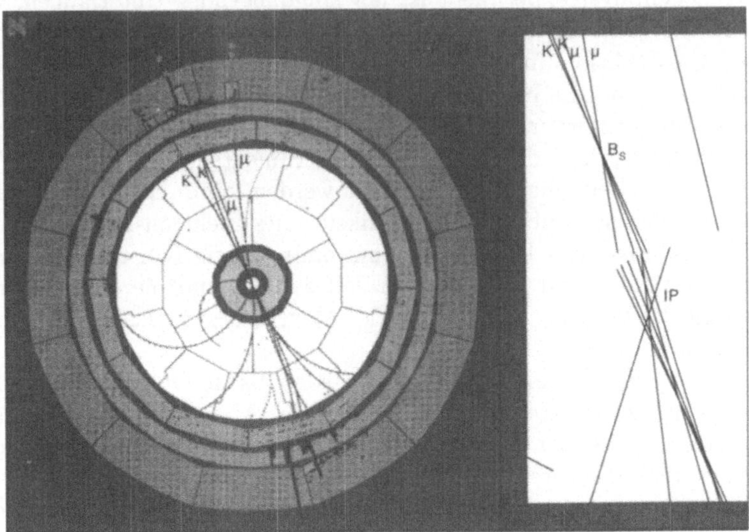

Abb. 2. Ein Ereignis, wie es im ALEPH-Detektor rekonstruiert wird. Links die Hauptansicht des Ereignisses in der Time-Projection-Chamber mit dem elektromagnetischen Kalorimeter, dem Hadronkalorimeter und den Myondetektoren in aufeinanderfolgenden Lagen darum herum. Rechts ist die Vertexregion gezeigt, wie sie von Vertexdetektor rekonstruiert wird. Einzelheiten werden im Text besprochen

mehr als ein sogenanntes „Memorandum of Understanding". Das ist ein Vertrag, der die Geldgeber in jedem Land zu bestem Bemühen verpflichtet, aber einklagbar ist davon nichts. Die Kollaborationen arbeiten im Rahmen einer formalen Struktur, die von ihnen selbst entworfen worden ist, und die vom CERN-Management wie von einem guten Onkel überwacht wird. Am Ende funktioniert das, weil die Wissenschaftler selbst wollen, daß es funktioniert. Die Sanktionen für das Ausbleiben einer Zulieferung, für schlechte Funktion oder Wartung von Apparaten oder für unehrliches Verhalten bestehen einfach in dem Verlust an Reputation. Die Furcht, aus dem Club hinausgepfiffen zu werden, ist ein mächtiges Druckmittel.

Die Welt der Teilchenphysik ist in einem gewissen Sinne klein. Doch macht gerade die Kleinheit diese Welt in anderer Hinsicht wieder groß. Sie bewirkte eine gewisse Durchlässigkeit des Eisernen Vorhangs, lange bevor es andernorts offensichtlich wurde, daß er rostete. Und sie schafft immer noch einen Mechanismus für die Zusammenarbeit zwischen reichen und armen Ländern. Gruppen aus weit entfernten Ländern, die nur wenige „Schweizer Franken" mitbringen, können doch gleichwertige Kollaboranten sein, wenn sie intellektuelles Kapital einbringen, das für ihre Partner wertvoll ist.

3 Neue Projekte von 1995 an

Forschung schreitet voran, oder sie stirbt. Für die experimentelle Teilchenphysik gilt das im besonderem Maße. Die Regierungen werden unsere Rechnungen nur dann weiter bezahlen, wenn sie weiterhin dynamischen Einsatz und Fortschritt sehen. Die Entscheidungen für den Bau neuer Beschleuniger müssen von theoretischen Einsichten vorangetrieben werden, die den Weg in die Zukunft weisen. Die Notwendigkeit hoher Energien für das Studium von Neutrinoreaktionen machte den Bau des SPS erforderlich. LEP wurde auf den Weg gebracht durch die präzise testbaren Voraussagen der elektroschwachen Theorie, HERA durch die Fragen nach der Struktur der Materie und ihrer Wechselwirkungen, und der Large Hadron Collider entsteht aus der theoretischen Idee über den Ursprung der Masse (den Higgs-Mechanismus) und aus den Hinweisen auf höhere Symmetrien.

Das finanzielle Klima ist weniger angenehm geworden. In den 70er Jahren wurde das SPS bei CERN mit Hilfe eines dramatisch ansteigenden Jahresbudgets gebaut. In den 80er Jahren wurde LEP im Rahmen eines über die Jahre konstanten Budgets gebaut. Im Jahre 1994 bestand der CERN-Council darauf, daß der Bau des Large Hadron Colliders in einer Phase sinkender Jahresbudgets erfolgen muß mit speziellen Kontributionen von den beiden Ländern, auf deren Gebiet der LHC sich befinden wird (diesseits und jenseits der französisch-schweizerischen Grenze), sowie mit substantiellen Beiträgen zur Unterstützung und Bauzeitverkürzung des Beschleunigers von Nichtmitgliedstaaten, die an seiner Nutzung beteiligt sein wollen.

Man muß daher rücksichtslos weitergehen, wenn ein gegenwärtiges Projekt an das Ende seiner Möglichkeiten gekommen ist. LEP lief von 1989 bis 1995 als eine Z^0-Fabrik und lieferte Messungen mit Auswirkungen auf die verschiedensten Gebiete, die nirgendwo sonst gewonnen werden konnten. Die erreichte Präzision ist legendär und hat den Forschungsstil völlig verändert. Die schönen Messungen, die die Empfindlichkeit der Z^0-Massenbestimmung auf die Gezeitenbewegungen der Erdkruste unter dem Einfluß des Mondes erweisen, haben in der Folgezeit Effekte des Regenfalls, der Höhe des Wasserspiegels im Genfer See und der täglichen Eisenbahnbewegungen auf der Strecke Paris–Genf sichtbar gemacht. Die Präzision der Detektoren, die Prozesse wie den in Abb. 2 gezeigten zu identifizieren gestattet, ließ Andeutungen neuer Phyik aufscheinen, doch reichte weder die statistische Beweiskraft noch die Energie des Beschleunigers aus, um die jetzt sichtbaren Ziele der Fermion- und Bosonphysik zu studieren.

Um diese Ziele zu verfolgen, werden zwei unterschiedliche Maschinen benötigt. LEP wird gerade in Stufen von 1995 bis 1999 ausgebaut, um die $W^{\pm}$-Bosonen zu studieren und um neue Phänomene zu suchen, die einen Hinweis auf den Higgs-Sektor und auf Supersymmetrie geben. Die LEP-2-Maschine, wie sie genannt wird, ist ein Schnäppchen. Denn der LEP-Beschleuniger mit all seiner Infrastruktur wird weiter verwendet; dazu kommen dann neue supraleitende Beschleunigungskavitäten mit überwältigenden Eigenschaften. (Die Qualität solcher Resonatoren kann in Zahlen ausgedrückt werden: eine Orgel, die nach diesem Standard gebaut wäre und den Kammerton a spielte, würde ein Jahr lang nachhallen – eine akustische Eigenschaft, die jede Kathedrale weit in den Schatten stellen würde). Die 19 Mitgliedstaaten, die zusammen CERN finanzieren, können stolz sein auf das von ihnen gegründete exzellente Forschungszentrum, das diese Dinge machen kann.

Die Detektoren, die für die Z^0-Untersuchungen gebaut worden sind, würden nur mäßige Ergänzungen erfordern, um die höheren Energien und Reaktionsraten zu verkraften. Aber auch dieser Ausbau ist von der höchsten Qualität, und seine Verwirklichung ist ein Beispiel für die Art und Weise wie die internationale Zusammenarbeit funktioniert. Betrachten wir einmal die Aufrüstung des ALEPH-Vertexdetektors (mit dem ich selbst am besten vertraut bin). Verglichen mit dem Vertexdetektor für die Z^0-Untersuchungen wurde dieser so entworfen, daß die Akzeptanz ausgeweitet wurde, um maximal effizienten Gebrauch vom Beschleuniger zu machen. Dann wurde das den auslaufenden Teilchen im Wege stehende Material reduziert, und zugleich wurden zusätzliche Meßmöglichkeiten vorgesehen. Schließlich sollte der Detektor auch höheren Strahlendosen standhalten können. Das so verbesserte System hat italienische Detektorelemente, französische Mechanik und britische Elektronik. Um das Material zu mininieren und zugleich die thermische Leitfähigkeit zum Abtransport der anfallenden Wärme zu maximieren, wurden Beryllium-Substrate und „Diamant-beladene" Kleber verwendet.

Aber die Spur der Quark-Physik, die sich bei LEP zeigt, wenn man Z^0-Zerfälle studiert, läßt sich bei LEP nicht weiter verfolgen. Dazu braucht man einen Beschleuniger, der weniger auf hohe Energie als auf hohe Intensität hin optimiert ist. Die Energie (10 GeV/c^2 gegenüber 90 GeV/c^2 bei LEP) wird so eingestellt, daß man B-Mesonen in einer besonders kontrollierten Weise produzieren kann. Das Thema ist wichtig für unser Verständnis des Universums. Es liefert einen Schlüssel für die Frage, wie ein unmittelbar nach dem Urknall durch Strahlung dominiertes Universum sich danach in ein materiedominiertes Universum, in dem wir heute leben, entwickeln konnte. Und das erfordert nun mal einen auf diesen Zweck hin ausgelegten Beschleuniger.

Eine Anzahl europäischer Gruppen bewegt sich auf neue experimentelle Einrichtungen hin; die meisten streben nach Kalifornien zum BABAR-Experiment (phonetisch für $B\bar{B}$), das in Stanford gerade unter Konstruktion ist. Ein Wettbewerb dieser Einrichtung mit einer anderen, die in Japan gebaut wird, garantiert Vitalität und Qualität der Arbeiten. Kooperation über den Atlantik hinweg ist unter Wissenschaftlern gut entwickelt; allerdings nicht, so scheint es wenigstens, bei gewissen Regierungen, deren Genehmigungs- und Finanzierungsverfahren diesem Ziel ziemlich wenig entgegenkommen. Kooperation zwischen Europa und Japan ist in begrenztem Ausmaß recht erfolgreich gewesen (z.B. bei PETRA und bei LEP). Es ist gut, wenn wir das Niveau der Zusammenarbeit, die jetzt zwischen Japan und CERN begonnen hat, als ein gutes Omen für die Zukunft sehen.

4 Das HERA-Modell und der Large Hadron Collider

Die Konstruktion von HERA, der Hadron-Elektron-Ring-Anlage bei DESY (zwischen 1984 und 1992) bietet ein Beispiel dafür, wie die kommende internationale und interregionale Zusammenarbeit funktionieren kann. Deutschland bekundete seine feste Absicht, den neuen Elektron-Proton-Collider zu bauen und lud andere Länder ein, beim Bau mitzumachen. Einige taten es, indem sie Maschinenelemente in ihrem eigenen Land entwickelten. Am bemerkenswertesten war die Konstruktion von supraleitenden Magneten durch Italien, mit denen 3 km des Beschleunigerrings ausgerüstet werden konnten. Beträchtliche andere Komponenten haben Kanada, Frankreich, Israel, die Niederlande und die Vereinigten Staaten beigesteuert. Umfangreichere Expertenhilfe kam von Polen und China, sowie der damaligen Tschechoslawakei. Die DDR und Großbritannien brachten ebenfalls Erfahrungen ein. Länder, die nicht in größeren Umfang zum Bau der Maschine beitrugen, konnten sich jedoch an den Experimenten gegen Zahlung gewisser *running-costs* beteiligen.

CERN folgt nun einem ähnlichen Weg beim Large Hadron Collider. Das gesamte Projekt für eine Energie von 14 TeV wurde vom CERN Council im Dezember 1994 genehmigt. Auf der Grundlage der von den Mitgliedstaaten zu dieser Zeit vorgesehenen Mittel wird der Collider bei einer reduzierten Energie vom Jahre 2004 an laufen, ab 2008 soll dann die volle Energie erreicht sein. Nichtmitgliedstaaten, die den Beschleuniger mitbenutzen wollen, sind eingeladen, sich mit Geld oder in anderer Weise so zu beteiligen, daß der Zeitplan verkürzt werden kann. Die Einladung ist offen, und man erwartet heute, daß solche Länder in der Tat zum Bau der Maschine beitragen werden.

Japan antwortete mit einer unmittelbaren Zuwendung von 5 Mrd. Yen (ungefähr 70 Mio. DM), wobei im Anschluß daran vielleicht noch weitere Zahlungen erwartet werden können. Ähnliche Vereinbarungen sind bereits mit Staaten wie Kanada, Israel, Indien und Rußland abgeschlossen oder in doch fortgeschrittenem Stadium befindlich. Mit den USA sind Verhandlungen

Tabelle 1. Raten potentieller und aktueller Wechselwirkungen an verschiedenen Speicherringen

Maschine	Jahr	Strahlkreuzungs-intervall	Ereignisse pro Strahlkreuzung
PETRA	1978	36 μs	selten
LEP	1989	22 μs	selten
HERA	1992	96 ns	selten
HERA-B	1997	96 ns	4
LHC	2004/8	25 ns	25

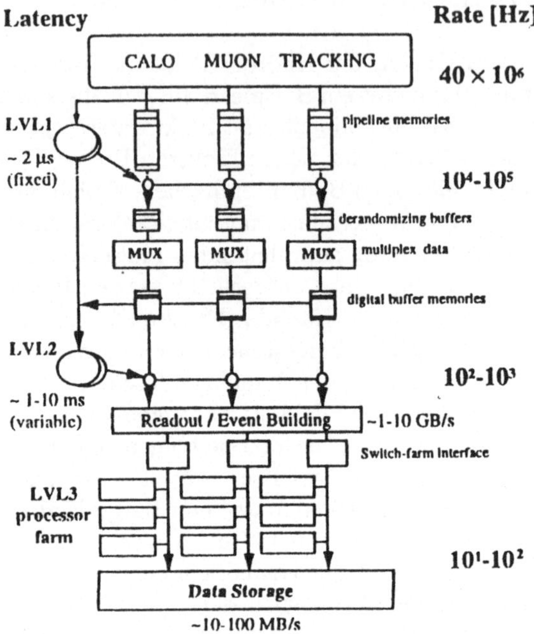

Abb. 3. Trigger und Datenacquisitions-Struktur des ATLAS-Experiments, das für LHC entwickelt wird

im Gang, mit dem Ziel, ein Abkommen zu erreichen, bevor die Fortschritte des LHC-Projekts 1997 zur Überprüfung anstehen. Die relativ steife Haltung Amerikas findet teilweise durch das härtere Finanzklima der 90er Jahre ihre Erklärung, teilweise spielt auch die Wahrnehmung eine Rolle, daß es schon einige Jahre her ist, daß eine breite Ausgewogenheit zwischen den über den Atlantik hin und her flutenden Wissenschaftlerströmen herrschte, zumindest auf diesem Gebiet. Die Vereinigten Staaten bieten ihrerseits weiterhin einen Zugang zum BABAR-Experiment auf der Grundlage von Beiträgen zum Detektor und den damit verbundenen *running costs*, jedoch nicht zu den Kapitalkosten des Beschleunigers, an. Die europäischen Wissenschaftler haben sicherlich Lust, dort zu arbeiten. Doch sind es bei weitem nicht so viele wie die Amerikaner, die den LHC benutzen wollen.

Aber HERA weist noch in einem anderen und wichtigen Sinne in die Zukunft. Tabelle 1 illustriert diesen Punkt. Sie zeigt die Zeitintervalle, zwischen den Strahlkreuzungen bei verschiedenen Speicherringen und die jeweils erwartete Zahl von Wechselwirkungen (oder Stoßreaktionen) pro Strahlkreuzung. (HERA-B ist ein b-Physik-Experiment bei hohen Raten, das gegenwärtig bei HERA gebaut wird und 1997 laufen soll). Jede Strahlkreuzung muß regelrecht darauf verhört werden, ob sie ein brauchbares Wechselwirkungsereignis

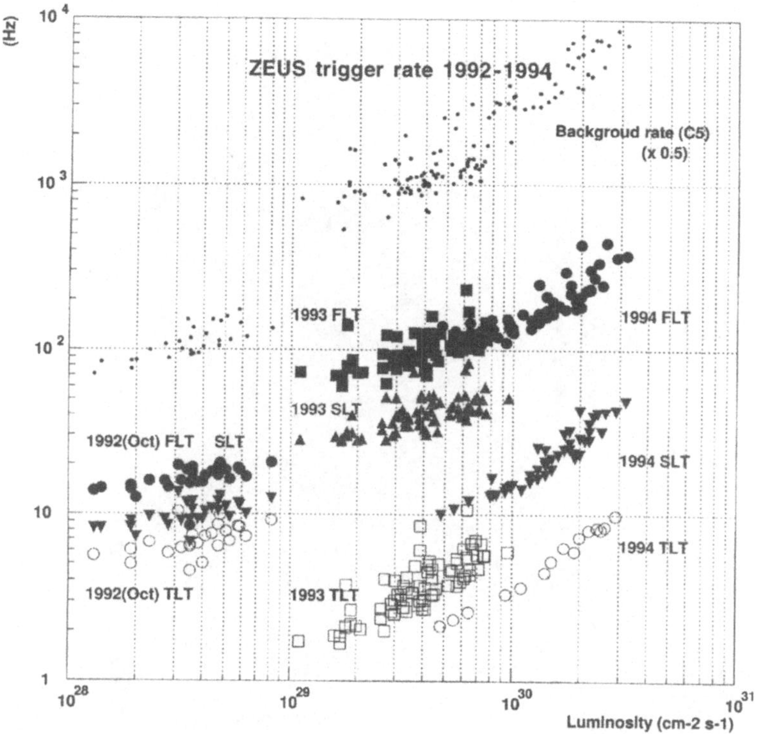

Abb. 4. ZEUS (HERA)Triggerraten als Funktion der Luminosität. FLT = erste Triggerstufe, SLT = zweite Triggerstufe, TLT = dritte Stufe, Ausgang aufs Datenband

enthält. Man kann nur ein paar Ereignisse pro Sekunde aufnehmen. HERA bringt uns zum ersten Mal in eine Situation, in der das Intervall zwischen zwei Strahlkreuzungen kleiner ist als die Zeit, die man braucht, um eine Entscheidung zu treffen, und tatsächlich sogar kleiner als die Zeit, die nötig ist, um die Rohdaten aus dem Detektor auszulesen und in einen Daten-Puffer zu schaffen.

Ereignisauswahl und -verarbeitung müssen daher in Echtzeit erfolgen. Unerwünschte Reaktionen müssen verworfen werden und erwünschte, welche nur einmal unter 10^4 bis 10^7 unerwünschten vorkommen, müssen identifiziert werden. Der „Trigger“ muß eine hohe und bekannte *efficiency* (Nachweiswahrscheinlichkeit) haben und entwicklungsfähig sein, um Untergrundreaktionen zu unterdrücken oder Prozesse zu akzeptieren, die nicht während der ursprünglichen Design-Phase in Betracht gezogen worden waren. Man sitzt auf einer Lernkurve; erstens muß man von HERA zu HERA-B und zu LHC immer mehr Anwendung von sogenannter „pipelined logic“ lernen und zweitens

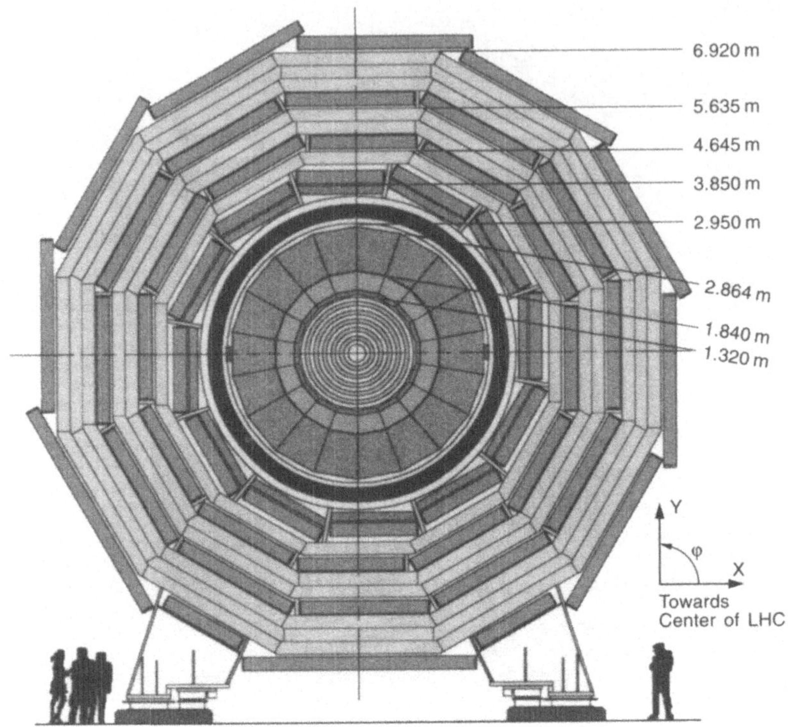

Abb. 5. Entwurf des CMS-Detektors für den LHC

sind in der frühen Phase der Durchführung des Experiments Trigger von wachsender Raffinesse zu entwickeln.

Abbildung 3 stellt die logische Struktur für das ATLAS-Experiment am Large Hadron Collider dar [9]. Die Datenflüsse sind enorm. Die Ereignisgrößen sind so, daß der gesamte Datenfluß im Detektor den aller gegenwärtigen Fernsehsendungen in Europa übersteigt. Aufeinanderfolgende Triggerstufen haben mehr Zeit zum Nachdenken zur Verfügung als isolierte Einzeltrigger und erlauben daher bei den Daten logische Entscheidungen von wachsender Komplexität. Die dritte Stufe leistet schließlich die volle Ereignis-Rekonstruktion.

Abbildung 4 zeigt die „Lernkurve" für das ZEUS-Experiment bei HERA. Die Restriktionen auf den Datenfluß erzwingen eine Triggerrate auf der ersten Triggerstufe (FLT) von weniger als einigen 100 Hz und eine Endübertragungsrate auf Datenträger (TLT) von weniger als ungefähr 10 Hz. Beim Start des Experiments 1992 waren die Raten für alle Triggerstufen sehr ähnlich und unabhängig von der (damals sehr niedrigen) Luminosität (und waren daher durch den Untergrund dominiert). Bis 1994 sind die Techniken dann sehr viel

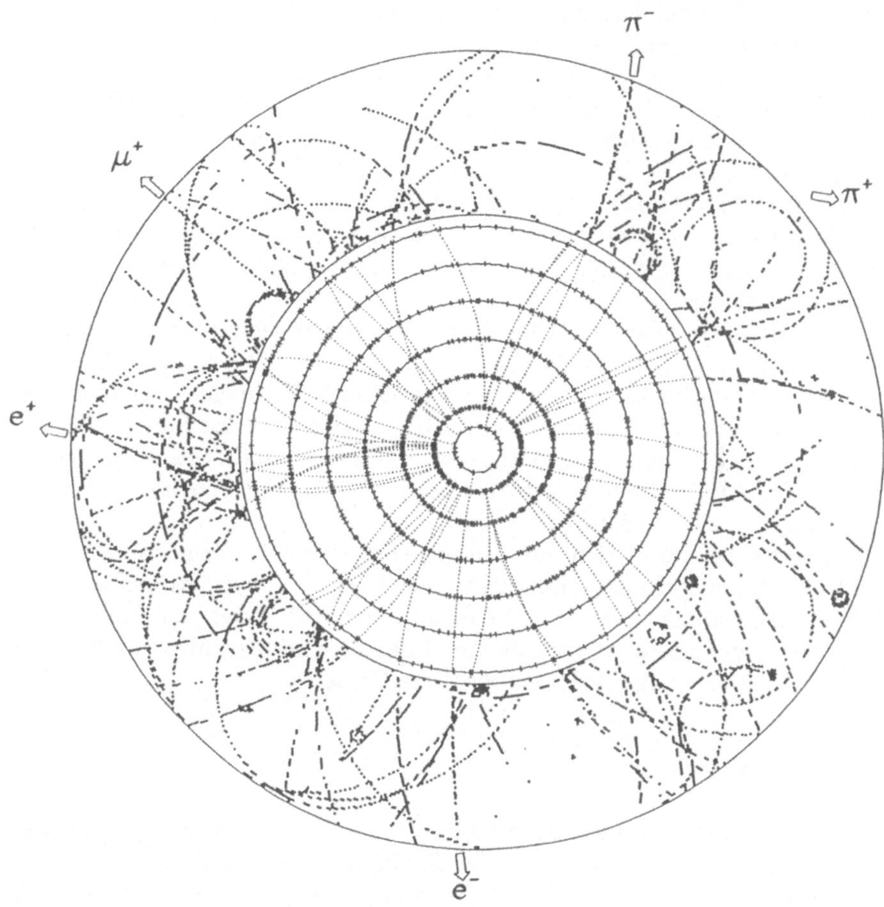

Abb. 6. Simulationsbild eines Ereignisses im zentralen Teil des ATLAS-Innendetektors. Die inneren Schichten repräsentieren Silizium-Spur-Detektoren mit 20 μm Granularität. Die äußeren Schichten sind dünne (4 mm Durchmesser) Proportionaldriftkammern, sogenannte Strohhalme. Das gezeigte Ereignis wurde unter der Annahme einer Luminosität von 5 × 1033 Teilchen/(cm$^2 \cdot$ s) simuliert; es enthält ein B_d^0-Meson, das in ein Ψ und ein K_S^0 zerfällt, wobei diese Teilchen weiter zerfallen nach dem Schema: $\Psi \to e^+ \, e^-$ und $K_S^0 \to \pi^+\pi^-$

raffinierter geworden. Die Raten sind weit langsamer gestiegen als bei linearer Extrapolation der Intensität von 1992 an zu erwarten war, während zugleich ein breiterer Bereich physikalischer Prozesse untersucht werden kann. Die Lektion für den LHC-Start, wenn eine Vielzahl gegenwärtig vorhergesehener oder unvorhergesehener Prozesse studiert werden muß, die nicht einfach durch Selektion der höchsten Transversalenergie gefunden werden, ist klar. Das HERA-B-Experiment wird den nächsten Test dieser Triggerideen bringen [10]. Von 1997 an werden 4 Ereignisse alle 96 ns angeschaut werden müssen, um zu sehen, ob sie zu den 1% aller Ereignisse gehören, in denen b-Quarks produziert werden.

Die LHC-Experimente werden groß und komplex sein, um die Energie, die Rate und die Komplexität der Ereignisse selbst in den Griff zu bekommen. Abbildung 5 illustriert die Struktur des CMS-Experiments [11] und Abb. 6 zeigt die typische Simulation eines Ereignisses, das im inneren Tracker des ATLAS-Experiments rekonstruiert wurde. Die technologischen Forderungen, die LHC an einen Detektor stellt, haben Arbeiten über Detektorforschung und -entwicklung in der ganzen Nutzergemeinschaft von CERN in Gang gesetzt, ob es sich nun um strahlungsharte Halbleiterpixeldetektoren handelt, um hochauflösende elektromagnetische Kalorimetrie, Fiberoptik-Datentransportlinien oder um Parallelrechnerentwicklung [12]. Das Entstehen von technologischem Weitblick und die Verbindungslinien zur Industrie erweisen sich als wertvoller Spin-off dieses Gebietes.

5 Ausblick

Der LHC-Beschleuniger markiert vielleicht eine Übergangsphase in eine weltweite Kollaboration. Etwa 30% der Signatarstaaten für die zwei Proton-Proton-Experimente sind Nichtmitgliedstaaten. Wir haben 73 Nationalitäten, die an Instituten von 54 Ländern arbeiten. Davon stellen die USA 507, Rußland 362, Kanada 60, Indien 42, Japan 38, China 34, Georgien 31, Weißrußland 28, Israel 22 und Bulgarien 22 Personen. Alle haben verschiedene lokale Ressourcen, historische Gegebenheiten und Möglichkeiten. Keine Einzelstruktur für Kooperationsvereinbarungen wird allen gerecht. Die politischen Dimensionen haben sich innerhalb der Länder und in supranationalen Strukturen entwickelt.

Das Europäische Komitee für zukünftige Beschleuniger (ECFA) ist zu einem wichtigen Forum zur Entwicklung von Vorschlägen für neue Maschinen geworden, ob diese nun im CERN entstehen sollen oder irgendwo anders. Diese Institution hat nun ein brandneues Gegenstück in Asien (ACFA). Das Internationale Komitee für zukünftige Beschleuniger (ICFA) stellt einen Rahmen für die Zusammenarbeit zwischen den Direktoren der größeren Beschleuniger in der ganzen Welt bereit. ICFA hat die Formalisierung der Zusammenarbeit über die Beschleunigertechnik-Entwicklung für zukünftige e^+e^--Linearcollider abgesegnet. 23 Laboratorien in Asien, Rußland, USA und in den CERN-Mitgliedstaaten sind darin einbezogen. Der Vergleich zwischen LEP und dem Tevatron zeigt, daß die erreichbare Energie in der Proton-Maschine höher ist, daß aber Elektron-Maschinen spezielle Fragen mit großer Präzision aufgreifen können. Die Entdeckung des top-Quarks [13] bringt einander ergänzende Vorzüge von Proton-Proton- und Elektron-Positron-Maschinen zutage. Um 250 GeV oder mehr innerhalb einer vernünftigen Beschleunigungsstrecke (z. B. 20 km) zu erreichen, sind Beschleunigungsfelder von über 10 MV/m nötig, und diese zu Kosten, die wir uns leisten können. Wenn einmal diese technische Aufgabe gelöst sein wird, ist es mehr als wahrscheinlich, daß die starke Befürwortung der Direktoren an den Forschungszentren mehrerer größerer Länder gebraucht wird, um die nötige breite Unterstützung der Regierungen zu erhalten.

Die Alternativen zur Kooperation heißen Verkümmerung oder bestenfalls Fremdbestimmung und Verzögerung. Das OECD-Megascience-Forum hat die Teilchenphysik begutachtet und hat mit dem Gedanken an Projektkörbe (oder -bündel) quer über eine Anzahl von Gebieten gespielt. ([14] gibt etwas Hintergrundinformation dazu). Das könnte in einer Zeit rasch wachsenden Wohlstands attraktiv sein, kann aber auch versanden, wenn die Mittel stark eingeschränkt werden. Die Internationale Union für Reine und Angewandte Physik (UPAP) hat sich stark dafür ausgesprochen, daß Naturwissenschaft zu betreiben nicht das ausschließliche Vorrecht der reichsten Nationen sein soll.

Ein Produkt der Teilchenphysik, das von den Regierungen am meisten geschätzt wird, ist hoch qualifiziertes Personal. Zumindest im Vereinigten Königreich kann man folgendes sagen: Studenten beginnen ihre Promotionsausbildung im Alter von 22 Jahren nach 4 Jahren Grundstudium. Sie erhalten 3 Jahre lang finanzielle Unterstützung und sollten danach ihr Studium abgeschlossen haben. In der Tat werden die Universitäten bestraft (durch Entzug von Fördergeldern für zukünftige Studierende), wenn Studenten länger als 4 Jahre für ihre Promotion benötigen. Im Vergleich zu Ländern, in denen die Promotion wesentlich länger dauert, gibt es eine größere Menge guter Doktoranden, und wenn sie ihr Examen gemacht haben, wird ihre Ausbildung von denen, die sie dann beschäftigen, hoch geschätzt. Die Arbeit in einer multinationalen Kollaboration gibt ihnen Spitzentechnologie-Erfahrung, Projektmanagement-Fähigkeiten, Fähigkeiten zur Kommunikation und zur Teamarbeit und schließlich Selbständigkeit. Mit der Physik auf ihrem gegenwärtigen Entwicklungsstand haben wir ausgezeichnete Gründe, um die Zahl der Forschungsstudenten zu erhöhen.

Wenn wir zurückschauen auf die Veränderungen in der Teilchenphysik seit 1947, dann haben wir immer die am weitesten fortgeschrittene Technologie verfolgt, in Emulsionen, Blasenkammern oder Colliding-beam-Maschinen bei niedrigen und hohen Reaktionsraten und Teilchenintensitäten. Wir müssen daraus schließen, daß die internationale Kollaboration sich als ein robustes Werkzeug erwiesen hat. Sie erhöht sowohl die Schlagkraft wie auch die Qualität der Arbeit. Teilchenphysik behält ihre Dynamik, ihre wissenschaftliche Exzellenz und ihren erzieherischen Wert. Sie hält strenger Prüfung stand. Wir haben allen Grund für Vertrauen in die Zukunft, vorausgesetzt, wir verstehen die sich ändernde Umwelt, in der unsere Arbeit sich abspielt.

Literatur

1. B.Forster and P.H. Fowler „40 Years of Particle Physics“ (Adam Hilger, 1988)
2. D.H. Perkins, Nature **159** (1947) 126
3. M.H. Bourquin and D. H. Saxon, Nucl.Instr.Meth. **108** (1973) 461 J. A. Appel et al, ibid **127** (1975) 495
4. M.Riordan „The Hunting of the Quark“ (Simon & Schuster-Touchstone, 1987)
5. J.J. Aubert et al, Phys.Rev.Lett. **33** (1974) 1404
6. J.E. Augustin et al, Phys.Rev.Lett. **33** (1974) 1406
7. S.W. Herb et al, Phys.Rev.Lett. **39** (1977) 252
8. W. Chinowsky in „Experimental Meson Spectroscopy-1974“ (Am. Inst. Phys, 1974) 124
9. Atlas Technical Proposal, CERN/LHCC/94-43 (1994)
10. Hera-B Proposal, DESY-PRC 94/02 (1994) Hera-B Design Report, DESY-PRC 95/01 (1995)
11. CMS Technical Proposal CERN LHCC/94-38 (1994)
12. CERN Detector R&D Programme 1990-1994 CERN/DRDC 94-48 (1994)
13. CDF Collaboration, F. Abe et al, Phys.Rev.Lett. **74** (1995) 2626 DO Collaboration, S. Abachi et al, ibid **74** (1995) 2632
14. M. Jacob, H. Schopper (eds) „Large Facilities in Physics“, World Scientific (1995)

Glossar

ALEPH, DELPHI, L3, OPAL
Universaldetektoren bei LEP

anomales magnetisches Dipolmoment
Ein geladenes Teilchen mit Spin besitzt auch ein zu diesem Spin proportionales (normales) magnetisches Dipolmoment μ. Abweichungen $\delta\mu$, die ihren Ursprung in sogenannten Strahlungskorrekturen haben, führen zu **anomalen** magnetischen Dipolmomenten.

Antiprotonenquelle
Antiprotonen können nicht wie Protonen durch Ionisation von Wasserstoffgas beschafft werden, sondern müssen im hochenergetischen Beschleuniger erzeugt werden. Dort entstehen jedoch, unter geeigneten Bedingungen und in geringer Menge, Proton-Antiproton-Paare, von denen die Antiprotonen magnetisch separiert und in einem Speicherring (Akkumulator) gespeichert werden. Diese bilden eine Antiprotonenquelle.

asymptotische Freiheit
Eigenschaft einer Wechselwirkung zwischen kollidierenden Teilchen, mit wachsender Kollisions-Energie immer schwächer zu werden und schließlich (asymptotisch) zu verschwinden. Die starke Wechselwirkung (QCD) ist asymptotisch frei.

$B^0 - \bar{B^0}$-Oszillationen
Die schweren Mesonen B^0 und $\bar{B^0}$, die ein $\bar{b}$ bzw. b Quark enthalten, können vermöge der schwachen Wechselwirkung (in 2. Ordnung) ineinander übergehen; d.h. ein neutrales B-Meson oszilliert zwischen den Zuständen B^0 und $\bar{B^0}$.

BEBC
Big **E**uropean **B**ubble **C**hamber, größte je gebaute Blasenkammer zur Analyse von Neutrinoreaktionen bei CERN. Blasenkammern wurden durch triggerbare elektronische Zählerdetektoren überholt und sind heute nur noch von historischem Interesse.

Betafunktion
Beschreibt die Amplitude der transversalen Betatronschwingungen als Funktion der Bahnkoordinate und wird durch die Eigenschaften und die Anordnung der magnetischen Fokussierungselemente des Beschleunigerrings vorgegeben. Sie ist ein Maß für den lokalen Strahlquerschnitt im Beschleuniger.

Betatron
Ringbeschleuniger für Elektronen nach dem Prinzip des Strahltransformators, d.h. eines Transformators mit einer konventionellen Spule als Primärwindung und dem Teilchenstrahl (in einem Vakuumrohr) anstelle einer Sekundärwindung.

Betatronschwingungen, transversale
Teilchenoszillationen in vertikaler und horizontaler Richtung um die ideale Teilchenbahn (sogen. Soll-Bahn) im Beschleunigerring. Longitudinale Teilchenoszillationen gibt es auch, sie heißen Synchrotronschwingungen.

Bhabha-Streuung
Elastische Elektron-Positron-Streuung $e^+e^- \rightarrow e^+e^-$; wird in niedrigster störungstheoretischer Ordnung durch den Austausch eines virtuellen Photons beschrieben. Der Bhabha-Streuquerschnitt ist theoretisch sehr genau bekannt, so daß seine Messung eine wertvolle Hilfe zur Bestimmung der Luminosität eines e^+e^- Colliders darstellt.

BNL
Brookhaven-National-Laboratorium, New York. Der Beschleuniger ist eine Schwestermaschine des 30 GeV-Protonensynchrotrons von CERN mit ähnlichen Parametern.

Charginos
supersymmetrische geladene Spin 1/2 Teilchen.

Collider, spezielle
siehe auch Speicherringe
$Sp\bar{p}S$: Super-Proton-Antiproton-Synchrotron, CERN, 630 GeV Endenergie
PETRA: Positron-Elektron-Tandem-Ring-Anlage, DESY, 48 GeV Endenergie
LEP: Large Elektron-Positron Ring, CERN, 100 (inzwischen 172) GeV Endenergie
HERA: Hadron-Elektron-Ring-Anlage, unsymmetrischer Elektron-Proton-Collider, DESY, Endenergie 30 GeV (für Elektronen) und 820 GeV (für Protonen)

TEVATRON: Proton-Antiproton-Beschleuniger am Fermilaboratorium, Chicago, 1.8 TeV (= 1800 GeV) Endenergie

Compton-Polarimeter
Die Messung der Strahlpolarisation basiert auf der spinabhängigen Compton-Streuung von zirkular-polarisiertem Laserlicht an den Elektronen (bzw. Positronen) des Strahls. Man schießt dem Elektronenstrahl einen Laserstrahl (abwechselnd links- und rechtshändig polarisiert) entgegen und mißt die Zahl der zurückgeworfenen Photonen in Abhängigkeit vom Streuwinkel. Je nach der Händigkeit des Laserstrahls findet man mehr zurückgestreute Photonen oberhalb oder unterhalb der Strahlringebene. Bei unpolarisierten Elektronen liegt der Schwerpunkt der beiden Verteilungen in der Strahlebene. Wenn jedoch die Elektronen vertikal polarisiert sind, wandert der Schwerpunkt aus der Strahlebene heraus, und das kann gemessen werden.

Confinement
Einschließung von Quarks und Gluonen im Hadron. Der asymptotischen Freiheit für große Energien (kleine Abstände) entspricht in der QCD ein starkes Anwachsen der Kopplungsstärke für kleine Energien (große Abstände). Quarks und Gluonen werden so gehindert, sich zu weit voneinander zu entfernen. Nur im Verband farbneutraler Hadronen (z.B. als Teilchenjets) können sie einander entkommen.

CP verletzendes elektrisches Dipolmoment
Ein elektrisches Dipolmoment eines Elementarteilchens müßte proportional (parallel oder antiparallel) zu seinem Spinvektor sein: $\mathbf{d} - \mathbf{e} = \text{const} \cdot \boldsymbol{\sigma}$. Seine Wechselwirkung $\boldsymbol{\sigma}\mathbf{E}$ mit einem elektrischen Feld $\mathbf{E}$ wäre jedoch nicht invariant unter einer Zeitumkehr-Transformation T, bei der $\mathbf{E} \rightarrow \mathbf{E}$ und $\boldsymbol{\sigma} \rightarrow -\boldsymbol{\sigma}$ geht. Da T-Transformationen äquivalent zu CP-Transformationen sind (siehe CP-Verletzung), verletzt ein permanentes elektrisches Dipolmoment eines elementaren Teilchens auch die CP-Invarianz.

CP-Verletzung
Verletzung der kombinierten Symmetrie von Ladungskonjugation (C) und Raumspiegelung (P). Während gewöhnliche β-Zerfallsreaktionen CP-invariant sind, wurde bei Zerfällen neutraler und geladener K-Mesonen eine kleine Verletzung der CP-Invarianz beobachtet. Die Formulierung des Standardmodells mit 3 Generationen von Quarks und Leptonen erlaubt die Einbeziehung von CP-Verletzung. Aus sehr allgemeinen Gründen muß CP-Verletzung äquivalent einer Verletzung der Zeitumkehrsymmetrie T sein.

D^*-Mesonen
Vektor (= Spin 1)-Mesonen mit einem c- oder $\bar{c}$-Quark. (Das erste, in sei-

ner Zerfallscharakteristik voll identifizierte D^*-Meson wurde 1979 auf einer BEBC-Blasenkammeraufnahme durch D. Lanske in Aachen gefunden.)

Deconfinement
sollte bei sehr hohen Energien (Temperaturen) auftreten, wenn aufgrund der asymptotischen Freiheit die Kopplungsstärke zwischen Quarks und Gluonen genügend klein geworden ist.

DELPHI
siehe Universaldetektoren

Dualität zwischen Resonanz- und Regge-Amplituden
Bei Elementarteilchenstößen (z.B. Proton-Pion-Stoß) gibt es oft zwei äquivalente Bilder zur Beschreibung: (a) eines, in dem die Stoßpartner sich kurzzeitig zu einer Resonanz vereinigen, die dann wieder zerfällt, und (b) eines, bei dem ein Teilchen im Vorbeifliegen an dem anderen eine ganze Reihe von untereinander verwandten Teilchen (die auf einer sogenannten Regge-Trajektorie liegen) austauscht.

e^+e^--Annihilation
Vernichtungsstoß von e^+e^-, z.B. in ein virtuelles Photon oder Z^0-Boson, das anschließend in ein Quark-Antiquark-Paar oder in ein Lepton-Antilepton-Paar zerfällt.

Eichbosonen
Teilchen mit ganzzahligem Spin (Bosonen), Feldquanten der Eichfelder. Sie sind die Botenteilchen der Wechselwirkung, denn ihr Austausch zwischen Materieteilchen (Quarks, Leptonen) vermittelt die zwischen ihnen wirkenden Kräfte. Das Eichboson der elektromagnetischen Wechselwirkung ist das Photon. Für die schwache Wechselwirkung gibt es 3 Eichbosonen: W^+, W^- und Z^0. Die Eichbosonen der starken Wechselwirkung (QCD) sind 8 farbladungstragende Gluonen.
Eine exakt eichinvariante Theorie verlangt übrigens, daß alle Eichbosonen masselos sind. Das ist für das Photon und auch für die Gluonen erfüllt, jedoch nicht für $W^\pm$ und Z^0, so daß hier eine Brechung der Eichsymmetrie vorliegen muß. Sie findet ihre Erklärung im **Higgs**-Mechanismus.

Eichtheorie, Eichfeldtheorie
Die fundamentalen Wechselwirkungen werden durch quantisierte Eichfeldtheorien beschrieben. Die einfachste dieser Eichfeldtheorien ist die Quantenelektrodynamik QED, die Theorie der Wechselwirkung von geladener Materie (z.B. Elektron oder Positron) mit dem elektromagnetischen Feld. Eicht man das Elektronfeld mit einem (raum-zeit-abhängigen) Phasenfaktor um,

so bleibt die Wechselwirkung davon unbeeinflußt, d.h. invariant, weil die Wirkung einer solchen Transformation durch eine entsprechende Umeichung des elektromagnetischen Viererpotentials, des Photonfeldes, aufgehoben wird. Eichinvarianz ist eine wesentliche Eigenschaft, denn sie impliziert die Renormierbarkeit, d.h. die kontrollierte Elimination von unphysikalischen Singularitäten. Schwache und starke Wechselwirkung werden durch kompliziertere, sogenannte nicht-abelsche, Eichtheorien beschrieben, wo mehrere schwache Ladungen oder „Farb"-Ladungen ins Spiel kommen und entsprechend mehrere Eichfelder an die Materiefelder koppeln.

elektromagnetische Kraft, elektromagnetische Wechselwirkung
Wirkt zwischen allen elektrisch geladenen Teilchen. Wird im Elementarteilchenbereich durch die Quantenelektrodynamik (QED) beschrieben.

elektroschwache Interferenz
Bei hohen Energien spielt nach dem Standardmodell in der theoretischen Beschreibung der Reaktion $e^+e^- \to \mu^+\mu^-$ nicht nur der Austausch eines Photons, sondern auch der Austausch eines Z^0-Bosons eine Rolle. Beide Prozesse können interferieren und geben dadurch Anlaß zu einer Vorwärts-Rückwärts-Asymmetrie der geladenen Myonen. Diese wurde schon bei PETRA gemessen und gab einen unabhängigen Hinweis auf die Existenz eines Z^0-Bosons, als dieses noch nicht direkt produziert werden konnte.

elektroschwache Wechselwirkung
Beschreibung von elektromagnetischer und schwacher Wechselwirkung in einer gemeinsamen Eichfeldtheorie mit 4 Eichbosonen, von denen nach dem Higgs-Mechanismus drei eine Masse erhalten und mit den Botenteilchen W^+, W^-, Z^0 der schwachen Wechselwirkung identifiziert werden; das vierte Eichboson bleibt masselos und wird mit dem Photon, dem Botenteilchen der elektromagnetischen Wechselwirkung, identifiziert. Die von **Glashow**, **Salam** und **Weinberg** geschaffene Vereinheitlichung ist die erste Zusammenfassung zweier Fundamentalkräfte seit Maxwells Zusammenführung von elektrischen und magnetischen Kräften zur elektromagnetischen Wechselwirkung. Elektroschwache und starke Wechselwirkung bilden zusammen das heutige Standardmodell der Teilchenphysik.

Ellis-Karliner Winkel
Bei einem 3-Jet-Ereignis bringt man durch Lorentz-Transformation die beiden Jets mit der niedrigsten Energie in ihr gemeinsames Schwerpunktsystem, in welchem sie in entgegengesetzter Richtung auseinanderfliegen. Der Winkel, den diese Richtung mit der Richtung des höchstenergetischen Jets (d.h. auch der Richtung des Lorentz-boosts) bildet, ist der Ellis-Karliner-Winkel. Interpretiert man das 3-Jet-Ereignis als Quark-Antiquark-Gluon-Produktion und drückt den differentiellen Wirkungsquerschnitt durch den Ellis-Karliner-

Winkel aus, dann kann man entscheiden, ob das Gluon Spin 0 oder Spin 1 trägt.

Emittanz
Strahlemittanz, charakteristische Invariante der Beschleunigermaschine. Sie definiert zusammen mit der β-Funktion die Einhüllende der transversalen Betatronschwingungen des Teilchenstrahls.

Ereignis
Eine elementare Stoßreaktion mit unter Umständen vielen herausschießenden Teilchen heißt ein Stoßereignis (event). Die herausfliegenden Teilchen können z.B. in 2 oder 3 getrennten Bündeln (Jets) herauskommen, dann spricht man von einem 2- oder 3-Jet-Ereignis. Liegt die gesamte Struktur in einer Ebene, heißt sie planar. Ereignis**achse** ist die Kollisionsachse für das Ereignis. Bei der e^+e^--Annihilation bezeichnet man die dominante Flugachse der herausschießenden Teilchen als Ereignisachse. Ereignis**hemisphäre** ist die Halbkugel, in die sich die Teilchen des Ereignisses hinein ausbreiten, z.B. nach vorne, oder nach rückwärts (von der Richtung des Elektronenstrahls aus gesehen, wenn es sich um eine e^+e^--Reaktion handelt).

Ereignisformvariable
Bei den vergleichsweise noch niedrigen Energien von PETRA konnten Multi-Jet-Strukturen sich erst ansatzweise ausprägen, so daß man Kriterien aufstellen mußte, um quantitativ zu entscheiden, ob die Hadronen in einem Ereignis nur statistisch verteilt sind oder ob sie beispielsweise ein 2-Jet-Ereignis oder ein 3-Jet-Ereignis darstellen. Dazu dienten verschiedene Ereignisformvariable, wie **Sphericity**, **Aplanarity** und **Oblateness**, die im Text (vgl. den Artikel von H.G. Sander) definiert sind.

Farbladung
Eigenschaft von Quarks und Gluonen, vergleichbar der elektrischen Ladung. Quarks existieren in 3 Farbladungszuständen; sie üben durch Austausch von (farbigen) Gluonen Farb-Kräfte aufeinander aus (vgl. QCD, starke Wechselwirkung).

Feynman-Field-Fragmentationsmodell
Ein schnelles Quark oder Gluon strahlt sukzessive Hadronen ab und wird dadurch immer energieärmer, bis es sich am Schluß mit einem anderen niederenergetischen Antiquark oder Diquarksystem zu einem Hadron zusammenschließt. Das Ergebnis ist eine Kaskade von mehr oder minder parallel laufenden Hadronen, die ein kegelförmiges Teilchenbündel, einen **Teilchenjet**, bilden.

Flüssig-Argon-Schauerzähler

Flüssiges Argon ist geeignet, hochenergetische Photonen nachzuweisen, die in der Flüssigkeit aufschauern und ihre Energie abgeben (Nachweis durch die Ionisationswirkung der Schauer).

FNAL

Fermi-National-Accelerator Laboratory, Batavia (Chicago). Dort wurde ein Protonensynchrotron von 450 GeV Endenergie installiert, heute zum 1.8 TeV-Tevatron Collider ausgebaut.

Fragmentation von Quarks und Gluonen

Prozeß, bei dem ein Quark im Nukleon mit hoher Energie angestoßen wird, so daß es den Confinement-Bereich verlassen möchte. Das kann es aber nur, indem es in gewöhnliche Hadronen fragmentiert. Wie das zustande kommt, darüber existieren unterschiedliche Vorstellungen (siehe z.B. Feynman-Field-Fragmentationsmodell und LUND-Fragmentationsmodell). Gleiches gilt für Quark-Antiquark-Paare, die im e^+e^-Vernichtungsstoß erzeugt werden und mit hohen Impulsen auseinanderstreben.

Fundamentale Teilchen

sind nach heutigem Verständnis 3 Dubletts von Leptonen (e,ν_e;μ,ν_μ;τ,ν_τ) und 3 Dubletts von Quarks (u,d;c,s;t,b), die in je 3 „Farb"-Zuständen vorkommen können (z.B. u_{rot}, u_{blau}, u_{gelb}), mit ihren jeweiligen Antiteilchen. Sie tragen alle den Spin 1/2, sind also Fermionen und bilden die eigentliche Materie. Hinzu kommen Teilchen mit ganzzahligem Spin, Bosonen, welche als sogen. Boten- oder Austauschteilchen die Wechselwirkungen zwischen den fermionischen Materieteilchen vermitteln (γ,W^+,W^-,Z^0, Gluon), aber auch teilweise selbst untereinander wechselwirken. Auch die noch hypothetischen skalaren (Spin-0)Higgs-Bosonen werden als fundamentale Teilchen angesehen.

Gargamelle

Erste große Schwerflüssigkeitsblasenkammer bei CERN, mit der neutrale schwache Ströme in Neutrinoreaktionen entdeckt wurden. Gargamelle ist ursprünglich der Name einer Riesin aus „Gargantua und Pantagruel" von Rabelais.

Gaugino

supersymmetrischer (Spin 1/2) Partner für ein (Spin 1) Eichboson

GEANT

Computerprogramm zur rechnerischen Erzeugung und Verfolgung des Weges bzw. Schicksals von Teilchen, die auf Materie (z.B. in eine Blasenkammer) geschossen werden, wobei für die jeweils individuelle Stoßwechselwirkung theoretisch bekannte Ansätze (das Standardmodell) eingesetzt werden. Solche Programme simulieren ein reales Experiment. Ihr Ergebnis stellt die theoretische Erwartung dar, mit der die experimentellen Daten verglichen werden können.

GHEISHA
Beschreibung der Wechselwirkung von Hadronen mit Atomkernen.

Generatoren
siehe Monte Carlo-Generatoren

Glashow-Salam-Weinberg-Theorie
Vereinigte elektroschwache Wechselwirkung, Teil des Standardmodells.

Gluonen
Eichbosonen der starken Wechselwirkung (QCD); sie sind masselos, haben Spin 1 und tragen Farbladungen. Sie unterliegen daher wie Quarks dem Confinement.

Große Vereinigungstheorie (GUT)
Eichfeldtheorie, welche starke, elektromagnetische Wechselwirkung auf völlig gleichem Fuß zusammenfaßt. Das bedeutet auch, daß Quarks und Leptonen in gemeinsamen Multipletts liegen und der Zerfall eines Protons prinzipiell möglich ist. Alle Wechselwirkungen sind dann invariant unter Symmetrietransformationen einer einzigen umfassenden Gruppe – im einfachsten, jedoch in der Natur offenbar nicht realisierten Fall wäre das eine SU(5)-Symmetrie. Es gibt nur eine universale Kopplungskonstante, und der Wert des elektroschwachen Mischungswinkels ist theoretisch festgelegt. Die Gültigkeit einer Großen Vereinigungstheorie wird bei Energien der Größenordnung 10^{15} GeV erwartet.

Hermetizität (eines Detektors)
Räumliche Geschlossenheit des Nachweisgeräts, das die vom Kollisionspunkt nach allen Richtungen hinwegfliegenden Teilchen zu registrieren erlaubt.

Higgs-Bosonen
Quanten des beim Higgs-Mechanismus übrigbleibenden skalaren Restfeldes. Je nach Modell sollten ein oder mehrere Higgs-Bosonen existieren, die umso stärker an Materieteilchen koppeln, je höher deren Masse ist. Während die Higgs-Kopplung derart theoretisch festliegt, ist die Masse eines Higgs-Bosons nicht angebbar. Die experimentelle Suche muß daher einen großen Massenbereich überstreichen.

Higgs-Mechanismus
Führt man (in eichinvarianter Weise) ein mit sich selbst wechselwirkendes skalares komplexes Feld ein, aber mit der Besonderheit, im Vakuum nicht wie alle anderen Teilchenfelder im Mittel zu verschwinden, so kann man es einrichten, daß bei Ankopplung dieses Skalarfeldes an ein Eichfeld das zugehörige Eichboson eine Masse erhält, indem es einen Freiheitsgrad des Skalarfeldes absorbiert. So läßt sich verstehen, wie die Massen der W- und Z-Bosonen zustandekommen. Dieser Mechanismus wurde von P. Higgs und anderen Mitte der 60er Jahre vorgeschlagen und trägt den Namen Higgs-Mechanismus. Auch die Massen von Quarks und Leptonen können ihren Ursprung in einer direkten Kopplung des skalaren Higgs-Feldes an diese Materieteilchen haben.

Higgsino
Supersymmetrisches (Spin 1/2) Pendant zum (Spin 0) Higgs-Boson

integrierte Luminosität
Die Luminosität bestimmt, wenn man sie mit dem Wirkungsquerschnitt für eine bestimmte Reaktion multipliziert, die Ereignisrate für diese Reaktion. In gleicher Weise bestimmt die (über die Zeit) integrierte Luminosität die Gesamtzahl der Reaktionsereignisse, die man in einem bestimmten Zeitraum (z.B. 1 Jahr) erhalten kann.

intermediäres W-Boson
Positiv oder negativ geladenes Eichboson der schwachen Wechselwirkung; vermittelt die Wechselwirkung zwischen den schwachen geladenen Strömen.

Isolationskriterium
Bei der Suche nach W^--Bosonen, die in ein $e^-\bar{\nu}_e$-Paar zerfallen können, muß ausgeschlossen werden, daß das registrierte Elektron aus einem normalen Hadronzerfall stammt; das bedeutet, daß nur solche Elektronen berücksichtigt werden dürfen, die in ihrer Flugrichtung genügend weit von hadronischen Teilchen isoliert sind.

Iso-Partner des b-Quarks
Da die elektroschwache Wechselwirkung im Standardmodell der Elementarteilchenphysik u.a. unter einer (schwachen) „Isospin"-Gruppe SU(2) invariant ist, lassen sich die fundamentalen Teilchen in Iso-Multipletts, z.B. in Iso-Dubletts, gruppieren. Iso-Partner sind dann Teilchen in einem gemeinsamen Isomultiplett, z.B. top-Quark und b-Quark.

J/Ψ-Resonanz
Der Annihilations-Wirkungsquerschnitt für die e^+e^--Reaktion wird besonders groß, wenn das virtuelle Photon eine Resonanz entwickelt, z.B. in ein

neutrales Vektormeson J/Ψ mit der Masse 3.1 GeV/c^2 übergeht, das dann zerfällt. Das 1974 entdeckte J/Ψ-Teilchen hat sich als Bindungszustand aus einem c-Quark und seinem Antiteilchen $\bar{c}$ identifizieren lassen.

Jet, Teilchenjet
enges Bündel von Hadronen, in denen sich ein Quark oder Gluon makroskopisch zu erkennen gibt. Da Quarks und Gluonen in Bereichen unterhalb 10^{-13} cm permanent eingeschlossen sind (Confinement), können sie nur dadurch weit auseinanderfliegen, daß die beim Auseinanderziehen anwachsende Wechselwirkungsenergie sich durch Erzeugung von Hadronen materialisiert. Hadronen sind nämlich farbneutral und spüren deshalb keine Farbkraft mehr.

JETSET
Beschreibung von e^+e^- Reaktionen mit besonderer Berücksichtigung der Fragmentation von Quarks und Gluonen in Hadronen nach dem LUND-Modell.

Kalibration der Strahlenergie
Genaue Bestimmung der Strahlenergie; sie gelingt heute mit einer relativen Genauigkeit von $< 10^{-4}$.

Kalorimeter
Ein Detektor, der die Energie der produzierten Teilchen vermöge der Absorption des Teilchens und aller seiner Sekundärprodukte mißt, wirkt wie ein Kalorimeter und wird auch so bezeichnet.

Kausalität
Forderung, daß eine reale Wirkung nicht vor ihrer Ursache liegt.

Kavität
Hohlraumresonator (engl. cavity). Das eingespeiste hochfrequente elektromagnetische Feld bildet im Innern des Hohlraumresonators ortsfeste stehende Wellen aus, wobei sehr hohe Beschleunigungsspannungen erreicht werden.

Kopplungen, axialvektorielle, vektorielle
Der schwache Strom, an den ein $W^{\pm}$-Boson oder Z^0-Boson koppelt, hat sowohl Vektor- wie Axialvektorcharakter. (Ein Beispiel für ein Vektorfeld ist das elektrische Feld $\mathbf{E}$, ein Beispiel für ein Axialvektorfeld ist das Magnetfeld $\mathbf{B}$). Beide Anteile koppeln mit unterschiedlicher Stärke (Kopplungskonstante) an W bzw. an Z.

LEPTO
Beschreibung von Lepton-Hadron-Reaktionen; benutzt für Fragmentationsprozesse das LUND-Fragmentationsprogramm JETSET.

Leptonen
Teilchen mit halbzahligem Spin (Fermionen), die keine Farbladung tragen und deshalb nicht an der starken Wechselwirkung teilnehmen. Soweit sie elektrisch geladen sind (e, μ, τ), spüren sie die elektromagnetische Wechselwirkung zusätzlich zur schwachen Wechselwirkung, der alle fermionischen Elementarteilchen (Materieteilchen) unterworfen sind.

Linac
Linearbeschleuniger. Im Gegensatz zu Kreisbeschleunigern (Synchrotrons) erlauben Linearbeschleuniger wegen ihrer geringeren Synchrotronstrahlungsverluste sehr hohe Beschleunigungsendenergien für Elektronen und Positronen (500 GeV und darüber).

Linkschiralität der Zerfallsströme
Die schwache Wechselwirkung ist nicht spiegelungsinvariant, sie verletzt die Parität. Das drückt sich darin aus, daß die Fermionenfelder in den schwachen Strömen linkschiral, d.h. linkshändig sind. Ein linkshändiges Teilchen würde wie ein linksdrehender Kreisel in Richtung der Kreiselachse davonfliegen, so daß Impulsvektor und Spinvektor antiparallel zueinander stehen. Ein Neutrino ν_e ist ein linkshändiges Teilchen; im schwachen Zerfallsstrom ist es an ein linkshändiges Elektron gekoppelt.

Luminosität
Maß für die Zahl der Reaktionen, die im Speicherring im Prinzip möglich sind. Bei einer Reaktionswahrscheinlichkeit von 10^{-33} cm^2 hat man ein Stoßereignis pro Sekunde, wenn die Luminosität 10^{33} cm^{-2}s^{-1} beträgt. Die maximale Luminosität einer Speicherringmaschine ist proportional zur Zahl der Teilchen in den kollidierenden Teilchenpaketen (bunches), zur Frequenz der Zusammenstöße, und umgekehrt proportional zum Strahlungsquerschnitt im Kollisionspunkt. Um eine hohe Luminosität zu erhalten, müssen die Strahlen bei der Kollision möglichst gut fokussiert werden (auf µm und darunter).

Lund-Fragmentationsmodell
Ein aus dem Nukleonverband durch hochenergetischen Teilchenstoß herausgeschlagenes Quark ist durch einen sich in die Länge dehnenden Wechselwirkungsschlauch, eine Feldlinienröhre, mit den ursprünglichen Partnerquarks im Nukleon verbunden. Indem der Farbfeldschlauch immer länger und energiereicher wird, zerreißt er in viele Quark-Antiquark-Paare, d.h. Hadronen; er fragmentiert.

Majorana-Neutrinos

Ein Majorana-Neutrino ist – anders als ein Dirac-Neutrino – sein eigenes Antiteilchen. Es gibt dafür 2 Bewegungsfreiheitsgrade: linkshändig und rechtshändig. Falls Neutrinos streng masselos sind, ist die Majorana-Beschreibung der Dirac-Beschreibung äquivalent, denn es gibt nur 2 Amplituden, eine für ein linkshändiges Teilchen (ν_{L} im Dirac-Fall und $\nu_{\mathrm{L}} = \overline{\nu_{\mathrm{L}}}$ im Majorana-Fall) und eine für ein rechtshändiges Teilchen (ν_{R} im Dirac-Fall und $\nu_{\mathrm{R}} = \overline{\nu_{\mathrm{R}}}$ im Majorana-Fall).
Wenn Neutrinos Masse haben, dann gibt es jedoch einen Unterschied. Denn dann braucht man 4 Komponenten für Dirac-Neutrinos $\nu_{\mathrm{L}}, \nu_{\mathrm{R}}, \overline{\nu_{\mathrm{L}}}, \overline{\nu_{\mathrm{R}}}$, während für Majorana-Neutrinos $\nu = \overline{\nu}$ gilt, und folglich 2 Komponenten $\nu_{\mathrm{L}} = \overline{\nu_{\mathrm{L}}}$, $\nu_{\mathrm{R}} = \overline{\nu_{\mathrm{R}}}$ genügen.

Mischungswinkel, schwacher (Weinberg-Winkel)

Die einheitliche Eichfeldtheorie (Yang-Mills-Theorie) von elektromagnetischer und schwacher Wechselwirkung ist unter Transformationen der inneren Symmetriegruppe $SU(2) \times U(1)$ invariant, wobei 2 unabhängige Kopplungskonstanten g (für $SU(2)$) und g' (für $U(1)$) ins Spiel kommen. Das Verhältnis beider kann in der Form $\tan\theta_W = g'/g$ geschrieben werden, wobei θ_W schwacher Mischungswinkel heißt. Er bestimmt das Massenverhältnis $M_W/M_Z = \cos\theta_W$ und kann auf verschiedene Arten im Experiment gemessen werden. Der heutige Bestwert ist $\sin^2\theta_W = 0.2319 \pm 0.0005$.

missing momentum

Neutrinos, die bei einer Teilchenreaktion im Detektor entstehen, laufen im wesentlichen ohne irgendeine weitere Wechselwirkung nach außen und tragen somit ungesehen Impuls fort. Dieser fehlt in der Bilanz der gemessenen Impulse aller geladenen Teilchen und Photonen (die im Detektor in geladene Teilchen konvertieren, also aufschauern).

Møller-Polarimeter

Ein ähnliches Hilfsmittel zur Messung der Strahlpolarisation im Speicherring wie das **Compton-Polarimeter**. Basiert aber nicht auf der Compton-Streuung, sondern auf der – ebenfalls polarisationsabhängigen – Elektron-Elektron-Streuung (Møller-Streuung).

Monte Carlo Generatoren

Computerprogramme, die durch Auswürfeln von Teilchenimpulsen unter Berücksichtigung der theoretisch bekannten Produktionswirkungsquerschnitte aller Art Vorhersagen für Impuls-Verteilungen der produzierten Teilchen liefern. Sie sind in allen umfassenden Simulationsprogrammen (siehe z.B. GEANT, JETSET, LEPTO u.a.) als Teilprogramme enthalten.

neutrale Ströme
Zusätzlicher Teil der schwachen Wechselwirkung, der als Folge der Vereinheitlichung zwischen schwacher und elektromagnetischer Wechselwirkung zur **elektroschwachen Wechselwirkung** von Salam und Weinberg postuliert werden mußte. Neutrale Ströme wurden experimentell 1973 in Neutrinoreaktionen nachgewiesen.

Neutralinos
Supersymmetrische Spin 1/2-Teilchen, die elektrisch neutral sind; z.B. Mischungen neutraler Gauginos und Higgsinos, Gluinos.

nicht-abelsche Eichtheorie
Eichfeldtheorie, bei der die unterliegende Eichsymmetriegruppe nicht-abelschen Charakter hat, also z.B. $SU(2)$-Charakter (schwache WW) oder $SU(3)$-Charakter (starke WW, QCD). Eine kontinuierliche Symmetriegruppe heißt abelsch, wenn ihre infinitesimalen Erzeugenden miteinander vertauschbar sind; sie heißt nicht-abelsch, wenn die Erzeugenden nicht miteinander kommutieren.

OPAL
siehe Universaldetektoren

Paritätsinvarianz
Invarianz unter Raumspiegelungstransformationen

Paritätsverletzung
Verletzung der Spiegelinvarianz. Eigenschaft der schwachen Wechselwirkung, die im -Zerfall der Atomkerne experimentell erwiesen ist: ein polarisierter Co^{60}-Kern emittiert Elektronen vorzugsweise entgegen zur Polarisationsrichtung und nicht gleicherweise auch in Polarisationsrichtung, wie bei Spiegelinvarianz zu erwarten wäre.

Paritätsverletzung in geladenen Strömen
Genau die Eigenschaft, daß (geladene) schwache Ströme zugleich Vektor- und Axialvektoranteile enthalten.

Parton-Modell
Als am SLAC 1968 bei hochenergetischen Elektron-Nukleon-Stößen reichlich Ereignisse mit großem Streuwinkel gefunden wurden, die auf isolierte Streuzentren innerhalb des Nukleons schließen ließen, prägte **Feynman** für diese Subkonstituenten der hadronischen Materie den Namen Partonen. Er trug im weiteren auch sehr dazu bei, Partonen als Quarks und Antiquarks zu identifi-

zieren. Das Partonenmodell kann als niedrigste Näherung der QCD aufgefaßt werden.

Phasenfokussierung
Mechanismus, der durch geeignete Steuerung des Beschleunigungsfeldes das longitudinale Auseinanderlaufen eines Teilchenpakets im Synchrozyklotron und Synchrotron verhindert.

Photon-Strukturfunktion
Die inelastische Elektron-Positron-Streuung (nicht die e^+e^- Annihilation!) läuft so ab, daß beide Leptonen je 1 Photon abstrahlen. Die beiden Photonen treffen aufeinander und erzeugen dabei hadronische Teilchen. Man kann diesen Streuprozeß nun – wenn gewisse kinematische Bedingungen erfüllt sind – so auffassen, als ob ein Elektron tief inelastisch an einem vom Positron abgestrahlten quasireellen Photon als Target streuen würde. Da tief inelastische Wirkungsquerschnitte gewöhnlich durch Strukturfunktionen des Targetteilchens parametrisiert werden, welche theoretisch durch den Quarkinhalt des Targetteilchens bestimmt sind, so führt man hier analog eine Photonstrukturfunktion ein, welche den Elektron-Photon-Wirkungsquerschnitt mathematisch beschreibt, und, grob gesprochen, den Partoneninhalt des Photons zu ermitteln gestattet.

Planck-Länge
Compton-Wellenlänge der Planck-Masse $c = \hbar c/Mc^2$; Zahlenwert $1.6 \cdot 10^{-33}$ cm.

Planck-Masse
Masse, bei der die Gravitationsenergie GM^2/r im „natürlichen“ Abstand $r = \hbar c/Mc^2$ gleich der Ruhenergie Mc^2 ist: $M = (\hbar c/G)^{1/2} = 1.2 \cdot 10^{19}$ GeV/c^2 .

Polarisationsvektor
Bei einem Teilchenbündel das Ensemble-Mittel der Spinvektoren der einzelnen Teilchen.

Proportionalkammern
Zählrohre, die in einem Bereich der Zählerkennlinie betrieben werden, in dem die durch Ionisation freigesetzte Ladung proportional zur Energie der Teilchen ist.

Quarks
Basisbausteine der Materie mit halbzahligem Spin (Fermionen), drittelzahliger elektrischer Ladung und drittelzahliger Baryonzahl. Da die Quarks „Farb“-

ladung tragen, nehmen sie an der starken Wechselwirkung teil. Darüberhinaus spüren sie elektromagnetische und schwache Kräfte (d.h. Wechselwirkungen).

Quantenfluktuationen im Vakuum
Eine elektrische Ladung ist unvermeidlich von einem elektromagnetischen Feld umgeben (welches seine Quelle in dieser Ladung hat). Die Photonen dieses Feldes wandeln sich kurzfristig in Elektron-Positron-Paare um, die sich in Feldrichtung ein wenig auseinander bewegen und dann wieder annihilieren. Solche Fluktuationen im Vakuum geben also zu einer nichtverschwindenden Polarisationsdichte Anlaß, die störungstheoretisch (natürlich nur in niedrigen Ordnungen) berechnet und auch gemessen werden kann. Die kleinen Dipole schirmen die Ladung etwas ab, sodaß sie – als elektromagnetische Kopplungskonstante – einen kleineren Wert hat, wenn man aus großen Distanzen daraufschaut, und einen größeren Wert bei kleinen Abständen. Auch die Farbladung als Kopplungskonstante der starken Wechselwirkung erfährt entsprechende **Vakuumpolarisationsbeiträge**, die allerdings umgekehrt wirken, d.h. die Kopplungsstärke bei kleinen Abständen verringern (siehe asymptotische Freiheit).

QCD, Quantenchromodynamik
Eichfeldtheorie der starken Wechselwirkung, zwischen farbladungstragenden Quarks, Antiquarks und Gluonen. Die zugrundeliegende Eichgruppe ist eine nicht-abelsche $SU(3)$. Es gibt 8 verschiedene Eichbosonen, Gluonen genannt, die untereinander und mit Tripletts von Quarks und Antiquarks wechselwirken.

QCD-Skala $\Lambda_{\overline{MS}}$
Wichtiger Massenparameter in der QCD, welcher in die Definitionsgleichung für die (energieabhängige) QCD-Kopplungs-„Konstante“ α_s eingeht, wobei der Index $\overline{MS}$ auf ein bestimmtes Verfahren, höhere störungstheoretische Ordnungen bei der Definition zu berücksichtigen, hinweist. Anschaulich gesprochen setzt der Λ-Parameter die Skala für die (reziproke) Größe der Hadronen, d.h. die Ausdehnung des Confinement-Bereiches für Quarks und Gluonen.

QED, Quantenelektrodynamik
Eichfeldtheorie der elektromagnetischen Wechselwirkung zwischen geladenen Leptonen, Quarks und Antiquarks. Die zugrundeliegende Eichgruppe ist eine abelsche $U(1)$. Es gibt nur 1 Eichboson, das Photon, das mit allen geladenen Teilchen, aber nicht (direkt) mit sich selbst wechselwirkt.

Resonante Depolarisation
Bei den im Speicherring umlaufenden Elektronen und Positronen baut sich aufgrund der unvermeidbaren Synchrotronstrahlung in wenigen Stunden ei-

ne transversale Polarisation, parallel zum Führungsfeld der Strahlmagneten auf, die theoretisch bis zu 92% betragen kann, wenn depolarisierende Effekte aufgrund von Bahnstörungen und Streufeldern genügend klein gehalten werden. Der Spinvektor jedes einzelnen Elektrons oder Positrons präzediert dann um die Feldrichtung während eines Umlaufs mit einer Frequenz, die proportional zum anomalen magnetischen Moment des Teilchens und zur Strahlenergie ist. Durch das Anlegen eines in radialer Richtung oszillierenden, schwachen Magnetfeldes kann man die Spinrichtung beeinflussen. Wenn diese Störung in Phase mit der Präzessionsschwingung ist, tritt Resonanz auf, und die Störungen addieren sich bei jedem Teilchenumlauf kohärent auf. Nach ca. 10^4 Umläufen – entsprechend 1 Sekunde – ist der Spinvektor in die Radialebene gedreht, d.h. der Strahl ist vertikal vollkommen depolarisiert. Da sich Frequenzen sehr genau messen lassen (und die Entscheidung, ob der Strahl polarisiert oder depolarisiert ist, keiner großen Genauigkeit bedarf), kann mit diesem Verfahren die Strahlenergie außerordentlich genau bestimmt werden.

Scan-Regeln
Regeln, die es erlauben, individuelle Teilchen auf Blasenkammeraufnahmen durch charakteristische Eigenschaften ihrer Spuren zu identifizieren und angelerntes Personal zum Durchmustern (Scannen) sehr großer Mengen von Blasenkammerfilmen einzusetzen.

schwache Kraft, schwache Wechselwirkung
wirkt zwischen allen Materieteilchen (Quarks, Leptonen); bewirkt z.B. den radioaktiven β-Zerfall der Atomkerne.

schwere Leptonen
Neutrale schwere Leptonen (schwere Neutrinos) wurden vor der Entdeckung von W und Z als Alternative zu neutralen Strömen bzw. Z-Bosonen diskutiert. Heute als spekulative Kandidaten für kosmische Dunkelmaterie weiterhin im Gespräch.

skalares Feld
Ordnet jedem Punkt im Raum-Zeit-Kontinuum eine Zahl (aber keinen Richtungspfeil) zu, welche die Stärke des Feldes in diesem Punkt angibt. Ein Beispiel ist das skalare Higgs-Feld des Standard-Modells. Ein überall gleichmäßiges, konstantes skalares Feld verursacht keine Bewegungsänderung der Teilchen, die diesem Feld ausgesetzt sind. Im Prinzip kann es zum Vakuumwert des Energie-Impulstensors beitragen und in dieser Weise als kosmologische Konstante die Lösungen der Einsteinschen Gravitationstheorie massiv beeinflussen. Eine große kosmologische Konstante ist allerdings unvereinbar mit den astronomischen Beobachtungen.

SLAC
Stanford Linear Accelerator, Linearbeschleuniger für Elektronen, Endenergie 30 GeV (inzwischen bis ca. 50 GeV für Elektronen und Positronen).

SLC
SLAC-Linear-Collider, ein Linac für eine Endenergie von 90 GeV zur Z^0-Produktion, erster großer Linear Collider (erste Kollisionen 1989)

SLD
SLAC Linear Collider Detector, Teilchendetektor speziell für SLC entworfen.

Simulationsrechnungen
Computerrechnungen, welche die Impuls-(Winkel-, Energie-)Verteilungen von Teilchen, die in einer Reaktion entstehen, simulieren. Dienen heute als Standards der theoretischen Erwartung bei der Bewertung experimentell gefundener Verteilungen.

Slepton
Supersymmetrisches (Spin 0) Partnerteilchen für (Spin 1/2) Leptonen

skalare Gluonen
In einer Eichtheorie der starken WW sind Gluonen Vektorbosonen. Experimentell muß aber geprüft werden, ob Gluonen vektoriell (Spin 1) oder skalar (Spin 0) sind. Das Experiment hat zugunsten der QCD entschieden und die Möglichkeit skalarer Gluonen verworfen.

Solenoid-Magnete
Erzeugen homogene Magnetfelder in Richtung der Spulenachse (gewöhnlich parallel der Strahlachse im Detektor). Demgegenüber verlaufen die Magnetfeldlinien in einem Toroidal-Magneten ringförmig im Innern einer zu einem Torus gebogenen Spule. Beide Prinzipien finden bei Teilchendetektoren Anwendung.

Squark
Supersymmetrisches (Spin 0) Partnerteilchen für (Spin 1/2) Quarks

Speicherringe (vgl. auch Collider)
Teilchenbeschleuniger, bei denen Teilchenpakete gegeneinander gelenkt und zur Kollision gebracht werden.

$Sp\bar{p}S$
siehe Collider, spezielle

Standardmodell der Teilchenphysik
feldtheoretische, genauer: eichfeldtheoretische Beschreibung der starken, elektromagnetischen und schwachen Wechselwirkungen zwischen den fundamentalen Teilchen. Wenn man von der im Elementarteilchenbereich vernachlässigbaren Gravitationswechselwirkung absieht, werden alle bislang beobachteten Teilchenreaktionen (Teilchenstöße, Teilchenvernichtung und -erzeugung) vom Standardmodell zutreffend beschrieben.

starke Kraft, starke Wechselwirkung
Die durch Gluon-Austausch vermittelte Wechselwirkung zwischen den „Farb"-Ladungen der Quarks, Antiquarks oder Gluonen. Die feldtheoretische Beschreibung wird durch die Quantenchromodynamik (QCD) geliefert. Diese ist eine Verallgemeinerung der Quantenelektrodynamik (QED) auf mehrere Ladungsfreiheitsgrade.

stochastische Kühlung
Eine Antiprotonenquelle liefert Antiprotonen mit sehr unterschiedlichen Impulsen (Geschwindigkeiten). Um eine genügend hohe Luminosität bei der Proton-Antiproton-Streuung zu erreichen, müssen die Geschwindigkeiten der Antiprotonen sehr stark homogenisiert werden, ihre statistische Geschwindigkeitsverteilung muß verengt, das Antiprotonengas also „gekühlt" werden. Die stochastische Kühlung während der Antiprotonen-Umläufe im Akkumulator nutzt aus, daß ein Meßsignal von einem $\overline{p}$-bunch an einer Stelle des Akkumulatorrings auf kürzestem Wege auf die gegenüberliegende Seite gelenkt wird, und dort – weil es dabei das kreisende Teilchenbündel überholt – bereits fokussierend wirken kann.

störungstheoretische Methoden
Wahrscheinlichkeitsamplituden (und daraus folgend Reaktionswirkungsquerschnitte) bei Stoßprozessen sind gewöhnlich nur dadurch zu berechnen, daß man sie in eine Reihe nach Potenzen der jeweiligen Kopplungskonstante entwickelt. In der Quantenelektrodynamik ist die Kopplungskonstante die Feinstrukturkonstante $\alpha = 1/137$.

Strahlungskorrekturen
Streut ein Elektron an einem Positron, so tauscht es mit ihm ein Photon aus, und dieses Bild bestimmt hauptsächlich den Wirkungsquerschnitt für die Reaktion. Daneben aber gibt es noch Beiträge, wo entweder vom einlaufenden oder vom gestreuten Elektron oder Positron noch ein weiches (d.h. energiearmes und nicht explizit registriertes) Photon abgestrahlt wird, oder wo das ausgetauschte Photon zwischendurch kurz einmal in ein (virtuelles) Elektron-Positron-Paar übergeht, das sich aber sofort wieder in ein Photon verwandelt. Solche Beiträge entsprechen höheren Ordnungen in einer störungstheoretischen Entwicklung der Wechselwirkungs-Lagrangedichte und werden in ihrer

Gesamtheit Strahlungskorrekturen genannt. Strahlungskorrekturen gibt es nicht nur in der Quantenelektrodynamik, sondern in jeder störungstheoretisch lösbaren Feldtheorie, z.B. in der QCD bei kleinen Abständen, wo die Gluonen eine dem Photon analoge Rolle übernehmen.

Strom-Strom-Wechselwirkung
Fermis Beschreibung der effektiven schwachen Wechselwirkung, gültig bei niederen Energien.

Sub-Konstituenten
Mit 6 Quarks in je 3 „Farben“ und 6 Leptonen, nicht gerechnet Eichbosonen und Higgs-Teilchen, gelten heute mindestens 24 Teilchen als elementar. Daher wird die Rückführung dieser Vielfalt auf eine noch tiefer liegende Schicht von wenigen Subkonstiuenten – Bausteinen von Quarks und Leptonen – diskutiert; bislang jedoch ohne überzeugende experimentelle Hinweise.

Supersymmetrie
Hypothetische Symmetrie zwischen Teilchen mit halbzahligem Spin (Fermionen) und Teilchen mit ganzzahligem Spin (Bosonen), die einander in ihren Eigenschaften (gleiche Massen und Kopplungsstärken) entsprechen und in gemeinsamen supersymmetrischen Teilchen-Multipletts zusammengefaßt werden können. Supersymmetrie ist daher eine Symmetrie, die sowohl Materie (Fermionen) als auch Kräfte (Bosonen) verbindet und überdies die Chance bietet, auch die Einsteinsche Gravitation in eine Vereinheitlichung der fundamentalen Wechselwirkungen einzubeziehen. Supersymmetrische Partner existierender Teilchen sind allerdings bislang nicht beobachtet worden, so daß die Supersymmetrie, wenn sie überhaupt in der Natur realisiert sein sollte, stark gebrochen sein muß.

Superstring-Theorie
Man kann ein Wirkungsprinzip für Feldtheorien formulieren, wo die Felder nicht mehr von Raum-Zeit-Punkten, sondern von Pfaden im Raum-Zeitkontinuum, sogenannten „strings“, abhängen. Gewisse duale String-Modelle, die in hochdimensionalen Räumen definiert werden, besitzen eine Symmetrie in der 10-dimensionalen Raum-Zeit-Welt, die der Supersymmetrie entspricht. Superstring-Theorien sind Kandidaten für verallgemeinerte Feldtheorien, die auch die Gravitationswechselwirkung in die Vereinheitlichung der fundamentalen Wechselwirkungen einbeziehen.

Synchrotron
Weiterentwicklung des Synchrozyklotrons. Indem das magnetische Führungsfeld synchron mit dem Teilchenimpuls erhöht wird, kann der Bahnradius der Teilchen während der Beschleunigung konstant gehalten werden. Alle modernen Kreisbeschleuniger sind Synchrotrons.

Synchrotronstrahlung
Energiereiche elektromagnetische Strahlung (mit kontinuierlichem Spektrum), die von geladenen Teilchen auf ihren kreisförmig gekrümmten Bahnen im wesentlichen tangential nach vorne emittiert wird. Bei Elektronenbeschleunigern hoher Energie ist der Energieverlust durch Synchrotronstrahlung beträchtlich und wird (bei gegebenem Radius) schließlich zum begrenzenden Faktor für die erreichbare Endenergie. Hingegen strahlen Protonen wegen ihrer höheren Masse kaum Synchrotronstrahlung ab.

Synchrozyklotron
Weiterentwicklung des Zyklotrons. Die Frequenz der Beschleunigungsspannung wird der Veränderung der Teilchenumlauffrequenz angepaßt, die durch die relativistische Massenzunahme der Teilchen bei der Beschleunigung entsteht. Das geht aber nur, wenn der Teilchenstrahl aus einzelnen getrennten Teilchenbündeln (bunches) besteht.

Szintillationszähler
Zähler, vorzugsweise für Kalorimeter und für schnelle Triggerapparaturen in Teilchendetektoren verwandt. Die eindringenden energiereichen Teilchen geben ihre Energie schrittweise an die Atome ab, die dadurch zu Lichtblitzen (Szintillationen) angeregt werden. Trigger registrieren als erste das Auftreten eines Ereignisses im Teilchendetektor und starten dann den eigentlichen elektronischen Meßprozeß für dieses Ereignis.

Tagging
Methode, nach Ereignissen zu suchen, bei denen man ein bestimmtes Teilchen mit Sicherheit nachgewiesen hat. Alle anderen Teilchen des Ereignisses sind dann Gegenstand der weiteren Analyse. So werden im Elektron-Positron-Vernichtungsprozeß z.B. $b\bar{b}$-Quark-Paare erzeugt. Hat man in einer Streuhemisphäre ein μ^- als Zerfallsprodukt eines b-Quarks identifiziert, muß in die andere Hemisphäre ein $\bar{b}$ emittiert worden sein, dessen Schicksal weiter verfolgt werden kann.

Tastverhältnis
Verhältnis der bunch-Längen zur Länge der Lücken zwischen den bunches (Teilchenbündeln) im Strahl. Folgen die einzelnen Teilchenbündel in kurzen Abständen aufeinander, ist das Tastverhältnis relativ groß.

Technicolor-Modelle
Versuche, skalare Higgs-Bosonen als gebundene Zustände aus Fermion-Antifermion-Paaren zu beschreiben, wobei die bindende Wechselwirkung in Analogie zur QCD als Eichfeldtheorie konstruiert wird. Die dazu erforderliche Eichgruppe wird der $SU(3)$-Gruppe der QCD nachgebildet; die neuen Eichladungen - entsprechend den Farbladungen bei QCD - heißen Technicolour-

Ladungen. Dadurch ergibt sich die Möglichkeit, spontane Symmetriebrechung ohne Einführung elementarer skalarer Higgsfelder zu erzeugen. Zudem lassen sich die im Standardmodell noch verbleibenden freien Parameter, z.B. Fermionmassen, reduzieren. Bisher ohne experimentelle Stütze.

Time Projection Chamber
TPC, zylindrische Driftkammer, die im sensitiven Volumen außer dem Driftgas keine anderen Materialien (Drähte etc.) enthält. Die Information über die Trajektorie der hindurchfliegenden Teilchen driftet an die kreisförmigen Endkappen und wird dort ausgelesen. Die Driftzeit ist proportional der Ortskoordinate des Teilchens. So wird eine Ortsinformation auf eine Zeitskala projiziert. Solche Kammern finden gerade wegen dieser Eigenschaften, welche zudem Vielfachstreuung und Photonkonversion minimalisiert, vorzugsweise als zentrale Spurnachweis-Kammern der großen Universaldetektoren Verwendung, u.a. in mehreren LEP-Detektoren (ALEPH, DELPHI).

Universaldetektoren
Moderne Teilchennachweisapparaturen, die verschiedene Meßprinzipien kombinieren, um die Impulse aller Teilchen, Hadronen, Leptonen und Photonen messen zu können. Am CERN-Elektron-Positron-Speicherring LEP sind in vier Strahlkreuzungszonen vier Universaldetektoren installiert: ALEPH, DELPHI, L3, OPAL. Bei HERA arbeiten drei Universaldetektoren: H1, ZEUS und HERMES. Am TEVATRON vom Fermilab nehmen die Detektoren CDF und D0 Daten auf. Der CERN-Proton-Antiproton-Collider war mit den Detektoren UA1 und UA2 ausgestattet, mit deren Hilfe 1983 die intermediären Eichbosonen der elektroschwachen Wechselwirkung $W^{\pm}$, Z^0 entdeckt worden sind. PETRA in Hamburg versorgte 5 Detektoren mit Ereignissen: CELLO, JADE, MARK-J, PLUTO und TASSO. Mit ihrer Hilfe wurde 1979 das Gluon entdeckt.

Unitarität
Grundlegende Forderung an jede theoretische Beschreibung von Teilchenreaktionen: die Stoßwahrscheinlichkeit darf nicht beliebig groß werden. In jeder Partialwelle darf die gestreute Intensität die einlaufende Intensität nicht überschreiten. Das führt z.B. bei der Streuung punktförmiger Teilchen zu der Aussage, daß der elastische Wirkungsquerschnitt mit $1/s$ abfallen muß. Bei der Streuung räumlich ausgedehnter Hadronen darf der totale Wirkungsquerschnitt höchstens proportional zu $(\log s)^2$ anwachsen (s = Quadrat der Gesamtenergie im Schwerpunktsystem).

V–A-Theorie
Effektive schwache Wechselwirkung als eine paritätsverletzende Wechselwirkung in der Formulierung von Feynman und Gell-Mann bzw. Marshak und Sudarshan.

Vakuumpolarisation
siehe Quantenfluktuationen im Vakuum

Vertexdetektor
Innerste Schale eines Universaldetektors, die die Kollisionszone der Teilchenstrahlbündel umschließt und den Zerfallspunkt kurzlebiger Teilchen mit hoher Genauigkeit zu bestimmen erlaubt.

Vertexverteilung
(in der Blasenkammer), räumliche Verteilung der sichtbaren primären Stoßereignisse, von denen die Spuren der Sekundärteilchen ihren Ausgang nehmen.

virtuelle Teilchen
Teilchen, die nur virtuell sind. Sie entstehen und werden wieder absorbiert, ehe sie ein wie auch immer geartetes Meßinstrument erreichen können. Entsprechend kann ihre Energie (aufgrund der Energie-Zeit-Unschärfe nur für sehr kurze Zeiten) weit höher oder geringer sein, als ihrer Energie-Impulsbeziehung entspricht. Sie sind dann nicht mehr auf der Massenschale, d.h. $E^2 - \mathbf{p}^2c^2 \neq m^2c^4$

***W*-Propagator**
mathematisch genau definierter Ausdruck für die Wahrscheinlichkeitsamplitude eines W-Bosons zwischen Emission und unmittelbar nachfolgender Absorption.

Wirkungsquerschnitt
Ein Maß für die Trefferfäche bei Stößen zwischen Elementarteilchen, proportional zum Betragsquadrat der komplexen Reaktions- bzw. Wahrscheinlichkeitsamplitude.

Yang-Mills-Eichtheorie
Feldtheorie, die unter einer mehrparametrigen (nicht-abelschen) Gruppe von Eichtransformationen invariant ist.

Zyklotron
Vorläufer der heutigen Teilchen-Ringbeschleuniger, charakterisiert durch ein homogenes magnetisches Führungsfeld, konstante Frequenz des Beschleunigungsfeldes und spiralförmige Teilchenbahnen.

Z^0-Resonanz
Auch das neutrale Eichboson der elektroschwachen Wechselwirkung ist ein kurzlebiges Teilchen (Resonanz); ist die e^+e^- Energie gleich der Z-Masse (92 GeV), dann wird der Wirkungsquerschnitt um Größenordnungen angehoben.

Sachverzeichnis